U0256774

智能媒体与智能传播

与智能传播 智能媒体

徐涵 ——

著

技术驱动下的革新

Innovation
Driven
by Technology

社会科学文献出版社
SOCIAL SCIENCES ACADEMIC PRESS (CHINA)

前　言

在当今数字化和智能化的时代，人工智能正以前所未有的速度改变着我们的生活方式和社会格局。从智能助手到自动驾驶汽车，从医疗诊断到金融风险管理，人工智能已经渗透到我们日常生活的方方面面。在这个变革的浪潮中，媒体和传播领域也不例外，它们成为人工智能技术的重要应用领域。

《智能媒体与智能传播：技术驱动下的革新》旨在探索在人工智能时代如何借助智能技术来创造更加智能化和个性化的媒体内容，实现更加有效的传播与沟通，为学者、从业者和普通读者提供一份全面而深入的指南，帮助他们更好地理解和应对这一激动人心的变革。

第一章，我们踏入智能媒体的领域，深度挖掘其定义、背景以及未来的发展图景。我们探索了智能媒体如何通过技术改变传播介质，如何与媒体业务深度融合，以及如何智能感知并满足用户媒体需求。媒体的历史沿革和智能化转向在我们的讨论中得以追溯，同时媒介哲学的视角引导我们思考智能媒体对人类生活的异化和对权力结构的重构。

第二、三、四章，我们穿梭在认知传播、复杂网络与传播动力学以及观点动力学的领域。在这些章节中，我们深入研究了信息如何在个体之间被接收、处理、理解，复杂网络的结构和传播动力学的基本模型，以及观点在社会网络中的演化规律。这不仅仅是理论上的探讨，更是揭示信息传播背后的机制，为实际应用提供坚实的理论基础。

第五章，着重探讨了信息传播过程中的影响力最大化问题，通过引入独立级联模型和线性阈值模型，深度分析了影响力最大化算法的发展历程。我们不仅介绍了各种算法的原理，还以关键用户识别、谣言遏制、市场营销等领域的案例，展示了这些算法在实际中的应用。

第六章，我们把目光投向人工智能与媒体信息传播的交汇点。人工智能的概述，以及其在社交网络、舆情监控、个性化推荐等领域的应用，都在这一章中得到全面呈现。同时，我们正视人工智能在信息传播中所面临的问题，并提出一些解决对策，试图引导这个领域迎接更广阔的发展前景。

这本书的每一章都是对智能传播领域深入研究的一次追问，每一节都是对知识的深层挖掘。我们期待这本书能够成为读者进行智慧探索的伙伴，带读者进入一个充满可能性和挑战的时代。在这个信息传播的新纪元里，让我们一同探讨、一同启航，以智能的力量引领未来。

读到这里，各位读者对于本书要介绍的内容是不是已经有了初步了解？其实，上面的内容是由笔者将本书相关内容告诉 ChatGPT 后，由 ChatGPT 自动生成的！

事实上，本书定位于一本方便社会科学研究人员了解智能媒体、智能传播相关概念、技术及应用的书。虽然涉及"智能"，但在全书中，作者试图尽可能少地使用数学公式。此外对书中有关大数据与人工智能技术的计算机名词、概念、算法等，均没有作太深入的解释。对这一部分有兴趣的读者，可以参考相关数学或者计算机科学书籍。

湖北大学知行学院的汪玉光老师对本书的初稿提出了很诚恳的意见和建议；本人指导的 9 位研究生胡佳新、李仪、王鑫瑞、成思、李紫琦、代欣园、凌楚杭、钟墨轩、周睿溪也对本书提供了一定的帮助；在研究过程中，本书得到了华中科技大学新闻与信息传播学院领导和同事的大力支持；本书的出版，得到了社会科学文献出版社尤其是周琼编审的大力帮助和支持；在此一并表示衷心的感谢。

　　智能媒体与智能传播相关学科发展极为迅速，方兴未艾，很少有人在每一个学科领域均有深刻理解与深厚造诣。笔者自认才疏学浅，水平有限，更由于时间及精力所限，书中难免有错误和疏漏之处，恳请读者批评指正，若能不吝告知，必将不胜感激。

徐　涵

2024 年 4 月于喻家山

目　录

智能媒体、智能传播的内涵与外延

第一节

智能媒体定义与解读

近十年来，世界范围内爆发了新科技革命，云计算、大数据、移动互联网、物联网、VR/AR、人工智能等智能技术持续引发技术应用浪潮，形成了连接和赋能一切的合力。① 新科技革命进一步激发新一轮产业变革，工业4.0、智能制造、工业互联网等概念渐次迭起。② 社交媒体、短视频、网络直播等新兴媒体爆发式成长，以其新颖的特性吸引了大量用户。③

麦克卢汉（Marshall McLuhan）曾指出，一切技术都是媒介，一切媒介都是我们自己的外化和延伸，技术演化带来媒介变革，进而造就全新的社会环境。④ 与历史上渐次出现的语言、文字、印刷、广播、电视、互联网等技术所促成的媒介变革一样，近年来由云计算、大数据、人工智能等融合而成的智能技术集群正在驱动新一轮媒介变革，社交媒体、移动媒体、平台媒体、算法媒体、短视频媒体无一不是智能技术集群塑造的结果。智能技术集群的每一项技术及其融合产物作为媒介不断渗

---

① 魏继昆. 习近平关于把握新科技革命和产业变革大势的重要论述探析 [J]. 党的文献，2020（3）：3-7.
② 孙璇，吴宏洛. 国外新科技革命与产业变革研究的理论焦点、立场分野与研究局限 [J]. 国外社会科学，2019（6）：98-108.
③ 丁汉青. 2018年新媒体行业发展态势分析与盘点 [J]. 出版广角，2019（3）：14-19.
④ MCLUHAN M. Understanding Media：The Extensions of Man [M]. McGraw-Hill，1964：9.

透融合到人类社会活动各个环节当中，给媒介环境带来颠覆性的变化。当前整个社会都处在剧烈的新科技革命当中，智能技术高速发展并迅速渗透，塑造了全新的技术环境。从产业市场规模和技术成熟度数据来看，云计算、大数据、物联网、移动互联网、人工智能、虚拟现实等新兴技术无一不处在高速增长通道中，如图1-1所示。显然，我国已步入全媒体传播体系建设新时期，中央、省、市、县四级媒体迈向集人工智能、大数据、云计算等技术为一体的全周期升级阶段，智能媒体多场景应用与多行业延伸是支撑媒体行业在未来1~2年实现增长的重要发力点。①

一 智能媒体的定义

智能媒体，英文一般对应"smart media"或者"intelligent media"。目前国内外学者还未就智能媒体的定义达成共识，但从阐释视角而言，主要可以分为技术和用户两个方向。

从技术方向来看，主要认为智能媒体是由媒体、数据和智能技术群组成的媒介总和。如彭兰认为Web2.0之后媒体变革向着智能化发展，物联网技术搭建的物与物、物与人的连接，为信息的智能采集、传输和处理提供了基础。彭兰在《智媒化时代：以人为本》一文中指出，智能媒体具有以下三大特征，即万物皆媒、人机合一和自我进化。② 在智能媒体时代，机器和万物都可能媒体化。智能芯片、传感器、自动化、大数据等各种人工智能技术将以一种较低的科技成本逐步嵌入并应用到我们

---

① 漆亚林，崔波，杜智涛. 智能媒体发展报告.2021—2022［M］.北京：中国社会科学出版社，2022：7.
② 彭兰. 智媒化时代：以人为本［N］.社会科学报，2017-03-30（5）.

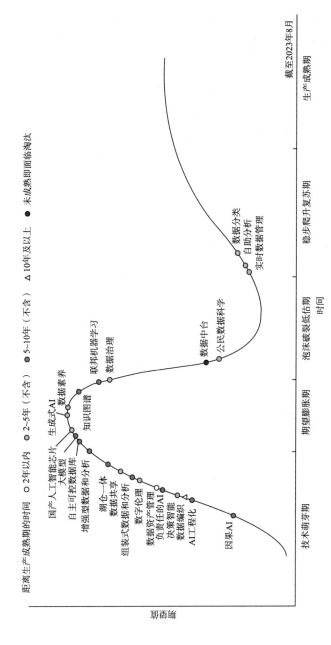

图1-1 2023年中国数据分析和人工智能技术成熟度曲线

资料来源：Gartner。

5

的日常生活和专业领域中，使设备拥有信息交互的功能与媒介传播的属性。万物皆媒为实现智能媒体提供了基础前提。人机合一使智能化机器、物体与人的智慧相融合，构建新的业务模式。自我进化使得人驾驭机器和机器洞察人心的能力不断强化和完善。商艳青认为，智能媒体＝媒体＋AI＋IT＋DATA，媒体从传统的形式（如纸媒）演化成具有强大交互能力的数字化多媒体，呈现移动性和数据性两大特征。① 耿晓梦等提出智能媒体利用人工智能技术改造新闻生产传播业务链，执行新闻线索获取、新闻编辑、新闻事实审核、新闻发布及推送等特定任务，从而使大众传媒智能地行动。②

从用户角度切入，智能化以用户为中心，迅速反映用户的需要，具备一定的自我适应能力，提供个性化、定制化服务。③ 智能媒体作为一个服务综合体，能自动感受到用户的需求，并适应用户的需求，为他们提供服务和信息两个终端的最佳用户体验。④ 任锦鸾等认为智能媒体是媒体行业以用户为中心，为满足用户的需求，通过使用智能技术，使媒体系统具备各种智能能力的结果。⑤ 许志强则认为，智能媒体是能感受到用户体验，给使用者生活提供一种更好的体验感的资讯客户端和生活服务端的总结。⑥ 这意味着，具有媒体属性的终端承载了智能、互动

---

① 商艳青. 媒体的未来在于"智能＋" [J]. 新闻与写作，2016（1）：17-20.
② 耿晓梦，喻国明. 智能媒体伦理建构的基点与行动路线图——技术现实，伦理框架与价值调适 [J]. 现代传播（中国传媒大学学报），2020（1）：5.
③ MARSA-MAESTRE I, MIGUEL A L-C, VELASCO J R, et al. Mobile Agents for Service Personalization in Smart Environments [J]. Journal of Networks, 2008, 3（5）：2008.
④ 段鹏. 智能媒体语境下的未来影像发展初探 [J]. 当代电视，2018（9）：4.
⑤ 任锦鸾，郑海昊，曹文，等. 技术创新驱动媒体智能化测度研究 [J]. 科研管理，2018，39（S1）：254-261.
⑥ 许志强. 智能媒体创新发展模式研究 [J]. 中国出版，2016（12）：5.

和有价值的内容，将内容和服务通过设备和技术与用户相连接。邹蕾等认为智能媒体顺应人工智能的发展产生了新的经营方式和盈利模式，通过自动生成用户画像来完成信息的匹配。[①] 人类未来学家杰瑞·卡普兰（Jerry Kaplan）认为，对于媒体而言，智能技术使我们更好、更全面地与用户进行交互，同时我们也可以利用智能媒体技术更好地匹配用户与广告，将用户和受众转化为商业价值。[②]

段鹏则提出看待智慧传媒应该有科技者的技术角度与普通用户视角两种基本视角，科技者的技术角度一般认为智慧传媒是由媒体信息与各种高新技术、数据等融合发展形成的。普通用户视角一般会重视智慧传媒对潜在用户需要的有效满足，智慧传媒要能全面智能及时地快速了解、分析信息并充分适应其用户个性化的需求，为用户提供便捷的资讯服务和用户信息交互使用的体验。[③]

这些完全不同类型的信息表述分别反映了近年来在信息智能技术及其影响条件下，新出现的人类信息的传播获取活动模式与信息传播形态。[④] 智能媒体传播改变了传统传播信息介质单一的技术局限性，通过多传感器、物联网、大数据、云计算等创新技术，为多媒体传播模式构建提出了一个新时代的应用范式，对文字、声音、影像信息等不同形式的信息媒介进行高度整合，实现实时交互式媒体的智能传播，以更好地满足终端用户日益个性化、场景化、沉浸式生活的需求。除此之外，由于

---

① 邹蕾，张先锋. 人工智能及其发展应用［J］. 信息网络安全，2012（2）：3.
② KAPLAN J. Humans Need Not Apply：A Guide to Wealth and Work in the Age of Artificial Intelligence［M］. Yale University Press，2015：3.
③ 段鹏. 智能媒体语境下的未来影像研究［J］. 学术前沿，2018（24）：10.
④ 卿清. 智能媒体：一个媒介社会学的概念［J］. 青年记者，2021（4）：29-30.

智能技术的发展，人与物、物与物、人与信息服务协同发展，形成了人—物—媒介三者相互融合的发展趋势。①

本研究结合现有研究对智能媒体的阐释，以及现阶段智能媒体的发展方向，认为智能媒体必定是技术驱动与用户需求驱动的结合，是媒体组织和机构智能化转型的结果，其本质是智能技术群对媒体活动和价值的"重新域定"。因此本研究提出智能媒体的定义：智能媒体是通过智能技术改变传播介质，与媒体各个业务环节深度融合，智能化感知并满足用户媒体需求的一种媒体形态。

二 智能媒体研究

回顾智能媒体的相关国内研究，是探索智能媒体理论发展过程、把握主要智能媒体研究理论的基础。本研究以"智能媒体"为主题词，以"中文核心期刊"和"CSSCI"为纳入标准检索知网数据库，对智能媒体研究的相关文献做了梳理和分析。检索时限为 1997 年 2 月至 2024 年 5 月，共检索到 563 篇文献。智能媒体研究相关论文发表时间大致可以分为三个阶段，第一阶段是 2000~2015 年，从搜索引擎到社交化网络，智能媒体的相关论文数量每年都有 1~2 篇；第二阶段是 2016~2018 年，智能媒体的研究进入快速增长期；第三阶段是 2019~2024 年，每年智能媒体研究相关的论文数量在 60~80 篇（见图 1-2）。通过统计发现，"智能媒体""人工智能""智媒时代"是出现频率较高的关键词，累计占比 68%，"媒体融合"、"智能传播"与"智能时代"也是较为热门的研究领域（见图 1-3）。

---

① 段鹏.智能媒体语境下的未来影像发展初探 [J]. 当代电视, 2018 (9)：4.

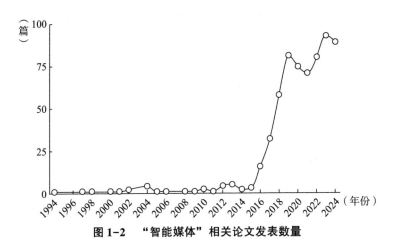

图1-2　"智能媒体"相关论文发表数量

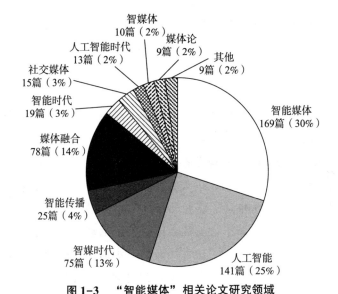

图1-3　"智能媒体"相关论文研究领域

　　目前，智能媒体相关研究主要集中在智能技术对传媒业的变革和影响层面。学者黄楚新和任博文阐述了智能技术对媒体新闻叙事的影响，梳理和总结了新闻叙事过程和现状，认为其

9

中人机升级、量化思维和嵌套逻辑明显，新闻个性化特征凸显。① 国秋华等重点分析了智能技术带来的新闻生产变革，认为未来智能新闻制作要以用户为中心，以场景为导向，实现内容制作、关系连接、信息传递、互动分享维护，实现价值共创共享，打造极致的用户体验场景。②

三 媒体沿革和智能化转向

语言的出现标志着人类传播的起点。从人类语言诞生到现在发达的电子信息社会，人类文字传播方式经历了长期曲折的变化发展过程。传播活动通过各种媒介、手段或工具进行。这个过程记录了人类所使用的传播媒介不断丰富的历史，也见证了社会信息系统不断进步、日益复杂的历史。

（一）口语传播时代

口语传播是人类传播活动的起源，经历了从口头传播到书面传播的漫长发展过程。随着现代人类对物质世界复杂性的进一步认识和逐步改变客观世界规则的现实社会认知实践，口语成为一种真正能够深刻表达人类复杂内心情感含义的抽象声音符号系统，有力地推动了整个人类思维能力的发展。

口语传播时代属于人类社会传播信息活动历史的重要起始性阶段，口语传播经历了从古代人类口头信息交流到现代书写口语的漫长演变过程。根据中国音韵史学研究提出的观点，口

---

① 黄楚新，任博文.论智能媒体背景下的新闻叙事特色［J］.新闻论坛，2021，35（1）：4.
② 国秋华，余蕾.消失与重构：智能化新闻生产的场景叙事［J］.中国编辑，2020（4）：47-53.

语传播最初实际上是为了通过描述不同声音的符号来给某些物体命名。这实际上表明了口语符号最初只是一种试图将一个声音物体与它周围特定事物或社会环境结合的符号。随着对人类认知周围世界和试图改变外部世界的种种社会活动实践探索的不断深入,口语逐渐提高了它的语言抽象表现能力,变成了一种能够直接表达各种复杂事物含义的人类声音符号系统。同时,口语发展极大限度地促进推动了现代人类思维能力的发展。

(二) 文字传播时代

文字传播是人类思想传播技术发展史的第二个里程碑,推动人类文明史进入了一个更为高级复杂的新文明阶段。根据许多学者的研究,文字大约产生在公元前 3000 年。杰弗里·巴勒克拉夫 (Geoffrey Barraclough) 是一位英国历史学家,他总结了文字发明的重要意义。首先,文字打破了口头语言的瞬间性局限,使得信息可以被长久保存,让人类的知识和经验不再完全依赖有限的人类记忆。其次,文字技术的快速出现打破了传统的人类口头语言使用的地域限制,使得口头信息可以随时被传递到远方,扩展了今天人类日常交流活动和各种社交活动传播的范围。最后,文字科技的广泛引入还使得早期人类文化历史的完整传承不再需要依赖一些容易被歪曲的民间传说,而是将有大量确凿的可靠记载的实物资料和历史文献作为直接依据。

文字成为由人们自行控制使用的世界上第一套体外化符号体系,它的成功诞生同时极大地推动了各国学习使用这种体外化的媒体信息系统工具的现代化进程,推动了国际各地区在经济、政治和科技文化领域的信息交流传播与信息融合。①

---

① 郭庆光. 传播学教程 [M]. 北京:中国人民大学出版社,1999:48-55.

（三）印刷传播时代

印刷术的正式出现标志着当时世界科技早已逐步掌握了大量重复生产原始文本信息的科技原则，产生了大量重复生产原始信息的科技观念。15 世纪 40 年代，德国印制大师约翰·古腾堡（Johannes Gensfleisch zur Laden zum Gutenbury）在中国金属活字排版印制基本原理和墨水技术理论的基础上，创造完成了金属活字的排版印制，并尝试将制啤酒时用的压缩机设计改造成印刷机，使文字信息资料的大规模机械化连续生产和大量印刷复制成为现实可能。

在印刷产业第三次革命热潮的强劲推动下，印刷产业技术不断创新，迅速超越传统人力机械生产，进入机械动力阶段和纯电力化生产阶段。印刷机的大量出现也促成了西方近代电子刊物印刷机的正式诞生，随着电脑读、写、印刷能力的迅速普及，印刷电子媒体技术在当代社会变革和整个社会生活进程中扮演着日益重要的推动角色。

20 世纪 80 年代后，新一代电子信息技术进一步推动了数字化印刷传播革命。电子数字化编辑印刷排版、计算机、网络传输方式等现代新技术在现代印刷出版领域被不断推广应用，提高了人类文化融合水平，使人类告别了"铅与火"的时代，进入了一种新概念的数字印刷和传播时代。书籍、报纸、杂志等传统印刷出版媒体产品的大量出版应用大大地提高了效率。因此，在整个现代信息社会下的政治、经济、文化、社会生活领域的各个专业层面，出版教育和科学技术普及必将起到一种更加活跃、广泛且十分重要的历史作用。

（四）电子传播时代

1837 年，美国人塞缪尔·莫尔斯（Samuel Finley Breese Morse）

发明了第一台实用的电报机。1844 年，莫尔斯坐在华盛顿国会大厦联邦最高法院会议厅中，向 64.4 公里外的巴尔的摩城发出了历史上第一份长途电报。20 世纪中期以后，电子信号数据的远距离传输方式迅速从单纯的模拟信息逐渐向仿真数字信号系统发展，不仅数据信息充实度极高，而且通过数据压缩技术可以直接传送更多有用的数字信息。

电子媒体技术在另外三个技术领域也具有里程碑意义。第一，电子媒体已经成为一个体外化语音网络和影像网络。随着数字摄影、录音、录像技术的突飞猛进，人们不仅真正实现了对语音数据和文字影像信息资源的大量数字化复制存储和信息的大量传播，还逐步实现了文化历史知识的永久保存，使整个人类的知识积累方式和社会文化资源的传播效率层次及传承质量水平有了质的飞跃。第二，电子计算机的日新月异也推动了新一代计算机系统概念的诞生，计算机系统已开始独立执行人脑的部分功能。电子计算机的大量出现，意味着作为生物信息接收处理传输中枢器官的人脑也将开始有了体外化的发展过程，这一技术的革命性变革必将为信息的全面传播提供无限的发展可能。第三，信息技术发展的突飞猛进，尤其是互联网的日新月异，开启了整个人类社会传播新媒体和大团结思想的全新时代。数码技术将分散发展的文字、声音、画面、影像媒体合并为一个有机的通信系统，开创了多媒体通信时代。

（五）网络传播时代

网络传播集中了图书、报纸、广播、电影、电视等各种传播媒体的特点，对人类社会产生了非常深远的影响。

在 Web1.0 时代，电子邮件、论坛、聊天室等被广泛使用。其中，门户类网站是 Web1.0 时代的重要媒体形态。在这一时代，大众门户网站的通信模式与现有媒体的通信模式相似，起到了网络通信中心的作用。网站提供丰富的内容，通过内容吸引眼球，通过点击获得收益，是一种"点对面"的交流方式。

在Web2.0时代，网络内容生产的主体从专门网站的编辑、运营者扩大到普通用户，这促进了自媒体（we media）的出现和发展。2003年，美国新闻业协会传媒管理中心发表的报告称自媒体为"一般公民经由数码技术与国际知识连接，创造与共享他们的实际想法、自我信息的渠道"①。

Web2.0之后出现了Web3.0的概念。目前，Web3.0没有一个统一的定义，但学界基本认可语义网（Semantic Web）是Web3.0的重要代表。这一概念由蒂姆·伯纳斯-李（Tim Berners-Lee）于1998年提出，旨在在万维网文档中增加计算机可理解的含义，提高万维网资源的可用性，使网络使用更加智能。

（六）智能媒体转向

1983年彼得·罗素（Peter Russell）在其《地球脑的觉醒》（*The Global Brain Awakens*）中提出了关于"地球脑"的概念，这被普遍认为是人类最早描绘的智能媒体蓝图。以现代信息技术为支撑的地球脑还可能发展出一种人与智能机器共生的形态，"当人类身体与技术融合的趋势继续发展，他们与人工智能生命已经难以区分"②。

美国学者凯文·凯利（Kevin Kelly）说过："我们曾将一切

---

① BOWMAN S, WILLIS C. We Media：How Audiences are Shaping the Future of News and Information［R］，2003.

② RUSSELL P. The Global Brain Awakens：Our Next Evolutionary Leap［M］. Global Brain Inc，1995：1.

东西电气化，现在我们将让它们认知化。"① 目前，人工智能正在走进人们的生活，智能手机中的语音助手（如苹果的 Siri）、家庭中使用的智能音箱（如天猫精灵）等都含有人工智能的技术成分。例如，语义网技术让计算机能够理解人类的语言，从而使计算机的信息搜索服务更加智能。通过"智能代理"，计算机可以判断出用户最需要的有用信息，将用户从检索庞杂信息的困境中解放出来。

在新闻传播领域，人工智能重塑了媒介生产模式，使人们使用媒介和获取信息的方式产生了根本性变化。2010 年，美国 Narrative Science 公司团队研发了这款计算机新闻报道撰写工具，利用该工具，计算机撰写出一篇新闻报道最快只需约 30 秒，其具体工作原理则主要表现为计算机从海量数据库文件中寻找各种新闻素材，决定新闻的撰写角度、调性范围和撰写风格，最后通过机器学习资深记者所创作好的新闻报道模板来快速生产一篇新闻报道。② 目前，美联社、路透社、脸书以及我国的新华社、腾讯、今日头条等媒介组织均已开始探索机器新闻写作的应用。

智能化不仅驱动着内容生产的革命，也带来了媒体生态的深层变化。孙立明发现，在用户平台方面，与人相关的各种智能媒体，以及与人相关的环境，都成为描述与理解用户的重要维度。③ 彭兰提出，未来的用户平台将是人的社交平台、与人相

---

① KELLY K. The Inevitable：Understanding the 12 Technological Forces That Will Shape Our Future ［M］. Penguin Books，2017：99-102.

② 胡晓巧. 人工智能技术在新闻传播业中的场景应用——以百度大脑为例 ［J］. 新媒体研究，2020，6（11）：2.

③ 孙立明. 网络舆情的三个世界——关于网络舆情的一个初步分析框架 ［J］. 中央社会主义学院学报，2017（1）：6.

关的物体平台以及与人相关的环境系统互动形成的大平台。① 何晶等从公众表达的角度审视算法对于政治传播格局的影响后发现，算法作用于公众表达的运作机制背后是技术、资本与政治之间的交相互动。② 在算法技术操控下，公众表达将使政治传播的有效性受损。算法与人工智能技术的进步催生出社交媒体的新参与者——社交机器人，其智能化水平和人类化程度越来越高，这将使之成为微观政治传播的新主体，从根本上重构微观政治传播运行的底层逻辑，变革微观政治传播的权力体系，影响微观政治传播的全面向。③ 郭小安等以"政治腹语"概念为切入口，剖析社交机器人功能的两面性，打破对社交机器人日渐固化的负面刻板印象。④ 除了舆论的操纵者外，社交机器人还可以扮演海量信息的智能把关者与虚拟对话者、民意的智能分析与预测者、过滤气泡的破除者、协商对话平台的搭建者、公共服务的智能助力者等角色。⑤

如今智能媒体技术的发展已经从基础层包括智能芯片、智能传感器、大数据资源、云计算平台等，技术层包括机器学习、计算机视觉、知识工程、自然语言处理、语音识别、计算机图形、多媒体技术、人机交互技术、机器人、数据库技术、可视化技术、数据挖掘、信息检索与推荐等重点领域，应用层包括

① 彭兰. 移动化、社交化、智能化：传统媒体转型的三大路径 [J]. 新闻界，2018（1）：7.
② 何晶，李瑛琦. 算法，公众表达与政治传播的未来格局 [J]. 中国社会科学文摘，2022（12）：2.
③ 张爱军，王三敏. 撬动微观政治传播的新变量：社交机器人 [J]. 新视野，2022（5）：65-71.
④ 郭小安，赵海明. 作为"政治腹语"的社交机器人：角色的两面性及其超越 [J]. 现代传播（中国传媒大学学报），2022（2）：122-131.
⑤ 郭小安，赵海明. 作为"政治腹语"的社交机器人：角色的两面性及其超越 [J]. 现代传播（中国传媒大学学报），2022（2）：122-131.

信息采集、内容生产、内容分发、媒资管理、内容风控、效果监测、媒体经营、舆情监测、版权保护等，为智能媒体的发展提供了先进技术支撑和强劲内驱动力。

如今智能媒体技术领域的创新发展方向已经明确，应用基础研究层大致涵盖了智慧芯片设备、智慧感应器、大范围统计信息系统资源、云计算平台系统等，技术前沿层则涵盖了机器智能学习、计算机视觉、知识管理工程、自然语言快速处理、语音快速识别、电脑绘图、多媒体教学信息技术、人机交互应用技术、自动化机器人、数据库系统信息技术、可视化信息科技、数据分析发现、数据分析信息搜索处理与使用建议分析等诸多重点研究领域，研究层科技主导业务涉及新闻信息海量采集、内容加工生产、内容聚合分发、媒资运营管理、内容风控、效果评价监测、媒体数字化经营、舆情智能监测、版权安全保护系统等，为移动智慧媒体研究领域的持续发展创新提供了更加先进稳定的基础技术支撑条件和持续强劲进步的核心内在驱动力。[①]

智能媒体领域在发展现阶段仍将存在很大社会争议。一方面，智能媒体系统以其独有技术优势能够将一部分人逐步从烦琐机械的重复性媒体工作环节中真正解放出来，满足现阶段人们日益个性化与分众化消费的需求，大幅度提升传媒内容制作生产传播分发过程的运作效率，同时能够给我国传媒产业领域带来巨大的产业发展机遇和社会想象空间。另一方面，技术进步导致的如道德伦理学、隐私权、信息安全、数字鸿沟及感知代沟等一系列社会问题也随之愈发凸显。今天，人们开始普遍认识到，大数据技术和智能算法的决策支持系统早已不只是用于通知、支持或发布可能影响某种特定群体事件分布结果的决

---

① 沈静，靳书凯. 智能媒体时代：技术进化与业界变革［J］. 采写编，2021（5）：3.

策，它开始将这些群体分类、隔离和重新优化，形成一组新定义的信息不充分平等。①

四 媒介哲学视域下的智能媒体

智能技术在传媒领域的主要应用是一种人类赋权行为，是为一类具有某种独立文化人格特质和一定法律地位特征的机器人赋予部分人类智能信息，让它们逐渐具备某些智力特征和社会能力，以逐步帮助人甚至能替代一部分人独立完成某些基本社会劳动。当前，人工智能领域的迅猛发展还导致了人类社会许多领域新产生的各种伦理学现象，特别是它在网络新闻的传播这样一个并非纯粹的物质性生产加工领域的广泛应用。在现代社会这样一个处处包含了人类智慧、精神活动的领域，智能媒体技术的普遍应用往往暗含着机器的行为模式对人类权利的一种侵蚀，它在给人类提供一个更方便、更多样化的新媒介生活体验平台的同时，也在持续抑制整个社会人伦的自我主体性，进而导致人类社会深层复杂的伦理问题。这种道德伦理现象不但最终会逐步限制传媒业自身社会正效应的持续发展，也在无形中逐渐蚕食了一般公众对大众传媒业的社会信任根基，同时将传统媒介模式对公众个人、公众社会心理的诸多负面社会影响进一步放大和外显化。

（一）智能媒体对人的异化

"异化"这一词语发源于西方哲学体系，德国古典哲学流派的黑格尔（Georg Wilhelm Friedrich Hegel）、费希特（Johann Gottlieb Fichte）和费尔巴哈（Ludwig Andreas Feuerbach）等人对

---

① 沈静，靳书凯. 智能媒体时代：技术进化与业界变革 [J]. 采写编，2021 (5)：3.

异化做出过基于各自哲学思想的详细解释，马克思则对黑格尔等人的异化理论做出扬弃，提出了"劳动异化"的理论并至今影响着学者对异化的理解和研究。众多思想家对异化的理解各有不同，黑格尔将人的异化理解为人的精神的客体化和物质化，在异化的过程中，主客体在不断分离和统一中达到平衡；而马克思更关注人的现实状态，认为人被资本和自己的劳动所裹挟，这导致人不再完全拥有自己的精神生活和物质生活，人的劳动产品独立于人而存在，甚至反过来凌驾于人的精神之上。智媒时代，媒介技术对社会人自身的严重异化则直接表现为一个人在推动媒介技术发展变化的历史过程中被人自身及其所能发明利用的各种媒介形式扭曲影响，无法做到完全自由、平等地同时拥有人类全部丰富的物质、精神生活方式和物质、文化生活，人也被种种媒介形式束缚，沉溺于媒介技术创造的单向度图景而不能自拔。①

（二）智能媒体对权力的重构

曼纽尔·卡斯特（Manuel Castells）指出，传统社会权力模式之所以能向网络社会权力模式转变，原因之一就在于民众的空间权力"在场"。② 由于西方个人主义文化观念的逐渐兴起和现代大众文化自网络传播方式的广泛普及，受众群体把握媒体传播信息主动权的能力得到显著增强。网络社会的组织特点中主要是信息流动机制和权力关系，这种新兴权力关系可以使大多数公民群体能够大规模、快速地同时参与、融入各种新兴事

① 郑涵月，包韫慧. 媒介技术逻辑下人的"异化"与"突围"[J]. 北京印刷学院学报，2021，29（8）：15-18.
② 吕尚彬，黄鸿业. 权力的媒介：空间理论视域下的智能媒体与公众参与 [J]. 湖北大学学报（哲学社会科学版），2022，49（5）：150-157.

物的权力活动。在通过智能网络传播手段构建的新型信息环境结构中，使用者自动创作出的网络内容（UGC）和直接由互联网机器智能产生的网络内容关系（MGC）都进一步有效促进了社会信息力量的高效传递流动和网络关系力量的扩散。在这个基于人工智能思维和算法的世界，信息分发所应该倚重的思维模型天然就是基于"使用者本位"逻辑的，任何网络数据内容的采集、加工、产生、传递、起始时间点等都是来自公众使用者的自发互联网活动，而"传者本位"的逻辑还在慢慢消解，信息的分发则可以继续按照用户需求的逻辑轨迹持续提升和迭代。①

嵌入智能技术的 UGC 和 MGC 的融合使公众在网络空间中更加有存在感，他们的话语和情绪表达的权力得到了释放。传统媒体独占信息传播权的时代已经一去不复返，公众通过网络空间以"在场"的方式实现对权力的制衡。在智能传播时代，技术、人和社会的信息结构呈现更为复杂的景象。贾斯汀·卡塞尔（Justine Cassell）在 2018 年"第二届 AI+移动媒体大会"上提出，人工智能在未来媒体的应用技术之一将是用户观点识别，随着人机交互行为数据集的几何级数扩充和机器学习算法的迭代，对话式新闻将成为常态。② 这意味着公众能够直接参与官方新闻的生产和传播，他们拥有更多"在场"的机会。

五　智能媒体未来图景

随着智能技术的不断发展，智能媒体传播将迎来更多发展

---

① 喻国明，杜楠楠. 智能型算法分发的价值迭代："边界调适"与合法性的提升——以"今日头条"的四次升级迭代为例 [J]. 新闻记者，2019 (11)：15-20.
② 吕尚彬，黄鸿业. 权力的媒介：空间理论视域下的智能媒体与公众参与 [J]. 湖北大学学报（哲学社会科学版），2022，49 (5)：150-157.

机遇，媒体转型和社会发展都将迎来巨大的变革和升级。

（一）物联网技术的应用

物联网（Internet of Things，IoT）是一个在传统互联网基础上进行延伸发展和无限扩展的网络。物联网标识科技就是利用计算机射频识别技术、红外线感应器、全球目标定位监测系统、激光扫描器等先进信息采集传感设备或技术将智能物品信息连入无线互联网中并且相互之间进行联网通信，实现系统对智能物品特征的全智能化实时识别、定位、跟踪、监控和动态管理。

互联网技术可以快速实现人与人之间的远距离跨地域时空网络连接，而如果通过了物联网，人与物、物与物间也完全可以实时进行网络连接共享和远距离通信。依托物联网，任何物体都可以成为一个智能终端、一个网络传播节点，可以自主地收发信息。"智能家居"就是物联网在日常生活中的实际应用。物联网技术使得未来的移动网络成为"人""物"合二为一的空间，通过这个空间，人们不仅可以与他人互联互动，还可以与物体和周围的环境进行互动。通过穿戴附有传感器的可穿戴设备，人体将被延伸为另一种"终端"。可穿戴设备还可以远程采集有关人体状况的实时信息资料（如体温、血压、脉搏等）或与人类个体健康相关的位置信息数据（如地理位置），并把这些数据信息实时传送给健康相关的个人手机或者其他设备，人体内的信息状态资料将会更多地被"感知"。在未来，物联网将超越智能家居，深刻地改变人们的交流和生活方式。

另外，云计算技术也是物联网发展所依托的一项关键技术。云计算技术还可以直接用一台计算机将待处理的任务信息自动拆分转化为多个较小的复杂子任务，再把这些子任务信息分配传送给一套由多部网络服务器共同组成的系统并进行分析处理，在极短的处理时间内就完成一系列复杂业务的信息采集分析处理任务并实时将这些处理结果快速反馈传输给其他用户。在物联网应用中，人们对于终端设备的性能要求有所下降，更多的物品可以成为物联网的终端设备，由于数据和应用并不是存储在本地设备，而是存储在"云端"，云计算可以轻松实现不同设备之间的数据和应用共享。

（二）VR/AR 技术的应用

VR（虚拟现实）和 AR（增强现实）技术是当今科技领域备受瞩目的创新技术，它们正在深刻地改变着人们的生活和工作方式。VR 技术通过模拟出的虚拟环境，让用户能够沉浸式地体验虚拟世界；而 AR 技术则是将虚拟世界与真实世界相结合，将实时的数字信息叠加到用户的现实感知中。这两种技术都在各自领域内展现出巨大的应用前景，在娱乐游戏、教育、工业设计、医疗保健、军事训练、建筑设计等领域有着广泛的应用。

VR 和 AR 技术在智能媒体领域也具有重要作用，主要体现在以下几个方面。一是交互性体验。VR 和 AR 技术可以为用户提供沉浸式和交互式的媒体体验。通过 VR 技术，用户可以沉浸在虚拟的环境中，与内容进行更加深入的互动，例如参与虚拟现实的新闻报道、体验虚拟演艺表演等。而 AR 技术则可以让用户在现实环境中与虚拟信息进行交互，为用户提供更加丰富的媒体体验。二是个性化内容呈现。VR 和 AR 技术可以为用户提供个性化定制的媒体内容呈现方式。通过这些技术，用户可以根据个人偏好和需求，定制自己的媒体内容体验，如定制 VR 新闻播报的内容和风格、在 AR 应用中自定义信息展示的方式等。三是互动式广告和营销。VR 和 AR 技术为广告和营销带来了全新的可能性。通过 VR 和 AR 技术，广告商可以为用户提供更加生动、引人入胜的广告体验，如通过 VR 广告让用户身临其境地体验产品，或者通过 AR 技术在现实场景中展示虚拟产品信息。四是新闻报道和内容呈现。VR 和 AR 技术可以为新闻报道和内容呈现提供更加生动、直观的方式。通过 VR 技术，新闻媒体可以为用户提供身临其境的新闻报道体验，让用户更加直观地感受新闻事件的发生现场；而 AR 技术则可以让新闻内容与用户的现实环境相结合，为用户提供更加丰富的信息呈现方式。

总的来说，VR 和 AR 技术在智能媒体领域可以为用户提供更加丰富、个性化的媒体体验，同时也为媒体内容的创作、传播和营销带来了全新的可能性。随着不断发展与普及，这些技术将进一步推动智能媒体领域的创新和发展。

（三）区块链技术的应用

区块链技术是指基于分布式协议的分布式互联网数据安全管理技术，采用分布式密码学信息技术和分布式安全共识协议以确保分布式网络信息传输完整性与信息访问的安全，实现大数据安全多方协同维护、交叉验证、全网数据一致、不易恶意篡改。① 区块链概念于 2008 年正式诞生，经过了短短数十年快速发展，其主要发展演进过程基本可分为如下三个阶段。1.0 阶段最具代表性的成果是数字货币的诞生和应用；到了 2.0 阶段，以太坊智能合约把区块链从数字货币的单一应用提升到商业应用领域；进入 3.0 阶段时，区块链将走向全社会覆盖。目前，人们普遍认为区块链技术正处于 2.0 阶段。作为全球新型信息互联科技中的一条主要分支，数据不能轻易篡改、透明与可溯源等

---

① CAO B, WANG Z, ZHANG L, et al. Blockchain Systems, Technologies, and Applications: A Methodology Perspective ［J］. IEEE Communications Surveys & Tutorials, 2023, 25（1）: 353-385.

诸多特点，使得区块链系统正在发展成能够解决信息产业链参与方互相充分信任难题的新型基础设施平台——通过打造全球信用价值网络，在世界金融、医疗、政务治理等全球多种信息领域事务中扮演一种日益复杂的关键角色。

　　总的来说，区块链技术在智能媒体领域可以为信息真实性、内容分发、版权保护和收益分配等方面带来革命性的变革。一是透明度和可信度。区块链技术可以实现信息的不可篡改和可追溯，这意味着在新闻报道、内容创作和媒体传播过程中，可以确保信息的真实性和可信度。这对于打击假新闻和信息篡改具有重要意义。二是去中心化内容分发。区块链可以提供去中心化的内容分发平台，消除传统媒体平台的单一控制点，使内容创作者能够直接与受众进行交互，从而更好地实现内容的分发和传播。三是数字版权保护。区块链技术可用于创建不可篡改的数字版权证明，帮助媒体内容创作者确保其作品的版权，并能够实现内容的合法交易和使用。四是去中心化广告和收益分配。区块链技术可以为广告和内容创作的收益分配提供透明、高效的机制，帮助媒体从业者更公平地获取收入。

第二节

智能传播

　　人工智能的浪潮已经在全球范围内产生了深远影响，它不仅给人类的生产、生活和社会交往方式带来了巨大变革，同时也改变了新闻传播实践和传播研究的学术版图。近年来，智能传播（Intelligent Communication）已经开始作为一个学术概念出现与流行，并受到学界关注。本节将尝试厘清智能传播的概念定义，分析智能传播的演进路径，探究智能传播对传播范式的革新，并梳理算法、人机关系、技术伦理等智能传播研究聚焦的几个重要议题。

一 智能传播的概念定义

2016 年，人工智能迎来了强势崛起，AlphaGo 战胜李世石掀起新一轮 AI 狂热。多国政府纷纷将人工智能纳入其政策规划，积极制订发展计划和战略布局。同时，Alphabet、IBM、Facebook、亚马逊和微软这五大科技巨头宣布联手成立人工智能联盟"Partnership on AI"，共同研讨人工智能如何推动社会变革。在国家政策和商业资本的双重推动下，人工智能迎来了发展的高峰，学术界的研究也紧密跟随热点变化，智能时代正式到来。智能传播的"智能"即人工智能，根据罗素等人的研究，不同的人工智能定义在两个维度上存在差异：一是注重思维方面还是行为方面的智能；二是注重模拟人类表现还是追求符合理性。[①] 在传播领域的讨论中，学者比较倾向于侧重行为的、模拟人类表现的智能，它代表着完成特定传播任务的算法程序。[②] 本书中，智能主要指基于自然语言处理技术、机器学习等，为完成特定任务而开发的自动化程序技术，如推荐算法、机器写作程序、聊天机器人等。

关于何谓智能传播，学界尚未形成权威的概念界定和理论

① 周葆华，苗榕. 智能传播研究的知识地图：主要领域、核心概念与知识基础 [J]. 现代传播（中国传媒大学学报），2021，43（12）：25-34.
② 周葆华，苗榕. 智能传播研究的知识地图：主要领域、核心概念与知识基础 [J]. 现代传播（中国传媒大学学报），2021，43（12）：25-34.

共识。部分学者从智能传播的实践探索出发对其进行定义。张洪忠等将智能传播定义为将具有自我学习能力的人工智能技术应用在信息生产与流通中的一种新型传播方式。① 王秋菊等也认为，智能传播是指以人工智能技术驱动的新型传播方式和传播生态。② 周葆华等对智能传播的定义则更为明晰，他们认为智能传播指人工智能技术介入和参与的传播活动：可以发生在生产环节（如机器新闻生产），也可以发生在分发、使用环节（如算法推荐）；不仅包括以智能技术为中介的人类交往过程（不限于人际范围）及其影响，也包括人类与智能技术交往的人机传播过程（HMC）及其影响。③ 方兴东等从人类信息传播的演变历程和数字技术的演进历程出发，将智能传播定义为以数据驱动为核心的信息生产和传播方式，认为无论哪种类型的智能传播，都是以数据为基础的，数据是智能成长的"营养"和技术推进的"燃料"，没有数据，就没有智能。数据不准确或是不完备，也不会带来足够的智能。④ 相较于国内，国外学者对于智能媒体这一概念的阐释研究相对较少。桑德尔（Shyam Sundar）等将人工智能参与的传播活动分为两类：一是人与人工智能的交互，二是人工智能介导的传播活动。⑤ 汉考克（Jeffrey T. Hancock）等则从人机交往的角度出发，将智能传播（AI-Mediated Communication）

① 张洪忠，兰朵，武沛颖. 2019 年智能传播的八个研究领域分析［J］. 全球传媒学刊，2020，7（1）：37-52.
② 王秋菊，陈彦宇. 多维视角下智能传播研究的学术图景与发展脉络——基于 CiteSpace 科学知识图谱的可视化分析［J］. 传媒观察，2022（9）：73-81.
③ 周葆华，苗榕. 智能传播研究的知识地图：主要领域、核心概念与知识基础［J］. 现代传播（中国传媒大学学报），2021，43（12）：25-34.
④ 方兴东，钟祥铭. 智能媒体和智能传播概念辨析——路径依赖和技术迷思双重困境下的传播学范式转变［J］. 现代出版，2022（3）：42-56.
⑤ SUNDAR S S, LEE E-J. Rethinking Communication in the Era of Artificial Intelligence［J］. Human Communication Research，2022，48（3）：379-385.

定义为计算机代理通过修改、增强或生成信息来代表交流者完成交流或人际交往目标的交往过程。①

有学者认为，当前具象的、碎片化的智能传播现象解释和业务探索，无法深究隐含的智能传播观念，于是其试图探寻智能传播的理论源头。欧阳霞等聚焦智能传播的理论发展困惑，试图通过对德克霍夫媒介哲学的概念创新和理论诠释，为解答数字社会的智能传播问题提供理论源头。② 在智能传播时代，德克霍夫（Derrick de Kerckhove）的网络媒介观提供了一种独特的理论视角，解决了一系列未决问题，如智能传播中的新隐喻、具身传播以及智能连接所带来的机遇与风险。作为第三代多伦多学派的代表，德克霍夫一直专注于研究智能媒介技术对人类社会产生的深刻影响，并与麦克卢汉保持密切的交往。针对麦克卢汉的媒介延伸隐喻观点，德克霍夫在智能社会提出"集成即触摸"的隐喻，用以解释如今虚拟现实、元宇宙、脑机接口等智能场景延伸人类感知系统的媒介意义，其数字孪生体宣言则为在人机交往中如何处理媒介技术与人类认知的关系提供了一种解决方案，更重要的是，德克霍夫提出的连接智能、集体智慧与人脑框架三个数字新概念为理解智能传播提供了新思路。③ 从德克霍夫的观点来看，智能时代的连接价值在于各个要素的协作与紧密配合，释放了巨大的连接能量。智能技术通过扩大人类互动范围，不仅扩充了社会集体知识池，还放大了社

---

① HANCOCK J T, NAAMAN M, LEVY K. AI-Mediated Communication: Definition, Research Agenda, and Ethical Considerations [J]. Journal of Computer-Mediated Communication, 2020, 25 (1): 89-100.

② 欧阳霞，白龙. 理解智能传播的理论通径：德克霍夫的数字媒介哲学思想 [J]. 国际新闻界, 2022, 44 (11): 160-176.

③ 欧阳霞，白龙. 理解智能传播的理论通径：德克霍夫的数字媒介哲学思想 [J]. 国际新闻界, 2022, 44 (11): 160-176.

会集体智慧。从本质上说，这是智能技术通过某种形式模拟和延伸人心智的过程，反映了媒介、身体感知与心智之间的密切关系。因而，基于媒介实践来探索人、社会与媒介的新关系，从而理解智能传播，不失为一种不错的角度。

无论是基于实践探索还是基于理论通径，对智能传播的定义都离不开谈论智能技术演进带来的新型传播方式，以及人、媒介、社会的新关系。因此，本书在综合上述智能传播概念定义的基础上，将智能传播界定为人工智能技术演进下的一种新型信息传播机制，不仅包括人工智能技术在信息生产、分发中的应用，也包括人工智能技术作为传播中介或传播者的人际交往或人机交往活动，还包括人工智能技术作为技术隐喻的人类认知过程，即智能媒介与人类的心脑意识如何互相形塑。

二 智能传播演进路径

智能传播是随着数字化进程兴起的，特别是在移动互联网时代，个人数字化成为现实，智能传播初露峥嵘。随着大数据和算法等技术的不断发展，智能技术对信息传播产生了显著的影响。智能传播是互联网和数字技术发展到一定阶段所引发的传播新变革，技术演进是其底层的基本逻辑，要探究传播研究的智能转向，有必要从智能传播的技术演进方向和信息传播机制变革路径出发。[①]

如德国技术哲学家弗里德里希（Friedrich DesSauer）所言，人类天然需要一种从核心立场出发对事物整体的见解。要获得

---

① 方兴东，钟祥铭，顾烨烨. 从 TikTok 到 ChatGPT：智能传播的演进机理与变革路径 [J]. 传媒观察，2023（5）：39-47.

这种见解意味着要走进技术的本质，以便从这个制高点观察这看似无意义的过程所具有的多样性特征，它会立刻呈现出有秩序的样子。① 传播理论一直以人类作为传播者的本体论假设为基础。因此，在历史上，传播理论通常将人类视为传播的主体，将技术视为媒介。随着网络的不断发展，早期的计算机中介传播（CMC）研究将计算机确认为"一种新的增强人类传播的形式"，而从作为信息传播的媒介到成为智能代理（intelligent agent），人机交互（HCI）研究只是在计算机作为一种更为复杂的介入方式方面提供了一套说明，计算机仍然被限制于"作为人类互动的媒介"②。人工智能技术的发展使得计算机/机器越来越多地参与到交流活动中，人们能通过虚拟代理、社交媒体和语言生成软件与智能机器进行互动，人机传播（HMC）研究打破了传播是人类独有的理论假设。③ 人工智能不仅促进了传播，引发了传播的自动化，还重塑了依赖于传播的社会过程。④ 无论是作为媒介还是传播者，人工智能技术已全面深入人们的日常生活。如作为对话者的聊天机器人、虚拟助手、智能音箱；作为创作者的人工智能主播、机器人记者、政治机器人；作为共同作者（co-author），它可以实现自动补全、自动校正、自动回复建议等功能；作为数据集整理器，它能够发挥内容审查、AI

---

① 吴国盛. 技术哲学经典文本［M］. 北京：清华大学出版社，2022：465-466.
② 方兴东，钟祥铭，顾烨烨. 从 TikTok 到 ChatGPT：智能传播的演进机理与变革路径［J］. 传媒观察，2023（5）：39-47.
③ GUZMAN A. What is Human-Machine Communication，Anyway？［M］//Human-machine Communication：Rethinking Communication，Technology，and Ourselves. New York：Peter Lang，2018：1-28.
④ REEVES J. Automatic for the People：The Automation of Communicative Labor［J］. Communication and Critical/Cultural Studies，2016，13（2）：150-165. LIVINGSTONE R. Socialbots and Their Friends：Digital Media and the Automation of Sociality［J］. The Information Society，2019，35（3）：170-171.

事实核查、推荐系统等作用。① 人类对机器智能的适应性正不断转向机器通过人类行为所产生的数据来理解人类，由此，新的信息模式得以产生，传播机制也发生了新的改变。

信息传播机制的变革是衡量传播转向智能化的关键视角。机制指的是各要素之间的结构关系和运行方式。从传播学视角来看，信息传播机制概括了信息从发送者到接收者的渠道，是传播者、传播途径、传播媒介以及接收者等构成的统一体。每一种传播机制的产生都基于全新的信息生产力，由全新的传播力驱动。20 世纪 90 年代以来的互联网革命通过技术和应用创新，推动了几次主流社会信息传播机制的演变（见表 1-1）。一是互联网革命之前传统大众媒体绝对主导的自上而下、集中控制的大众传播范式，大众传播建基于专业媒体人士的内容生产和媒体机构的传播效能（传统媒体）；二是 20 世纪 90 年代开启的 Web1.0 阶段的网络传播机制，网络传播建基于更为广泛的业余传播者和互联网开放性的全球传播平台（门户网站）；三是 21 世纪开启的 Web2.0 阶段的社交传播机制，大众网民驱动的、基于社交媒体的自下而上、开放性、分布式的社交传播逐渐崛起，它让每一位网民变成潜在的内容生产者，并且以各层次的人际关系为传播驱动力；四是进入 21 世纪 20 年代，随着智能技术的广泛使用（AI 生成），以大规模实时动态的大数据驱动的智能传播崛起，智能传播突破了人力生产与传播的瓶颈，直接以算法和数据为驱动，使内容生产效率和传播能力得到极大拓展。② 算法技术的应用标志着智能传播的第一场革命开始，它不

---

① 方兴东，钟祥铭，顾烨烨. 从 TikTok 到 ChatGPT：智能传播的演进机理与变革路径［J］. 传媒观察，2023（5）：39-47.

② 方兴东，钟祥铭. 智能媒体和智能传播概念辨析——路径依赖和技术迷思双重困境下的传播学范式转变［J］. 现代出版，2022（3）：42-56.

仅极大地提升了内容分发的效率，还实现了信息与用户的精准匹配。通过算法驱动的智能逻辑，整个传播流程得以重塑。ChatGPT 则代表着智能传播革命的新阶段。在内容生产基础设施、内容传播基础设施、技术的可渗透性和可扩展性，以及人在传播中的环节和因素等方面，它为社会传播带来了变革。这预示着社会信息传播机制将经历颠覆性的转变，以数据而非内容和用户直接影响甚至操控大众深层次的认知已经成为现实。

表 1-1 不同时间阶段的信息传播机制

时间阶段	传播类型	内容生产	内容传播
20 世纪 90 年代前	大众传播	传统媒体	自上而下
20 世纪 90 年代	网络传播	门户网站	广泛、开放
21 世纪初	社交传播	大众网民	自下而上、开放性、分布式
21 世纪 20 年代	智能传播	AI 生成	算法、数据驱动

智能传播正在全面改变媒介生态，其发展的每一步都引发了技术、内容、人机关系、伦理、教育等方面的全新问题，这使它成为新闻传播学研究的一个关键领域。周葆华等从研究领域、核心概念和知识基础揭示了智能传播研究的两大学术传统："智能技术作为传播中介"与"智能技术作为传播者"。前者由算法与权力、人工智能与信息消费、人工智能与新闻生产等相关研究构成，关注的是智能技术如何重构传播过程和社会权力关系；后者由人机传播、互动型机器人、辅助型机器人等相关研究构成，聚焦的是人类与智能机器之间的交往互动。① 这在一

———————————

① 周葆华，苗榕. 智能传播研究的知识地图：主要领域、核心概念与知识基础［J］. 现代传播（中国传媒大学学报），2021，43（12）：25-34.

定程度上印证了前述的智能传播演进路径。

从时间分布来看，智能传播研究演进具有较强的阶段性特征，可将其大致划分为四个发展阶段（见图1-4）。第一阶段（2000~2010年）为萌芽期，相关研究更多出现在国外学界，以智能机器人与人机传播领域和智能技术接受与回避相关研究为主；第二阶段（2010~2016年）为孕育期，此时还处于智能技术发展的初级阶段，这一时期"智能"一词多出现在对移动智能终端的描述中，但这一时期算法与权力、人工智能与信息消费两个领域的研究数量开始增长，人工智能与新闻生产领域从无到有；第三阶段（2016~2019年）为探索期，2016年人工智能强势崛起，算法与权力、人工智能与信息消费以及人工智能与新闻生产这三个领域获得了研究者们更多的关注，这一阶段的研究表现出较强的技术敏感性与学术关注度，但较多局限于人工智能的实践应用等现实性的显性议题，深入的学理分析和理论建构有所不足，还存在学术视角单一、研究内容集中的问题；第四阶段（2019年至今）为发展期，这一阶段在关注智能技术积极性变革的同时，对技术的思考也逐渐多元，超脱对实践样态的描摹，从媒介哲学层面对技术原理和社会意义进行深入阐释，哲学思辨研究开始涌现，技术伦理价值成为研究的热门方向。[①]

从近五年的智能传播研究来看，其研究侧重点与方向亦有所变化。2019年的智能传播研究开始全方位展开，对于具体技术形态的算法、社交机器人、机器写作，专业层面的伦理、道德，以及新闻传播教育等均有探讨，国内文献多是对此的观察

---

① 王秋菊、陈彦宇. 多维视角下智能传播研究的学术图景与发展脉络——基于 CiteSpace 科学知识图谱的可视化分析 [J]. 传媒观察，2022（9）：73-81.

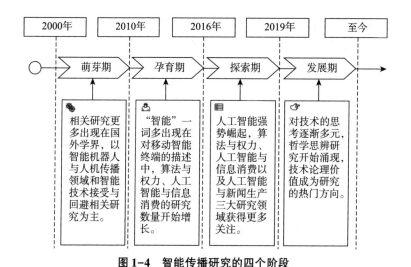

图1-4 智能传播研究的四个阶段

和思考，国外文献多是实证研究。[1] 2020 年的智能传播研究除了对前几年的核心议题持续深化之外，还显示了两个新态势：其一，研究不再聚焦于作为新生事物的算法本身，转而关注算法与既有社会结构的互动及对社会的中介作用；其二，哲学思辨性研究大量涌现，从媒介哲学层面对算法的技术原理和社会意义进行深入的诠释。[2] 2021 年的智能传播研究聚焦智能传播时代的新变化与新环境，探讨了新闻传播学术研究、传媒业界变革及智能传播对个人和社会生活的影响，为新闻传播学科建设及人才培养提供了新的思路和方向。[3] 2022 年，智能传播的版图仍在不断扩张，但各研究方向呈现一个共同的特点，就是

① 张洪忠，兰朵，武沛颖. 2019 年智能传播的八个研究领域分析 [J]. 全球传媒学刊，2020，7 (1)：37-52.
② 师文，陈昌凤. 信息个人化与作为传播者的智能实体——2020 年智能传播研究综述 [J]. 新闻记者，2021 (1)：90-96.
③ 李晓静，谭香苹. 新兴媒介、智能传播与人类福祉——2021 新媒体国际论坛综述 [J]. 新媒体与社会，2022 (1)：163-174.

日益重视智能技术力量扩张背景下人的存在与价值，这不仅体现出学者们对"技术工具论"的突破，而且体现出学界对技术实践中人的能动性越发重视，研究视角逐渐从宏观向微观转移。①

　　智能传播不仅是一个传播话题，更是一个关乎人类生存的重要议题。在智能化趋势下，人类面临提高所有人生存质量和给予更多选择与生存可能的挑战，这涉及对于坚持人类中心主义还是将机器看作平等伙伴的取舍，这些问题需要未来的实践和研究来解答。因此，智能传播研究应当在智能技术作为传播中介和传播者的基础上展开对话与整合，不仅要考察智能技术对人类交往活动的影响，注重人类与智能技术的交往，而且要关注人类主体自身以及彼此之间的沟通实践，通过不断激发智能传播研究的创造力和想象力，塑造传播研究的未来。

三　智能传播对传播范式的革新

　　托马斯·塞缪尔·库恩（Thomas Samuel Kuhn）的范式转变是一个较为宽泛的概念。范式转变指的是一种根本性、颠覆性的创新与变革，它涉及从底层要素、运行机制直至价值观等各个层次的全面"重新格式化"。本书所讨论的范式转变是在整个社会信息传播层面上进行的，它体现为信息传播所依赖的整体基础设施的重构与再塑。传播在数字时代是人和社会的基本存在方式，人类活动基于传播实现、构建，并不断发展演进。从传统的大众传播范式到智能时代的数字传播范式，智能传播的

---

① 彭兰，安孟瑶. 智能时代的媒体与人——2022 年智能传播研究综述与未来展望［J］. 全球传媒学刊，2023，10（1）：3-18. 王竞一，狄心悦，张洪忠. 2022 年智能传播研究综述［J］. 教育传媒研究，2023（1）：20-22.

演进路径清晰地展示了传播范式的变革。当前，数据驱动的智能传播机制日益凸显，开始与社交传播机制形成联动与融合，成为互联网应用的创新前沿，进一步强化了数字传播范式在社会信息传播中的主导地位。与传统的大众传播范式相比，智能传播时代的数字传播范式的不同之处在于技术基础、媒介的连接尺度、传播场景实践、内容生产机制、媒介赋权机制以及社会组织方式等方面。①

较之大众传播范式的粗放式连接，智能传播时代的媒介连接尺度逐渐转向细颗粒度的连接，人工智能技术的功能可供性使得人们能够自主选择个人的价值偏好和叙事模式偏好，基于自身的媒介素养和理性判断能力来满足其细颗粒度的需求，并主动地实现"反连接"。而传统的大众传播范式中，个人可能是通过信息回避、媒介使用的"间歇性中辍"等方式被动实现对信息的抵抗。②

在传播场景方面，大众传播时代的公域传播主要满足受众的一般性信息需求、娱乐需求等，遮蔽了个人的多元价值选择。公域传播想要获得私域流量一般需要通过社群传播和人际传播等方式来实现。而在智能传播时代，个性化的算法推荐机制和以 ChatGPT 为代表的人机对话使得传播进入私域，以人机传播的方式直接向个人推送信息，或者以插件的形式嵌入各类应用，整合多重关系资源，激活被媒介遮蔽的独异性需求。③

在内容生产方面，大众传播通过互联网实现了专业生产内

---

① 喻国明，苏芳. 范式重构、人机共融与技术伴随：智能传播时代理解人机关系的路径 [J]. 湖南师范大学社会科学学报，2023，52（4）：119-125.

② 晏青，陈柯伶，杨帆. "自我—技术"关系感知与调适：短视频观看中间歇性中辍行为研究 [J]. 国际新闻界，2022，44（11）：100-119.

③ 喻国明，苏芳. 范式重构、人机共融与技术伴随：智能传播时代理解人机关系的路径 [J]. 湖南师范大学社会科学学报，2023，52（4）：119-125.

容（PGC）和用户生产内容（UGC）。在信息传播和知识生产方面，大众传播激活了潜能巨大的微内容和微资源，发掘了长尾市场的力量。智能传播的内容生产则转向了人工智能生产内容（AIGC），在巨量数据加持和无监督预训练模型下，AIGC 初步具备了内容的创作力，实现了多模态的内容生产，具有认知交互能力。[①]

在赋权机制方面，大众传播范式下的传播权力相对来说是中心化的，掌握在大平台与企业资本手中，个体获得的权力仅仅是一种有限权力，例如可读写编辑。智能传播时代的数字传播范式则使个体的权力内嵌于区块链等可确权的底层技术，这可能使个体从免费的数字劳工转向信息与价值的实践主体，而未来 GPT 的插件化，让平台呈现叙事框架和意识形态等过去属于媒介信息不可见的部分成为可能，个体能够自由选择个人所需要的信息以及信息的框架。[②]

在社会组织方面，与大众传播时代相比，智能传播时代的媒介机构与社会的秩序将在技术去中心化的逻辑下发生演变，主要表现为社会将从科层制社会朝分布式社会方向演化。互联网智慧连接的多维复杂性演化出各种形式的智能连接，个体既可以通过点对点私密社交实现与特定网络的连接，又能够与匿名的网络用户进行多点共享互动的智能连接，每个个体都成为贡献数据和共享信息的数字节点。智能传播时代的网络空间实现了一种分布式和更加进步的智能网络形式，个体可通过相互关联的网状结构环境获得解决方案和对称信息。

---

① 喻国明，苏芳. 范式重构、人机共融与技术伴随：智能传播时代理解人机关系的路径 [J]. 湖南师范大学社会科学学报，2023，52（4）：119-125.
② 喻国明，苏芳. 范式重构、人机共融与技术伴随：智能传播时代理解人机关系的路径 [J]. 湖南师范大学社会科学学报，2023，52（4）：119-125.

　　上述智能传播引发的传播范式转变体现了媒介进化的趋势，即以人为尺度，不断拓展人的行动自由度，扩大实践半径，提升认知和情感体验，从而实现对人的广度和深度需求的更全面满足。智能传播带来的传播范式变革实际上也反映了人与机器关系深化的过程。在研究智能传播对传播范式的创新时，还需关注其引发的新人机关系。

　　智能传播带来了三种人机关系：人机协同、人机交流、人机共生。① 人机协同主要体现在对内容产业和人的智能媒介化生存的影响上。从新闻生产与传播的内部实践来看，人机协同下人工智能的应用主要涉及信息采集、审核、内容创作、算法分发等新闻生产流程的各个环节，即"算法新闻""自动化新闻""机器生成新闻"等自然语言生成技术所完成的新闻生产。② 智能机器不仅能够以快速甚至全天候的方式采集各种平台、各种渠道的数据，还拓展了信息采集的维度，并在信息核查中成为重要的辅助力量。在内容生产方面，它具有高效的生产和深度挖掘能力。在内容分发方面，它从用户个性需求、所处关系以及场景等多个维度解决了人与内容的适配问题。从媒介化生存的角度来看，人工智能与大数据的应用不仅为个体提供了内容创作的新工具，还在一定程度上重新定义了人们的工作和学习，成为媒介化生存中的新变量。

　　在机器的"智商"、"情商"以及"可信商"（trustworthy quotient）不断提高的背景下，③ 未来可以进行人机交流的"机"，

① 彭兰. 从 ChatGPT 透视智能传播与人机关系的全景及前景 ［J］. 新闻大学，2023（4）：1-16+119.
② DORR K. Mapping the field of Algorithmic Journalism ［J］. Digital Journalism, 2015.
③ SUCAMELI I. Improving the level of trust in human-machine conversation ［J］. Advanced Robotics, 2021, 35（9）：553-560.

可能包括智能手机、智能助理、智能家居设备、社交机器人（包括虚拟与实体机器人）、服务型机器人等。人机交流指的是人与机器之间的直接互动，类似于人际传播。与以前的一些社交机器人或语音助理相比，ChatGPT 真正展示了人机交流的潜力。然而，在当前的人机交流关系中，人类更多地以自我为中心，人机交流可以根据个体需求灵活启动和终止。从机器的角度来看，当前与人类交流的机器主要是为人类提供服务的，它们较少试图与人争夺主导权。

人机共生有广义与狭义之分。广义的人机共生可以看作一种新的生存环境，人与机器同时作为具有能动性的行动者，参与各种生产活动及社会活动；而狭义的人机共生强调的是人的新的生存状态，即机器直接存在于人的身体上，拓展人的机能，人与机器共同构成一种"赛博格化"的存在。[①] 在当前的智能传播范式中，更多的注意力集中在狭义的人机共生上。手机、耳机、智能手环、智能手表、智能眼镜等设备已经或正在融入人们的赛博格实践中，对人所在的空间进行改造，使人们能够体验到全新的"半在场"或"半缺席"等存在方式，并将人的某些维度映射为数据。身体赛博格化与各种智能应用软件的结合，共同推动了智能传播在生活中的全面渗透，同时身体数据在各类传播中的作用也日益凸显。

智能传播对传播范式的革新，不仅是信息传播机制的重大变革，也带来了新的人机关系，是人类进入数字社会、迈向数字文明的一个重要里程碑。尽管智能传播未来的明确进程和全景面貌尚未清晰可见，但我们有必要迎接并直面这一重大课题。

---

① 彭兰. 从 ChatGPT 透视智能传播与人机关系的全景及前景 [J]. 新闻大学，2023（4）：1-16+119.

四　智能传播研究的核心议题

本部分主要对算法、人机关系、技术伦理等近几年智能传播研究的核心议题进行回顾。

对算法的研究集中在内容生产与平台、用户参与等方面。算法在新闻业的实践应用和对内容生产的影响与变革受到关注，喻国明等以"今日头条"的四次升级迭代为例，探讨了算法型信息分发的变化及迭代逻辑，认为算法推荐不是一成不变的，而是在不断迭代中提升"有边界的调适"。① 崔迪等也以"今日头条"为例，指出其虽极大限度地改变了信息分发机制，但本质上仍是人们频繁、密切接触新闻信息的渠道，发挥着新闻产品的基本功能。② 算法的偏向则影响着内容生态，有实证研究指出，商业关联会导致搜索引擎算法偏向，即搜索引擎首先倾向于呈现来自相同利益主体网站的信息，其次是利益相关主体网站的信息。③ 这种对内容生态的影响也在国际传播中有所呈现，何天平等发现，平台出于对自身利益的考量，以算法等方式干预国际传播的路径与渠道，国际舆论竞争越发体现出"算法认知战"的特征。④ 算法不仅影响到内容生态，也会影响到平台的舆论环境。有研

① 喻国明，杜楠楠.智能型算法分发的价值迭代："边界调适"与合法性的提升——以"今日头条"的四次升级迭代为例［J］.新闻记者，2019（11）：15-20.
② 崔迪，吴舫.算法推送新闻的知识效果——以今日头条为例［J］.新闻记者，2019（2）：30-36.
③ 师文，陈昌凤.国内主流搜索引擎的算法审计研究［J］.新闻大学，2022（10）：84-100+22-23.
④ 何天平，蒋贤成.算法介入国际传播：模式重塑、实践思考与治理启示［J］.对外传播，2022（10）：34-38.

究指出，平台通过可见性的控制和智能适配的技术逻辑影响舆论的自然生成，对公众表达呈现出屏蔽、规训和伪造三种操控模式。①

内容生产的智能算法推荐实现了信息的个人化，部分研究采用实证方法分析，主要关注其带来的回音室（echo chamber）、过滤气泡（fliter bubble）效果。② 什玛加德（Yotam Shmargad）等发现，基于流行度的新闻推荐算法有可能使政治环境极化。③ 杨洸等发现，用户对"今日头条"的使用时间越长，越容易收到主题、观点趋同的新闻。④ 也有研究意识到，用户不只是算法的被动接受者，而且能通过自身的行动与算法机制相互塑造。多格鲁埃尔（Leyla Dogruel）等使用访谈法研究了互联网用户对算法的认识，结果发现一般用户其实都知道算法的运行，且对这些技术系统如何工作具有基本的理解。⑤ 姜贤真（Kang Hyun-jin）等发现，TikTok 用户在使用 TikTok 的过程中尝试有意识地

① 许加彪，王军峰. 算法安全：伪舆论的隐形机制与风险治理［J］. 现代传播（中国传媒大学学报），2022（8）：138-146. 何晶，李瑛琦. 算法、公众表达与政治传播的未来格局［J］. 现代传播（中国传媒大学学报），2022（6）：67-76.
② NECHUSHTAI E，LEWIS S. What Kind of News Gatekeepers Do We Want Machines to Be? Filter Bubbles，Fragmentation，and the Normative Dimensions of Algorithmic Recommendations［J］. Computers in Human Behavior，2018，90. RAU J，STIER S. Die Echokammer-Hypothese：Fragmentierung der Öffentlichkeit und politische Polarisierung durch digitale Medien?［J］. Zeitschrift für Vergleichende Politikwissenschaft，2019，13.
③ SHMARGAD Y，KLAR S. Sorting the News：How Ranking by Popularity Polarizes Our Politics［J］. Political Communication，2020，37：1-24.
④ 杨洸，佘佳玲. 新闻算法推荐的信息可见性、用户主动性与信息茧房效应：算法与用户互动的视角［J］. 新闻大学，2020（2）：102-118+23.
⑤ DOGRUEL L，FACCIORUSSO D，STARK B. "I'm Still the Master of the Machine." Internet Users' Awareness of Algorithmic Decision-making and Their Perception of Its Effect on Their Autonomy［J］. Information，Communication & Society，2020，25：1-22.

训练算法，以获得更符合自己兴趣需求的内容。① 用户与算法的互动还体现在算法抵抗上，学界主要关注用户的算法抵抗策略和数字劳工的算法抵抗行为。陈阳等提出了基于"理性—非理性"二分处理路径的双重中介路径模型，并将其用于考察河南农村青少年在短视频平台的日常使用过程中对于推荐算法的抵抗心理与行为反应。② 洪杰文等发现，特定情境下的算法意识激发与基于"相关性"的算法规则想象是用户算法抵抗战术表达得以成为可能的重要因素。③ 瓦苏德万（Krishnan Vasudevan）等探究了 Uber 司机如何通过开发工作游戏来抵制游戏化的算法管理。④ 格罗曼（Rafael Grohmann）等从巴西平台劳工经历和应对平台诈骗的经验出发，探讨了劳动力算法管理中存在的不对称和不平等的权力关系。⑤

对人机关系的研究大多从媒介哲学视角出发探讨人与技术的具身关系。蒋晓丽等立足于唐·伊德（Don Ihde）"人—技术"关系视角，阐释人与算法技术"具身—诠释—它异"的三重关系交迭，并提出人们应该坚守自己的主体性价值，找到恰

① KANG H, LOU C. AI Agency Vs. Human agency：Understanding Human-AI Interactions on TikTok and Their Implications for User Engagement [J]. Journal of Computer-Mediated Communication，2022，27.

② 陈阳，昌行. 控制的辩证法：农村青少年的短视频平台推荐算法抵抗——基于"理性—非理性"双重中介路径的考察 [J]. 新闻记者，2022（7）：71-87.

③ 洪杰文，陈嵘伟. 意识激发与规则想象：用户抵抗算法的战术依归和实践路径 [J]. 新闻与传播研究，2022（8）：38-56+126-127.

④ VASUDEVAN K, CHAN N K. Gamification and Work Games：Examining Consent and Resistance Among Uber Drivers [J]. New Media & Society，2022，24：866-886.

⑤ GROHMANN R, PEREIRA G, GUERRA A, et al. Platform Scams：Brazilian Workers' Experiences of Dishonest and Uncertain Algorithmic Management [J]. New Media & Society，2022，24：1611-1631.

当理性的方式与算法技术和谐共生。① 赵海明从人机传播的层面切入，认为人与机器的具身实践是二者双向的动态反馈过程，具身传播的本质就表现为人与技术在同一场域中创造新的情境，以及基于"人—机"具身关系的意义创造与再生产。② 人机信任也是提及较多的一个话题。交流型人工智能被认为能通过实体生成、增强或修改信息说服人们形成、强化或改变观念。③ 有研究探讨了受试者对算法新闻可信度的感知，发现受试者"偏见"感知的不同导致其对署名为算法的新闻可信度感知要显著高于对署名为人类记者的新闻可信度感知。④ 莫利纳（Maria Molina）等发现，在知晓审核来源的情况下，用户对 AI 审核内容的信任度与对人工审核的信任度相近，而且允许用户向算法提供反馈可以在增强用户能动性的基础上增强其信任。⑤ 在人机关系中，智能实体作为传播者也备受关注。智能技术使得计算机及其程序逐渐具备类人甚至超人的能力，而社交机器人（social bots）作为在社交媒体上活跃、可进行交流的实体正受到越来越多的关注。社交机器人是在社交媒体上通过各种计算机脚本与程序学习模仿人类、影响舆论的一些社交媒体账号，

---

① 蒋晓丽，钟棣冰. 智能传播时代人与算法技术的关系交迭 [J]. 新闻界，2022（1）：118-126.

② 赵海明. 基于"人—机"关系视角的具身传播再认识——一种媒介现象学的诠释 [J]. 新闻大学，2022（7）：14-26+116-117.

③ DEHNERT M，MONGEAU P. Persuasion in the Age of Artificial Intelligence（AI）：Theories and Complications of AI-Based Persuasion [J]. Human Communication Research，2022，48.

④ 蒋忠波，师雪梅，张宏博. 人机传播视域下算法新闻可信度的感知研究——基于一项对大学生的控制实验分析 [J]. 国际新闻界，2022（3）：34-52.

⑤ MOLINA M，SUNDAR S S. When AI Moderates Online Content：Effects of Human Collaboration and Interactive Transparency on User Trust [J]. Journal of Computer-Mediated Communication，2022，27.

在虚假信息扩散①、政治选举②、舆论操纵③等事件中均可见其身影。当前的社交网络舆论生态已进一步演化为"人+机器"作为行为主体共栖的舆论生态，作为一种新兴变量，社交机器人正以自己独特的行为方式干预和冲击着舆论。④

对技术伦理的研究多聚焦于智能技术使用不当带来的负面影响和伦理风险，如深度伪造（deepfake）、算法黑箱、智能鸿沟等话题。深度伪造是基于深度学习的算法和模型生成文字、图像、音频、视频的一种人工智能内容合成技术。姬德强认为，深度伪造模糊了真与假的界限，并将真相开放为可加工的内容供所有参与者使用，这将有可能催化算法威权主义，从而进一步巩固现有的平台资本主义。⑤算法黑箱是对算法权力隐蔽性的一种隐喻。郭小平等基于智能传播算法实践，指出政治内嵌与资本介入、社会结构性偏见的循环和量化计算对有机世界的遮蔽，必将导致算法的内生性偏见。⑥打开算法黑箱、实现算法透明也是被持续探讨的一个重要话题。越来越多的研究者倾向于

①　JONES M，Propaganda，Fake News，and Fake Trends：The Weaponization of Twitter Bots in the Gulf Crisis［J］. International Journal of Communication，2019，13：1389-1415.

②　BADAWY A，FERRARA E，LERMAN K. Analyzing the Digital Traces of Political Manipulation：The 2016 Russian Interference Twitter Campaign；Proceedings of the IEEE/ACM International Conference on Advances in Social Networks Analysis and Mining（ASONAM），F，2018［C］.2018.

③　张洪忠，王竞一. 社交机器人参与社交网络舆论建构的策略分析——基于机器行为学的研究视角［J］. 新闻与写作，2023（2）：35-42.

④　陈虹，张文青.Twitter 社交机器人在涉华议题中的社会传染机制——以 2022 年北京冬奥会为例［J］. 新闻界，2023（2）：87-96.

⑤　姬德强. 深度造假：人工智能时代的视觉政治［J］. 新闻大学，2020（7）：1-16+121.

⑥　郭小平，秦艺轩. 解构智能传播的数据神话：算法偏见的成因与风险治理路径［J］. 现代传播（中国传媒大学学报），2019（9）：19-24.

认为难以实现算法透明，对该领域的研究需要另辟蹊径。徐琦认为，算法透明度只是一种可以善加利用的辅助性工具，协同政府规制、平台自治和社会共治更能在算法治理上起到作用。①尽管算法透明的实现存在困难，但也有研究认为，通过算法披露等方式解释算法透明度，保障用户信息选择权和知情权十分必要。② 智能鸿沟是核心智能技术引发的社会不平等和不公正。③

本章小结

本章主要介绍了智能媒体和智能传播的定义、解读、应用及展望。在智能媒体部分，本章通过整理智能时代的背景，引出智能媒体的重要价值。在对比、分析了学界技术视角和用户视角的定义并对智能媒体研究进行了文献梳理之后，文章提出了智能媒体的定义，即智能媒体是通过智能技术改变传播介质，与媒体各个业务环节深度融合，智能化感知并满足用户媒体需求的一种媒体形态。本章回顾了媒体的历史沿革和智能化转向历程，并以媒介哲学视域讨论了智能媒体对人的异化和对权力的重构。本章最后以物联网技术、VR/AR 技术、区块链技术、生成式人工智能技术为载体，构想了智能媒体发展的未来图景。

---

① 徐琦 . 辅助性治理工具：智媒算法透明度意涵阐释与合理定位 [J]. 新闻记者，2020（8）：57-66.
② 林爱珺，刘运红 . 智能新闻信息分发中的算法偏见与伦理规制 [J]. 新闻大学，2020（1）：29-39+125-126.
③ 钟祥铭，方兴东 . 数字鸿沟演进历程与智能鸿沟的兴起——基于 50 年来互联网驱动人类社会信息传播机制变革与演进的视角 [J]. 新闻记者，2022（8）：34-46.

　　对于智能传播，本章先基于实践探索和理论通径对智能传播的概念阐释进行了整理，将智能传播界定为人工智能技术演进下的一种新型信息传播机制，再从信息传播机制演变和智能传播研究阶段两个方面梳理了智能传播的演进路径，接着进一步探讨了智能传播带来的数字传播范式、新型人机关系等传播范式革新，最后回顾了算法、人机关系、技术伦理等近几年智能传播领域的核心议题。

第二章

智能媒介化时代的认知传播

引　言

一　回看"认知"：传播研究中的"黑盒子"

"认知"是人类与生俱来的属性，从远古时代到现代社会一直支持着个体的自然生存与社会互动，是人类演化和社会发展过程中不可或缺的一部分。人类理解"心智"的渴望，最早可追溯至古希腊哲学家对知觉、思维和记忆等认知过程问题的追问以及心理学的起源，随后人类在 19 世纪末 20 世纪初的结构功能主义时期实现了科学层面的启蒙。

传播学自诞生之初便携带着"认知"的基因。一是从学科建立与发展历史维度来看，传播学就其空间位置而言是各种领域思潮的聚集之地，其中不乏心理学、哲学、社会学等学科的身影。随着传播学研究的不断深入，研究者对于传播的理解从"作为信息传递的过程"延展至"不仅是信息的传递，还涉及受众对信息的感知、理解与解释"。20 世纪中期，在社会心理学和认知心理学等领域的研究成果开始渗透传播学研究的背景下，研究者开始关注受众是如何处理信息、对待媒体内容以及形成态度的，这一时期，拉扎斯菲尔德（Paul F. Lazarsfeld）等人提出"两级传播理论"，强调媒体效应的中介过程中的社交网络与个人交流。20 世纪 60 年代，李普曼（Walter Lippmann）和麦克卢汉等学者提出"依存理论"，强调媒体对个体认知的影响，认为媒体是社会现实的"定义者"，这使得研究者开始关注媒体对受众认识和意识形态的塑造作用。20 世纪 80 年代，传播学研究关注"媒体效果"，进一步凸显了受众在接收和处理信息时的认知活动，强调媒体对个体认知和行为的影响。

二是从传播研究与认知研究的内涵来看，二者都涉及人类如何传播、处理和理解信息的问题。"传播"与"认知"相伴相生，任何存在认知的场景中都存在传播现象，同时传播的价值逻辑关键在于评估人类主体的认知效果。传播过程中的信息传递与接收都依赖于人类的认知活动，因此信息的传播绝不仅仅是简单的传递，更涉及受众对信息的感知、理解和解释，认知不仅是信息处理的核心，同样也是人们对信息与环境做出反应以及和它们进行互动的基础。

尽管"认知"这一基因一直存在于传播学研究中，也有一部分学者关注到了这一因素，但是总体来看，"认知"一直被遮蔽于传播效果研究的巨大阴影之下，依附于媒介使用、信息内容对态度、行为及认知的效果框架，然而关于此种效果如何发生、背后机制如何的研究却十分有限。那么，为何在传播学研究的漫长发展历程中，"认知"一直处于被遮蔽的状态？这就需要从历史与研究范式等维度进行理解。

20 世纪三四十年代，传播学脱胎于第二次世界大战的历史背景，在现实紧迫需求下，受到当时流行的行为主义心理学的影响，传统传播学研究主要关注传播技术、媒介与信息传递的过程。首先，行为主义更倾向于强调可观察的行为，而忽略了个体心理过程，在此背景下，传播学更关注可测量的行为和反应，而较少涉及个体的认知活动。其次，传统传播学更注重于媒介技术和传播渠道，关注传播是如何通过媒介传递信息的，这种技术和媒介驱动的观点导致研究者更关注信息的传递过程，而对受众的认知反应的研究相对较为边缘化。再次，早期传播研究主要采用定量研究方法，强调通过统计数据来揭示媒体对受众的影响，这种方法在一定程度上限制了对于个体认知过程的深入理解，因为定量方法难以捕捉复杂的认知活动。最后，早期的传播学着眼于社会责任和效果导向，主要关注媒体所造成的社会影响和媒体的传播效果，这种关注使得研究者更加注重媒体的社会责任和影响，而相对忽视了受众个体的认知过程。以上所述这些历史和研究范式的因素导致认知这一"黑盒子"在传播研究中始终没有得到较多关注。

二　呼唤"认知"：智能媒介化时代的认知意义

当前社会已经步入了以大数据为支撑，以媒介技术更新迭代为核心的数字文明时代，大众传播在迈向数字传播的同时也日益呈现出智能化的趋势，在此情境下，传统单一的、单向度的传播模式已经难以适应智能媒介化时代社会整体变革的要求，传统的"What we think"在某种程度上已延展至"The way we think"。因此，传播学更应回归对"人的主体性"以及"认知"在传播中的意义的观照。

在数字传播时代媒介生态变革的情境下，数字技术"决定性地改变了社会的粒度，并迫使人类对自我和世界形成全新认知"①。首先是人类的个体能动性不断凸显，个体成为社会信息的生产者、传播者与获取者，甚至成为社会资源的直接操控者，在此基础上形成了区别于传统传播时代的独特认知体验，与此同时，互联网背景下本质为不同个体价值观聚合的圈层化更具

---

① 克里斯多夫·库克里克. 微粒社会：数字时代的社会模式［M］. 黄昆，夏柯，译. 北京：中信出版社，2018：10.

有兴趣驱动的情感属性，圈层所具有的封闭与开放这两种特性使得认知呈现极化与突变的复杂动态特质。① 其次是海量信息的碎片化、同质化、复杂化等特点使得个体"认知"的重要性逐渐取代"信息"概念的重要性，过载的信息由于人的"有限理性"而超出个体头脑中的有效释义范围，因此信息是否进入、是否有用、是否符合个体认知显得尤为重要。② 于是有学者指出，未来传播的着力点在于从认知层面出发，解决个体"以我为主"的信息关联性问题，凝结传播的价值逻辑。③

随着媒介技术的不断发展，个体与信息互动的方式也发生了变化，媒介化社会中信息量急剧增加，受众面临信息过载的问题，媒体环境变得更加复杂多元，传统简化的媒介效应模型难以解释受众如何处理信息。传统行为主义研究范式下的传播学研究无法解释现实世界中复杂的传播现象，难以捕捉认知过程中的主观体验，常常被质疑"知其然，不知其所以然"，关于媒介效果的研究成果丰富，然而此效果如何发生、背后机制如何，相关研究的了解却十分有限。因此，回答传播效果如何发生的问题，也就是将处理媒介信息的过程纳入考量，是传播研究不可回避的议题之一，这迫切需要研究者将目光转向受众在新技术环境下的认知和互动过程。

传播学的认知转向源于认知科学在人文社科领域掀起的认知转向，是传播学研究对人的主体性的一种回应。在此背景下，

---

① 喻国明，苏芳. 范式重构、人机共融与技术伴随：智能传播时代理解人机关系的路径 [J]. 湖南师范大学社会科学学报，2023，52（4）：119-125.

② 喻国明，刘彧晗. 从信息竞争到认知竞争：策略性传播范式全新转型——基于元传播视角的研究 [J]. 现代传播（中国传媒大学学报），2023，45（2）：128-134.

③ 喻国明，苏芳. 范式重构、人机共融与技术伴随：智能传播时代理解人机关系的路径 [J]. 湖南师范大学社会科学学报，2023，52（4）：119-125.

认知取径的传播研究则为传播学研究开启了新的视野。认知取径的传播研究最主要的特色在于，将研究的焦点从"效果"扩展至"过程"，不同于一般的传播研究多关注媒介信息与效果之间的关系，认知取径的传播研究探究介于其间的"黑盒子"，即信息处理过程，它结合认知心理学与生理心理学，不仅揭露隐藏于"黑盒子"中的心理机制和尝试描绘媒介信息处理的过程，也为媒介效果研究提供了证据。

第一节
多重视域下认知传播的本质内涵

一　认知传播的概念定义

在深入理解认知传播的概念之前，我们需要首先掌握认知和传播的核心概念，并全面了解认知传播的学科背景。认知传播是近年来在传播学领域崭露头角的新兴领域，它源于认知科学与传播学的跨界融合，体现了两者之间的有机结合。通过深入探究认知传播的内涵与外延，我们可以更好地理解人类信息传播的本质和规律，为未来的传播研究和实践提供新的思路和方法。这种交叉复合的研究领域并非传播学的分支，而应被视为一种流派或思潮，体现了传播学的认知转向。① 它并非特指某

---

① 林克勤，曾静平. 新范式、新进路：新文科背景下认知传播学的理论建构 [J]. 传媒观察，2022（1）：16-21.

一单独的理论，而是一种研究方法和跨学科的研究视角。①

"认知"一词通常用于描述人类和其他生物在接收、检测、转换、整合、编码、存储、提取、重构、概念化、判断和解决问题时对信息的处理过程（见图 2-1）。这些过程可以分为三个主要阶段：首先是"感知"阶段，其次是"认知"阶段，最后是"表征"阶段。② 认知科学是一门致力于深入研究人类认知过程的科学，它代表了一种尝试进入心智以探究认知过程的努力，而不局限于对刺激的行为反应。

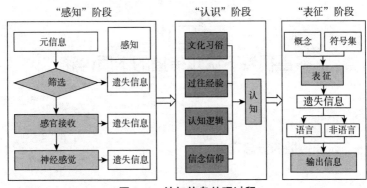

图 2-1 认知信息处理过程

根据学者约翰·菲斯克（John Fiske）的观点，对传播的理解可以从两个主要方面进行。一方面，传播可以被视为信息的传递过程，在这个过程中，信息的发送者和接收者通过特定的媒介进行信息的编码和解码，同时这个过程的研究重点是传播的效果和准确性。从这种视角来看，媒体仅仅是传递信息的工具，而传播的准确与否直接决定了传播的成功与否。从认识论的

---

① 林克勤，曾静平．新范式、新进路：新文科背景下认知传播学的理论建构[J]．传媒观察，2022（1）：16-21.
② 欧阳宏生，朱婧雯．意义·范式与建构——认知传播学研究的几个关键问题[J]．现代传播（中国传媒大学学报），2016，38（9）：14-20.

角度来看，这种理解方式将媒体视为社会的一种反映，在这个社会中，社会现实被视为一个静态的客观现实。另一方面，传播也可以被视为意义的产生和交换过程。在这个过程中，文本与读者之间通过特定的媒介进行互动，从而产生特定的意义。从这种视角来看，传播是否成功不再仅仅取决于受众是否"误解"了信息，因为"误解"可能仅仅是传受双方的文化和认知差异造成的。这种理解方式强调了传播过程中各种元素之间的互动和相互影响。① 以上两个方面的理解方式各有侧重，但都强调了传播过程中信息的传递、接收、编码、解码以及意义产生的重要性。同时，它们也揭示了传播过程中可能存在的各种复杂性和不确定性。

有学者指出，只有以人类感官可感知的形式呈现的信息，才能真正触动我们的认知。② 这一观点深刻揭示了人类传播活动的本质，即通过感知、认知和表征三个阶段，将来自外界的客观信息转化为我们能够理解、积累、加工和传递的信息。这一过程不仅体现了"认知"和"传播"的相互影响和作用，也为我们理解和研究认知传播提供了有力的科学依据。同时，这种互动关系也是建构认知传播学的基础，为认知科学与传播学的融合提供了坚实的支撑。

"认知传播学"的研究主题是以人为本，以信息为媒介，以多种媒介形式为载体，以社会习俗和大众流行体系为支撑的。通过对信息摄取过程中的"感知"、信息加工过程中的"认知"以及知识体系和行为模式构建的"表征"这三个"认知"过程的细分分析，可以深入了解人类主体交往过程中的"认知"机

① 梁湘梓，欧阳宏生. 认知传播的理论溯源、建构模式与现实考察 [J]. 编辑之友，2016（9）：20-25.
② 欧阳宏生，朱婧雯. 意义·范式与建构——认知传播学研究的几个关键问题 [J]. 现代传播（中国传媒大学学报），2016，38（9）：14-20.

制和规律。① 国内学术界普遍认为，认知传播学是一门以人类为中心的学科，主要研究人的认知行为、传播现象以及传播要素之间的关系。该学科通过考察信息传播媒介对人类心理和大脑加工机制的影响，进一步探究信息传播的规律和机制。这种观点强调了人在交际过程中的主体性，同时也突出了信息、交际和心理在认知交际中的核心作用（见图2-2）。②

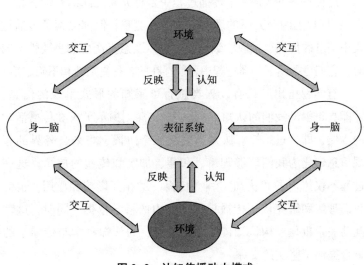

图2-2　认知传播动力模式

二　认知传播的内涵分析

在"传播的传递观"的视角下，深入探索"传播的建构

① 欧阳宏生，朱婧雯．意义·范式与建构——认知传播学研究的几个关键问题[J]．现代传播（中国传媒大学学报），2016，38（9）：14-20.
② 欧阳宏生，朱婧雯．意义·范式与建构——认知传播学研究的几个关键问题[J]．现代传播（中国传媒大学学报），2016，38（9）：14-20.

性"的认知传播学，并明晰其在认识论方面的理论内涵，显得至关重要。任何概念均具有其特定的内涵与外延，即所包含的含义及其适用的范围。对于认知传播学的理解，本质上需要我们审视认知与传播、媒介、社会意义之间的相互关系，同时探讨这个体系中认知主体、意义、现实等要素的内涵与地位。认知传播学区别于传统传播学，可以从以下几个维度进行理解。

首先，参与者从普通意义上的"传受者"变成了具有主观能动性的"认知主体"①。传统传播学中的受众，一般被理解为信息的单纯接收者。然而，在认知传播学的视角下，接受主体被赋予了更加丰富的内涵。接受主体在信息传播过程中，具备信息接收、感知、识别、判断、加工以及再传播的能力，他们并非仅仅被动地接收信息，而是对信息进行积极的认知和处理。这种对信息的加工和处理能力，更加凸显了信息接收者所具备的能动性和主动性。因此，认知传播学中的接受主体概念，更加凸显了信息接收者在信息传播过程中的积极作用和主动性身份。

其次，现实从"客观存在的现实"变为"被认知的现实"。②传统传播学在理解现实时，主要关注的是客观存在的实体，例如客体、人等。这从"新闻是新近发生的新鲜的事实的报道"的定义中可见一斑，这个定义凸显了对"客观事实"的追求。然而，认知传播学在对现实的解读上更注重其与个体主观认知世界的关系。它认为现实是在互动中建构的，也就是说，我们所体验的现实并非直接源自日常生活，而是经过大脑认知

---

① 李茂华，欧阳宏生.接受主体的认知传播机制考察［J］.现代传播（中国传媒大学学报），2017，39（11）：18-23.

② 梁湘梓，欧阳宏生.认知传播的理论溯源、建构模式与现实考察［J］.编辑之友，2016（9）：20-25.

加工后塑造的。这种现实虽然并非客观存在的实体，但对我们产生深远影响。

再次，传播中的"意义"从"蕴含的意义"变为"互动中生成的意义"。"意义"似乎一开始就是研究的核心，认知传播学从建构主义的视角出发，着重关注传播过程中的意义生产，即认知在传播中的意义。认知传播学认为，传播过程中的意义是由认知主体之间的互动和交流产生的，这与传统的传播学观点有所不同。在传统传播学中，意义被视为存在于现实世界的实体，需要通过传播者传递给受众。然而，认知传播学则认为，意义是在传播过程中由认知主体之间的相互作用产生的，它不是简单的传递过程，而是需要经过认知主体的理解和解释。在传播过程中，认知主体之间需要进行互动和交流，以共同构建和理解意义。这种互动和交流可以是面对面的交流，也可以是通过媒介进行的远程交流。通过互动和交流，认知主体可以协商和理解信息的意义，从而产生认知共识。

最后，传播的内容从"客观内容"变为"意义内容"。认知传播学所指涉的传播内容更多的是一种以主体为中心生产的"意义"，这种意义不是简单的信息传递，而是指对客观存在的现实进行主观解释和建构的过程。具体来说，认知传播学认为传播内容是具有认知性的，它不仅包括语言、文字、图像等符号形式，还包括这些符号所承载的意义和信息。传播内容的认知性体现为能够影响人们的认知过程和认知结果，从而影响人们对客观世界的理解和行动。此外，认知传播学还强调传播内容的主体性。它认为传播内容是由主体进行选择、加工和传递的，这些内容不仅是客观现实的反映，更是主体对客观现实的主观解释和建构。因此，传播内容具有强烈的主体性和个人色彩，不同的主体会生产出不同的传播内容。

第二节

认知驱动的传播范式革新

1962 年，托马斯·库恩引入了"范式"的概念，将其定义为学术界成员共享的理论框架、研究方法和实践规范。范式决定了研究对象的定义、问题、方法和价值取向。范式作为学科认识自身及其世界观和方法论的方式，反映了学者在理论和方法上的目的、立场和价值观的差异。范式的产生既受到理论的价值取向的影响，又影响着理论的价值取向。范式在理论控制和生产的分化之间不断循环，这种循环过程也体现了范式的作用和价值。① 尽管认知科学和传播学已经包含了"认知范式"的研究，并且各自为认知传播提供了一套方法体系，如互动体验、形象图式、概念分类、认知模型、突出、隐喻转喻等，但作为关注"人的主体性"的传播学分支，认知传播学必须充分体现其研究范式的独特性和创新性。这种独特性和创新性不仅体现在其研究焦点上，更体现在其研究方法和理论构建上。

为了深入理解认知传播的研究范式，我们必须以"认知"的特征为逻辑起点，进而在认知科学和传播研究领域内发展出独特的研究范式。认知科学建立了一个以基本逻辑为基础的包含分析哲学和经验哲学的意识形态研究体系，从而在研究方法上将自然主义研究从精神分析层面扩展到认知科学层面。一方

---

① 徐轶瑛，那宇奇. 智能媒介视域下传播学研究的范式流变［J］. 现代传播（中国传媒大学学报），2023，45（8）：141-152.

面，认知科学在认识论和方法论层面发生了思想上的演变，突破了传统的"计算—表征"研究模式，对环境、身体、行为进行了多中心的探索，行动（具身）主义的生成成为其前置条件。另一方面，随着第一代认知科学向第二代认知科学发展，"后认知科学主义"进一步形成，将强耦合、去表征、过程动态机制等新维度纳入认知科学的观察视角。这些进步也对认知传播研究模型的创新产生了影响。①

　　认知科学聚焦于三大前沿理论核心。首先，认知的"涉身"特征的提出为"具身"认知开辟了一个新的研究领域。具身认知强调了身体在认知过程中的重要作用，将我们的理解扩展到感知、行动和环境之间的相互作用。其次，认知依赖语境理论将具身认知的研究推向了"延展"认知的新领域。延展认知理论认为，认知过程并不局限于个体的内部，而是延伸到外部环境，将我们的思想和行动与周围的世界联系起来。最后，认知的"社会嵌入与延展性"概念进一步拓展了认知的边界。社会嵌入理论强调社会因素对认知过程的影响，而延展性则将我们的思维和行为扩展到个体之外。② 基于上述理论，认知传播学研究范式在继承传统传播学研究范式的基础上，更多地吸收了认知科学的逻辑范式，形成了独具特色的研究范式。

一　从"反映论"到"建构论"：认知传播的基础模式

　　"反映论"和"建构论"代表了两种不同的哲学和认识论

---

① 朱婧雯. 深度媒介化传播情境下认知"尺度"问题辨析 [J]. 西安交通大学学报（社会科学版），2023，43（5）：135-146.

② 朱婧雯，欧阳宏生. 认知传播的理论谱系与研究进路——以体认、境化、行动的知觉—技术逻辑为线索 [J]. 南京社会科学，2020（5）：109-115+24.

观点。反映论认为，人类的认知是对客观外部现实的被动反映或映射，它认为人类的感知、思维和知识主要是对外部事物、事件和属性的被动反映。相反，建构论强调个体在思维过程中的积极参与和主观建构，人类的理解和知识是通过与经验的互动以及与现有认知框架的结合来积极建构的。因此，认知与现实之间存在一种建构关系，认知是通过主观过程形成的，而不仅仅是被动地反映外部现实。

认知传播的基本模式与线性传播模式存在显著差异，它基于建构主义认识论，强调信息理解的过程在传播中的核心地位。这一认知过程受到诸多因素影响，包括社会背景、历史、知识水平以及个人身份等。因此，认知传播的核心任务是解析信息理解差异的来源。在这一过程中，认知主体发挥着至关重要的作用。认知传播主要关注认知主体对情境的心理反应和意义的构建。其基本模式为认知主体之间的互动，其将认知作为沟通的桥梁，以实现意义共享。①

二　"离线—去耦合"与"在线—耦合"的协同研究范式

20 世纪 40 年代，梅洛-庞蒂（Merleau-Ponty）提出了一种新的理论范式，用"身体"来描述知觉经验，从而发掘了除语言符号表征之外描述知觉过程的另一种方式。这一新的理论范式不仅关注有机生物体的大脑与其环境的相互作用，而且引入了"身体经验"的观察尺度，从而形成了认知研究路径中耦合与去耦合并行发展的新趋势。② 去耦合认知是一种以有机体符号

---

① 梁湘梓，欧阳宏生. 认知传播的理论溯源、建构模式与现实考察 [J]. 编辑之友，2016（9）：20-25.
② 朱婧雯. 深度媒介化传播情境下认知"尺度"问题辨析 [J]. 西安交通大学学报（社会科学版），2023，43（5）：135-146.

语言为表征中介，涉及两个或多个自治主体的共变耦合过程的认知机制。① 受行为心理学的影响，它强调有机生物体与其环境之间的去表征中介实时"在线"互动认知过程。

虽然认知传播主要基于第二代认知科学，但第一代认知科学中基于"脑内"认知测量量表的内容仍然具有重要价值，并没有被时代淘汰或替代。作为复杂生物体的一种认知机制，神经元脑内的生理信号具有重要意义，但作为社会认知的一种高级形式，"概念联结"式的"离线—去耦合"认知仍有其独特的解释力。它通过情感、记忆经验、自我意识等要素以"离线—去耦合"的方式影响机体认知，尤其是"概念隐喻"，这种已被证实的认知关联机制可以深刻地影响存储在大脑神经元中的语义网络，使其在信息检索过程中更容易回忆起有机生物体的记忆。② 因此，离线—去耦合与在线—耦合的协同认知过程应该被视为更全面的科学观点进而理解有机生物体的认知过程。此外，其为在传播学研究框架下的观察认知研究中的神经活动提供了新的认识论和方法论视角。

三　"计算—表征"与"生成—行动"的协同研究范式

在生态心理学等相关学科的认知观察"尺度"影响下，生成主义对具身认知中的"表征"中介过程提出了深刻的批判。③

---

① 肖恩·加拉格尔，何静. 当具身认知在跨学科合作中得到耦合——访加拉格尔教授 [J]. 哲学分析，2018，9（6）.

② SHAFIEI F，GHASSEMZADEH H. Metaphors' Effect on Off-line Cognition：A Preliminary Study Based on a Reaction Time Task [J]. International Journal of Linguistics，Literature and Translation，2021，4（11）：139–146.

③ 朱婧雯. 深度媒介化传播情境下认知"尺度"问题辨析 [J]. 西安交通大学学报（社会科学版），2023，43（5）：135–146.

生成性认知在借鉴生态心理学和系统动力学的基础上，主要吸收了其强调系统各组成部分之间的耦合动态所引起的持续演化的动态系统的内容，在此基础上，生成性认知形成了去表征化的强耦合认知动力范式。情境认知考量认知与情境相互作用过程中的物质功能、效用等情境因素，逐步演绎出不依赖于符号表征系统的"非表征"认知过程。"去表征"的具身认知也深刻地影响着有机体在交际语境中的认知过程。生态心理学对情境中的认知采取"具身—嵌入"取向，坚持"感知—行动"的生态学视角，强调感知与行动之间的"无缝"联系，排斥表征中介。①

目前认知传播研究在"表征"层面上存在两种主要的研究范式。一是沿袭认知的表征性，研究者将用户在智能社交网络空间中基于信息处理、获取和交互而产生的话语视为动态认知表征的信息流交互数据。在此基础上，形成基于认知网络科学和可解释表征的大数据分析方法，例如时变观点动力学模型、社交网络模拟大脑认知动力系统辨别模式等。这些方法补充了智能传播情境下作为"构成"的认知微观塑造原理，为深入理解认知传播现象提供了重要的理论工具和技术手段。

二是从直接行为角度出发，打破对认知表征的依赖，将复杂网络科学从传统的社会分析范式转向对具身社会媒体互动的分析。研究者基于日常传播情境下大规模用户的媒介行为数据，一方面深入研究信息感知、选择性主义、认知与情感信任、说服和态度改变等具体认知维度；另一方面将时间效应作为传播语境中认知—行为中介的变量，还原智能媒体具身情境中体现的非线性、多渠道和过程化的有机认知机制，从而真正实现传

---

① RIENER C, STEFANUCCI J. Perception and/for/with/as Action, the Routledge Handbook of Embodied Cognition [M]. New York: Routledge Press, 2014: 161-187.

播语境中认知过程概念从认识论向研究方法实践的转变，例如
复杂网络的社会中介（情境）认知变化（时间）分析模型。

四 "因果"与"动态过程"的协同研究范式

传统传播学对于认知的研究侧重于受众注意和认知说服的
效果，遵循单一的因果逻辑，关注认知是否发生变化。但是认
知传播打破了这一传统范式，将"过程"和"动态"等构成机
制作为复杂传播生态系统中认知效应的重要切入点。

在过程视角的研究范式下，作为关键要素的认知不仅是探
索传播效果的重要工具，而且逐渐成为一个独立的研究对象。
研究人员可以探索如何通过更有效的认知测量工具实现对随机
复杂网络的监测，涵盖网络的各种属性和动态变化，包括节点
连通性、边权重、社区结构等，为深入了解网络行为提供帮助；
同时这将有助于在随机、复杂的社会网络环境中发展对有机体
认知机制的动态性、情境性的过程思维，从而对有机体的认知
机制有更深入的认识和解读。在这一研究范式下，多渠道、多
线性的"过程"认知逐渐取代单点的"因果关系"认知，成为
主导认知。同时，研究多层次、跨时间互动的认知动态程序已
成为认知交际研究的重要思路。①

五 "涉身—延展—生成"的认知传播研究范式

主观认知不仅依赖于"具身"的过程，还依赖于身体与真

---

① 朱婧雯. 深度媒介化传播情境下认知"尺度"问题辨析 [J]. 西安交通大学
学报（社会科学版），2023，43（5）：135-146.

实环境的相互作用。此外，主体的认知流程不仅受到具身传播实践的影响，还与实践对象（即环境）密切相关。在当今传播环境的空间变迁中，主体的认知过程扩展至融入具身参与传播实践的语境。值得注意的是，这种传播环境并不是真实的环境，而是通过个体认知对客观对象进行再生产，以满足传播"拟态环境"的动机和效果。传播"环境化"既是一种实现具身认知的手段（即参与具身传播行为），也是一种认知的成果（通过传播互动构建拟态环境）。因此，这一学科领域的认知传播研究聚焦于在新兴媒体技术赋权的情境下，实现客观世界中的"传播环境化"过程。它通过考察"传播环境"中真实对象如何通过媒介（技术）语言重新呈现"环境"，进一步探索和解释主体认知的生成和环境"延展"的过程。可以从以下三个维度进行具体分析：传播环境化的客体，媒介环境重构过程，以及作为认知客体的传播环境如何与认知形成特定的互动，从而完成认知的"外延"。①

第三节
认知传播研究的关涉题域：人—信息—媒介

认知传播学是在认知科学与传播学交叉结合的同时汲取其他学科理论知识的路径下形成的，"致力于以人为主体、信息作为工具、传播介质作为桥梁的流程研究以及传播效果研究"②，

---

① 朱婧雯，欧阳宏生．认知传播的理论谱系与研究进路——以体认、境化、行动的知觉-技术逻辑为线索 [J]．南京社会科学，2020（5）：109-115+24．
② 欧阳宏生，朱婧雯．论认知传播学科的学理建构 [J]．现代传播（中国传媒大学学报），2015，37（2）：34-40．

认知传播学是在多元背景的交汇点上构建起来的，它与各种学科相互融合、相互启发，始终以时代为引领，持续不断地发展演进。总体而言，认知传播学的涵盖范围表现出以下两个特点：一是借交叉学科成果及价值深化认知传播研究；二是紧随潮流拓展广度追踪认知传播前沿。结合认知科学以及传播模式，认知传播学研究主要关涉以下五个题域。

一　人脑作为"暗箱"的认知——传播意识研究

"认知"行为的产生离不开人的大脑，人类的大脑是生物演化的奇迹，它是由数百种类型的上千亿个神经细胞构成的极为复杂的生物组织，复杂的神经网络造就了人类强大的认知能力。理解大脑的结构与功能是理解认知、思维、意识和语言的神经基础，是人类认识自然与自身的终极挑战。[①] 脑认知的神经基础一直是认知科学的重要研究领域，经过长时间研究，脑神经科学已经揭示了认知行为神经基础的一些基本原理。

同样，基于个体或群体差异的信息加工神经机制也一直是传播学研究的重要课题。传播学者施拉姆（Wilbur Lang Schramm）很早就提出将受众对于媒介信息处理的心理机制喻为"黑盒子"的观点。人们在对信息进行处理时经历的注意、接收、消化、外化的一系列流程就在人脑这个看不见的"处理器"中得到了或长或短的运转，并在漫长的探索经历之后最终将这一复杂过程定义为认知。[②] 然而从科学测量的手段层面来讲，这方面的研

[①] 蒲慕明，徐波，谭铁牛．脑科学与类脑研究概述［J］．中国科学院院刊，2016，31（7）：725-736+14.

[②] 欧阳宏生，朱婧雯．论认知传播学科的学理建构［J］．现代传播（中国传媒大学学报），2015，37（2）：34-40.

究在过去大多采用自我报告式的测量，这限制了研究的可靠性
与准确性，而认知科学的研究技术如先进的科学分析仪器和医
学影像体系等可以为研究信息加工过程中的脑神经机制提供有
效测量方式。关于作为传播"黑箱"的人脑，即传播意识方面
的研究，主要从人格差异、内隐认知差异、性别差异三个角度
探究信息传播中的神经机制。

　　首先，人格是指不同场景下人们思维、感知以及行为的方
式，心理学界长期以来一直主张人格会影响个体认知，人格心
理学家强调稳定的人格特质更多地在人们的认知行为中发挥着
重要作用。① 经过长期发展，当下学界已达成共识，即行为是由
个人的人格特征和环境因素的相互作用驱动的。② 神经学层面也
已经证实，人格的独特性与稳定性在一定程度上决定了大脑的
结构与功能，并且与大脑的功能连接存在区域相关关系。③ 例
如，Wang 等通过调查发现，五大人格、自恋、自尊以及社交媒
体使用行为之间存在相关关系。④

　　其次，基于神经科学的内隐认知，"内隐社会认知理论"是
1995 年由美国心理学家格林沃尔德（Anthony G. Greenwald）提
出的一个概念，指的是人们在认知过程中虽然不能准确回忆起

① AJZEN I. Attitudes, Traits and Actions: Dispositional Prediction of Behavior in Personality and Social Psychology [J]. Advances in Experimental Social Psychology, 1987: 1-63.
② OISHI S. Socioecological Psychology [J]. Annual Review of Psychology, 2014, 65.
③ LEI X, CHEN, C, XUE, F, HE, Q, CHEN, C, LIU, Q, ... & DONG, Q. Fiber Connectivity between the Striatum and Cortical and Subcortical Regions Is Associated with Temperaments in Chinese Males [J]. NeuroImage, 2014, 89.
④ WANG J L, JACKSON, L A, ZHANG, D J, & SU, Z Q. The Relationships Among the Big Five Personality Factors, Self-esteem, Narcissism, and Sensation-seeking to Chinese University Students' Uses of Social Networking Sites (SNSs) [J]. Computers in Human Behavior, 2012, 28 (6).

过去的某一经验或者事实，但是这一经验或者事实仍然对他们的判断或者行为决策有潜在的影响，这种内隐意识是基于经验积累的、大脑内部深层的复杂社会认知，也是一种自动化的情感反应、不需要调动认知资源的操作过程。① 比如，现实社会中的一些概念、社会属性如群体种族和社会身份等因素可能会改变大脑皮层处理信息的表征结构，从而体现人们的感知偏见，因此相应地，对于内隐认知的测量方式通常是通过相应的实验范式进行间接测量。

最后是关注性别在认知过程中发挥的差异作用。例如，同样处于愤怒情绪中的男性和女性存在不同的情绪加工方式，研究发现女性更倾向于采取非情绪集中的加工方式，而男性则更多偏向情绪集中的加工方式。② 同时，研究发现人类对信息传播主体具有自动化信息加工的功能，③ 并且存在"异性偏好"的特征，例如，人们会对异性声音分配更多的注意力资源，已有ERP 实验证明异性的声音将诱发大脑的晚期积极性（LP）反应，这是一个与接受奖励相关的脑区。个体差异性与情绪感染研究表明，女性不仅比男性更善于情感表达，而且在接收语言表达中所传递的情绪信号时也更准确。④

① GREENWALD A G, BANAJI M R. Implicit Social Cognition：Attitudes, Self-esteem, and Stereotypes. ［J］. Psychological Review, 1995, 102（1）：4-27.

② NOLEN-HOEKSEMA S. Emotion Regulation and Psychopathology：The Role of Gender ［J］. Annual Review of Clinical Psychology, 2012, 8（1）：161-187.

③ ELLEMERS N. Gender Stereotypes ［J］. Annual Review of Psychology, 2018, 69：275-298.

④ HALL J A, MATSUMOTO D. Gender Differences in Judgments of Multiple Emotions from Facial Expressions ［J］. Emotion, 2004, 4（2）：201-206.

二 符号作为工具的认知——传播内涵研究

信息是认知的源头，是传播内容的所在，信息的传播需要借助符号载体的传达，因此，认知传播可以被理解为将符号体认为中介的传播活动，信息的呈现则是符号表征作用于人的认知系统，进而影响其社会行为。符号学始终关注符号之间的互动以及意义产生的问题，因此认知传播中的信息绝不能简单停留在"信息属性"层面，而是需要抵达"意义"的终点。

研究者借助符号学研究传播过程中不同信息（符号）产生的不同的传播机制、过程与效果。研究者通过进行"认知实验"来评估各种媒介符号的传播效果，旨在将符号认知图式应用于传播认知效果的理论和实证研究。杜内尔（David Dunér）和索内松（Göran Sonesson）运用认知理论，尤其是现实主义感知（perception of realism）模式和认知美学图示，探讨了从语言到视觉符号传播的过程，并在这个基础上提出了人类世界在符号传播中的建构框架。① 奥塔拉努（Alin Olteanu）引入生物符号学的符号架构观来研究语言和文化传播活动，揭示符号先验图示在多模态表意与传播中的基础作用，探讨多元文化主义的重要性，强调在语言和文化传播活动中符号先验图示和多元文化主义之间的紧密联系和相互影响。

从内容表达方式来看，从感官通道的差异性维度出发，信息的表达方式可以分为文字信息、图像信息、声音信息、视频信息，以及触觉、嗅觉和味觉信息，个体在内容表达方式的基

① DUNÉR D, SONESSON G. Human Lifeworlds：The Cognitive Semiotics of Cultural Evolution ［M］. Frankfurt：Peter Lang Publishing Group，2016：7-23.

础上对信息进行加工理解，不同的表达方式也会相应地具有不同的效果。其中，文字信息是一种具有精练和丰富内涵的抽象线性信息传播符号，它能够通过一系列词语按照语法关系的组合来间接表达思想并塑造形象。① 图像型信息则是以图片画面组成的图像信息符号，更直观、鲜明与生动。一项关于亲社会广告的研究表明广告颜色会影响广告对观众的吸引力。② 已有研究证明，图片和文字是两种不同的信息传播方式，它们对受众的心理预期有着不同的影响。相对于文字，图片更具有暗示性和冲击力，能够更直接地传达信息，并激发受众更深层次的心理感受。③

从内容叙事角度来看，内容叙事从不同角度呈现会导致用户参与度的差异及注意力资源的分配差异，进而影响认知效果。在认知神经科学领域，"参与"（engagement）通常指注意倾向，与大脑加工过程紧密相关，传播内容如与用户之间存在内在联系，则可促进更高程度的生理或情感唤醒。在分层记忆框架下，不同的脑区存在优先处理的信息类别，如低级听觉信息可以被瞬间处理，而叙事结构则被认为是高层次、高度抽象的信息，要结合个体的社会认知和语义系统来处理和理解。④ 已有研究指出，在内容叙事中频繁运用"你"这一指代特指社会影响者，

---

① 张苑苑. 信息传播中图像与文字的研究［J］. 新媒体研究，2016，2（13）：22-23.

② OBOUDI B A，ELAHI A，YAZDI H A，et al. Impacts of Game Attractiveness and Color of Message on Sport Viewers' Attention to Prosocial Message：An Eye-tracking Study［J］. Sports，Business and Management，an International Journal，2022，13（2）：213-227.

③ 高旭辰，田玥，许翔杰. 信息传播方式对预期的影响研究［J］. 心理研究，2008，1（4）：60-63.

④ 喻国明，陈雪娇. 认知传播学的范式演进、关键议题与技术逻辑——2012—2022年的10年回顾与未来展望［J］. 传媒观察，2023（1）：24-34.

有助于读者建立认知关联，进而吸引读者，提升其与特定含义的共鸣联系。① 格拉尔（Clare Grall）等借助神经影像学发现个人叙事（第一人称叙事）和描述性叙事（无人称叙事）会对人的大脑产生差异作用，即个人叙述内容往往会导致更高水平的用户参与，此类信息能够更快、更准确地被理解和加工。②

从内容情感属性来看，内容的情感属性不同也会导致多样化的认知效果，目前情感驱动的内容已成为传播的重要面向。已有研究证实，接触特定种类的情绪化表达会激发人们与之相关的情绪类别。③ 基于情绪化文本的神经学启示，传播学领域学者通过脑电（EEG）实验进一步对其传播效果进行探析，发现相较于理性化表达方式，情绪化文本更容易引起用户的阅读兴趣，但这同时也会阻碍他们对于内容和事实本身的深入思考，④ 使他们难以区分哪些信息是中立的，哪些信息是威胁性的。⑤ 此外，布雷迪（William J. Brady）等通过注意瞬脱实验范式发现，相较于中性化的词汇，被试者对情绪和道德内容的注意瞬脱效应减弱了，这意味着在有限的认知条件下，被试者对后者的识别有

① 喻国明，陈雪娇. 认知传播学的范式演进、关键议题与技术逻辑——2012 — 2022 年的 10 年回顾与未来展望 [J]. 传媒观察，2023（1）：24-34.

② GRALL C，TAMBORINI R，WEBER R，et al. Stories Collectively Engage Listeners' Brains：Enhanced Intersubject Correlations during Reception of Personal Narratives [J]. Journal of Communication，2021，71（2）：332-355.

③ NIEDENTHAL P M，WINKIELMAN P，MONDILLON L M，et al. Embodiment of Emotion Concepts [J]. Journal of Personality and Social Psychology，2009，96（6）：1120-1136.

④ 喻国明，钱绯璠，陈瑶，等. "后真相"的发生机制：情绪化文本的传播效果——基于脑电技术范式的研究 [J]. 西安交通大学学报（社会科学版），2019，39（4）：73-78+2.

⑤ BRADY W J，GANTMAN A P，VAN BAVEL J J. Attentional Capture Helps Explain Why Moral and Emotional Content Go Viral [J]. Journal of Experimental Psychology：General，2020，149（4）：746-756.

更快的反应速度和更高的正确率，说明道德和情绪语言比中性内容更容易捕获用户注意力，在加工过程中拥有更高的优先级，这在一定程度上解释了道德与情绪内容是如何捕获注意力的。[①]

三 媒介作为介质的认知——传播流程研究

媒介，是认知传播的关键要素之一，正如麦克卢汉所说的"媒介即讯息"，媒介本身在信息传播过程中的作用不容小觑，在传播情境中，主体在接收信息时不仅受到信息内容的影响，还面临着媒介本身可能引发的信息干扰，从而产生不同的认知效果。因此，认知传播研究既需要关注媒介的信息功能，也应当考虑媒介本身的属性，以深入探讨媒介实体对认知传播效果的影响。

首先是探究不同传播渠道如何影响传播效果，不仅包括报纸、电视、广播等传统意义上的媒介，还涵盖了随着科技不断进步而涌现的新型媒介，如手机、网络，以及某些特定的传播工具。有研究已经通过神经层面的实证证明，在使用手机和报纸这两种媒介时，用户的认知机制存在差异，结果发现手机媒介产生了更佳的记忆效果。[②] 还有学者基于图文、视频、VR沉浸式媒体的组间实验研究，发现VR沉浸式媒体对受众的情绪、认知和传播行为意愿具有显著正向影响，受众的移情效应在此过程中发挥了部分中介效应，在受众对媒介的感知可信度和喜爱程度方面发挥了积极作用。[③] 其部分原因是数字化进程下，人

① 李晓静，张奕民. VR媒体对情绪、认知与行为意愿的传播效果考察 [J]. 上海交通大学学报（哲学社会科学版），2020，28（3）：115-128.

② HAN T, XIU L, YU G. The Impact of Media Situation on People's Memory Effect——an ERP Study [J]. Computers in Human Behavior, 2020, 104.

③ 李晓静，张奕民. VR媒体对情绪、认知与行为意愿的传播效果考察 [J]. 上海交通大学学报（哲学社会科学版），2020，28（3）：115-128.

们的长时记忆效果会随着传播媒介的变化而变化，即一种媒介在经过长期使用过程后，不仅能决定传播的内容特征，也会影响人们的信息处理模式。

除了单媒体之外，多媒体信息的加工机制也受到了众多学者的关注。媒介丰富理论（media richness theory）认为，媒介渠道的差异会导致信息传递能力的不同，其中"富媒体"可以同时传递多条信息，包括语言信息和非语言信息，但是这也可能导致用户注意力和记忆资源的认知负荷，即人的认知系统是一种容量有限的处理器，当信息以多种形式存在时，用户将同时使用多通道感知处理，这就可能导致某一通道的过载。① 除此之外，多媒体化的传播渠道也意味着用户的多任务处理行为，发表在 *Nature* 上的一篇实证研究论文通过脑电、眼动以及问卷测量等方式发现，当用户的注意频繁地在多个任务之间切换时，他们注意分散水平就高，而注意力缺失对记忆行为和神经信号有着直接影响，因此将进一步导致更差的记忆效果。②

四　社会作为背景的认知——传播生态研究

"所有的认知都是情境认知或者与情境有关的"③，认知传播是人们在社会中每时每刻经历的行为过程，其发展与社会文化密不可分。情境行为理论（situation action）认为，认知是由

① HAN T, XIU L, YU G. The Impact of Media Situation on People's Memory Effect—an ERP Study [J]. Computers in Human Behavior, 2020, 104.
② MADORE K P, KHAZENZON A M, BACKES C W, et al. Memory Failure Predicted by Attention Lapsing and Media Multitasking [J]. Nature, 2020, 587 (7832): 87-91.
③ 杨婧岚，欧阳宏生. 具身认知视域下的主流价值传播创新 [J]. 湖南师范大学社会科学学报，2021，50（3）：65-73.

环境决定的，认知加工的过程发生在人与外部环境的交互作用之中，并非简单地发生在个人的头脑之中。一方面，此种社会化过程在宏观层面产生微妙影响，如信息传播主体受当前社会潮流塑造；另一方面，它也将深刻地影响个体认知，使对任何信息的解读都受制于社会环境的趋向，从而成为我们认知体验中深刻铭记的一部分。这种社会化过程显著地反映在具有某些特征的认知传播过程中，例如国籍、性别、职业和文化程度等因素会对认知传播的效果产生显著的影响。因此，认知传播的生态可被视为社会文化的一种表现形式，通过以文化为导向的传播生态研究，我们不仅能够深入了解社会和文化层面的重要洞见，还能为实现和提升具体的传播效果提供可能且可控的方向。

不同文化群体的认知方式有异有同。有学者认为，一个文化群体在历史发展过程中形成的一种占优势地位的认知方式，可称为"认知定式"。"认知定式"不仅影响社会个体和文化群体对问题的观察方式、观察视角和价值取向，还在一定程度上塑造了他们对其他文化的理解和认同水平。[1] 黄会林等探究了中国电影在东南亚地区的传播，在考虑东南亚观众对中国文化认知的特殊性与电影创作特点的基础上，进一步探讨东南亚观众对中国文化认知的四个主要方面。[2] 还有研究发现中华饮食文化作为一种从"外视文化"到"内视文化"的前后相继的文化形态，其传播过程与认识过程的"认知—认可—认同"逻辑理路

---

[1] 陈忠. 跨文化传播的中外认知方式调适与对接 [J]. 山东师范大学学报（社会科学版），2021，66（1）：147-156.

[2] 黄会林，黄偲迪，黄宇晟. 中国文化认知对观看中国电影期望与行为的影响研究——2020 年度中国电影东南亚地区传播调研报告 [J]. 现代传播（中国传媒大学学报），2021，43（1）：21-27.

基本一致，由此可以将其对外传播模式区分为认知模式、认可模式和认同模式。① 也有研究者关注了亚文化对认知的操控机制，指出当人的认知作为一种情境出现时，它极易从潜意识层面引导、感动、同化受众从而使其主动趋附亚文化。② 在当下老龄化社会加速发展的进程中，代际传播在老年信息行为中发挥着重要作用，一项研究指出，子代和老年人两类传递信息的主体，由于不同的背景，在信息传播过程中展现出截然不同的认知倾向。具体而言，老年人更倾向将代际健康信息传播视为情感的表达与交流，而子代则更趋向于将其视为信息层面的支持。③

从传播生态的角度看，在媒介社会化程度不断加深的同时，个体的认知也更易受到群体的影响，由此产生了沉默的螺旋、集体无意识、意见领袖等经典理论。网络的虚拟性与匿名性在催生网络舆情演化的同时，影响个体认知。比如，研究发现，电视真人秀节目所构建的虚拟"日常生活空间"实际上是由观众、文本以及社会结构相互作用中的知识生产机制所塑造的，这种"虚拟现实"不仅是受众自我认知的媒介，同时也在进一步推动社会共识的形成。④ 此外，值得注意的是，当前社交媒体为个体信息处理和传播行为提供了新的情境。在虚拟社区的背景下，用户之间的相似性通过感知准互动关系、感知有用性以及感知享乐性对用户信息分享和持续使用意向产生了积极影响，

① 史震烁. 认知、认可与认同：中华饮食文化对外传播模式探究 [J]. 东南传播，2023（10）：68-71.
② 李永胜，何妮. 算法社会中亚文化传播的认知操控与应对 [J]. 理论学刊，2023（4）：161-169.
③ 公文，欧阳霞. 认知偏向与传播困境：老年人代际健康信息传播研究 [J]. 西南民族大学学报（人文社会科学版），2021，42（6）：192-198.
④ 夏颖. 知识社会学视域中的传播认知——电视真人秀研究的理论路径 [J]. 新闻爱好者，2020（12）：23-27.

这一发现将拓宽新媒体环境下用户认知传播行为研究的视域。①

五　实证作为手段的认知——传播效用研究

"认知传播学的研究主旨之一即利用认知研究成果探析传播行为的发生和产生的效果，从而为优化传播行为带来效益。"②在此宗旨下，认知传播在关注过程的同时也同样关注效果。当下认知传播学研究框架逐渐转向"瞬时效果—中期效果—长期效果"，追求从多维度多阶段对传播效果进行综合分析。③ 5G 时代，我们置身于一个无论何时何地都"可点击的世界"（click-able world），传播生态的变革使得研究认知传播更需要关切瞬时传播效果、个体的瞬间信息加工机制、"流动"（flow）的生理心理特征和认知规律。④

认知传播研究中的传播效用主要包括用户体验和认知加工两个部分。从用户体验角度而言，不少研究从把握"心智理论"（theory of mind）层面出发。有研究借助 FMRI 扫描的方式发现了人们在回忆确认的过程中更易受到群体的影响，且最初暴露于错误信息的过程使得后期的信息纠偏更加困难。⑤ 喻国明等基于脑电技术范式，探究情绪化文本的传播效果，理解"后真相"

① 晏青，付森会. 虚拟社区的相似性效应：关系感知与影响机制［J］. 湖南师范大学社会科学学报，2021，50（3）：74-84.
② 欧阳宏生，朱婧雯. 论认知传播学科的学理建构［J］. 现代传播（中国传媒大学学报），2015，37（2）：34-40.
③ 喻国明，欧亚，李彪. 瞬间效果：传播效果研究的新课题——基于认知神经科学的范式创新［J］. 现代传播（中国传媒大学学报），2011（3）：28-35.
④ 杨雅. 离人类感知最近的传播：认知神经传播学研究的范式、对象与技术逻辑［J］. 新闻与写作，2021（9）：21-28.
⑤ EDELSON M, SHAROT T, DOLAN R J, et al. Following the Crowd: Brain Substrates of Long-term Memory Conformity［J］. Science, 2011, 333（6038）：108-111.

的发生机制。① 此外，数字化时代传统新闻与数字新闻的传播效果也有差异，已有研究从受众对数据新闻的感知、识记效果和数据新闻对受众态度的改变三个层面将数据新闻与传播新闻进行比较，发现受众更喜爱数据新闻这一形式，然而数据新闻在易理解程度、客观性感知、识记效果、态度改变等指标上并未展现出显著优势。② 此外，还有学者采用实证主义研究范式，在分析归纳沉浸式新闻呈现方式的基础上，运用实验室实验法考察沉浸式新闻的传播效果。③

在认知加工层面，主要借助计算机领域的信息加工模型，于"输入—输出"之间探究人脑对于外部信息进行的加工环节。这种平行分布式加工处理，从自上而下的调节等大脑工作方式角度关注知觉、记忆、情感等认知心理活动。④ 有学者提出信息加工的双维度模型，将其分为信息控制加工和信息自动加工两种类型。具体而言，控制加工是连续的、主动调用和唤醒的、伴随内省与决策的过程；而自动加工则是难以察觉的、潜在的无意识加工。⑤ 从认知评价理论的框架出发，有研究建构了网络

① 喻国明，钱绯璠，陈瑶，等."后真相"的发生机制：情绪化文本的传播效果——基于脑电技术范式的研究［J］．西安交通大学学报（社会科学版），2019，39（4）：73-78+2.
② 蒋忠波．受众的感知、识记和态度改变：数据新闻的传播效果研究——基于一项针对大学生的控制实验分析［J］．新闻与传播研究，2018，25（9）：5-29+126.
③ 周勇，倪乐融，李潇潇."沉浸式新闻"传播效果的实证研究——基于信息认知、情感感知与态度意向的实验［J］．现代传播（中国传媒大学学报），2018，40（5）：31-36.
④ 杨雅．离人类感知最近的传播：认知神经传播学研究的范式、对象与技术逻辑［J］．新闻与写作，2021（9）：21-28.
⑤ LIEBERMAN M D, GAUNT R, GILBERT D T, et al. Reflexion and Reflection：A Social Cognitive Neuroscience Approach to Attributional Inference［J］．Advances in Experimental Social Psychology，2002，34：199-249.

不文明评论的情绪感染和行为影响模型，通过模拟情境实验法验证模型与假设，解释网民面对不同立场的不文明评论时的"行动序列"。① 也有研究采用了国内网民广泛参与的调查问卷，以科学传播为观察视角，探究了个体认知偏差对辨识虚假信息的影响，并确认了不实信息甄别当中"达克效应"的存在以及认知偏差对不实信息甄别的基础性作用。②

第四节

认知传播的方法技术

一　认知神经科学与认知传播

近二十年来，认知神经科学研究取得的巨大进步，让大脑神经研究取得突破性进展。在这样的背景下，认知神经科学有机吸收融合了心理学、计算机科学、人工智能、语言学、人类学、神经科学以及其他基础科学和哲学的知识与理论，致力于揭开人类认知过程中神经层面的机制奥秘，尤其关注对大脑机制的深入研究。③

认知神经科学是一门在神经层面解析人类认知过程的学科。

① 罗玉婷. 网络不文明评论对受众情绪体验和传播行为的影响研究——基于认知评价理论视角 [J]. 新媒体研究, 2023, 9 (15)：43-46.
② 楚亚杰. 人们为何相信不实信息：科学传播视角下的认知偏差与信息鉴别力研究 [J]. 新闻大学, 2020 (11)：66-82+127.
③ 何苗. 认知神经科学对传播研究的影响路径：回顾与展望 [J]. 新闻与传播研究, 2019, 26 (1)：5-23+126.

这门学科为认知传播的科学研究提供了人体生物方面的理论依据，让认知传播不再仅仅停留在传统社会科学的研究和探讨层面，而借助理工科科学研究的力量使相关研究更具可视性与科学性，这是学科交叉的一个重要体现。社会科学研究的人类心理与行为规律，在认知神经科学研究成果的加持与辅助下变得更为直观、清晰和可视化。可以预见的是，认知神经科学的进一步发展，以及它与传播学的深度结合，将为认知传播研究带来巨大的研究突破。

在此之前，传统的认知交际研究长期依赖于经典的行为研究方法，诸如问卷调查法、行为实验法、观察法等。然而，这种行为主义的研究方法主要是在线下使用的，而在线下，用户有潜意识的自我保护心理。换句话说，以问卷调查法为代表的研究方法，所获得的实验数据不能完全代表调查对象的真实行为和心理反应。解释如下，首先，问卷调查的对象应该是稳定的，如对象的能力和状态几乎不变。对于随环境迅速变化、不能脱离单一环境的变量，调查无法得到准确可靠的结果。① 其次，被调查者在问卷中提供的信息是自我感知的结果。被调查者的自我感知是不可预测的，其准确性和稳定性无法保证。它受多种因素的影响，通常会有一定程度的偏差，这势必会影响调查结果的准确性。问卷调查假定且必需的前提是调查内容的稳定性和被调查者的认知与元认知等于最终的行为选择。② 然而，这两个假设往往与调查时的情景不一致，最终导致调查结果的偏差。同样，依赖控制变量的行为实验方法虽然可以更直

① 徐霄扬，汪萱. 传播学研究的认知神经科学路径［J］. 汕头大学学报（人文社会科学版），2021, 37（1）：76-84+96.
② 徐霄扬，汪萱. 传播学研究的认知神经科学路径［J］. 汕头大学学报（人文社会科学版），2021, 37（1）：76-84+96.

观地检验各种因素对认知交流的影响，但也使使用这种方法的研究过程更加僵化死板。

传统的行为研究方法虽然为认知传播研究奠定了基础，也取得了不少研究成果，但其缺点也很明显：基于现象映射层面的统计分析无法探究认知传递背后的隐藏机制。特别是在当前互联网和移动技术兴起，尤其是在人工智能发展的复杂多变场景下，传统的认知传播研究方法已经无法准确描述和理解新现象、新心态，更无法对其进行预测和干预。①

在此背景下，认知神经科学的发展揭示了认知传播背后隐藏的机制，将社会现象的原始映射与脑神经科学相结合，为认知传播的发展带来了新的机遇。这也是认知科学的起源，它侧重于研究感觉、知觉、注意、记忆、思维、语言、情感、情绪等。②与传统的行为主义研究不同，认知科学遵循"刺激—有机—反应"（Stimulus-Organism-Response，S-O-R）的方法，关注有机生物体在刺激和反应之间的内部变化。认知神经科学通过研究人体对刺激的内部处理和接受刺激后对过去知识的提取和应用过程，将人脑与计算机设备进行比较，将人脑对信息的接收和处理过程与计算机系统对信息的接收和处理过程进行比较，对人的心智进行研究和探讨。③

虽然早期的认知科学研究中使用了肤电与心电等生理测量方法，以及眼动研究等其他研究方法，但它们仍然是对认知过程的间接测量，不能直接研究脑神经，仅能通过肤电、心电和

---

① 徐霄扬，汪萱. 传播学研究的认知神经科学路径［J］. 汕头大学学报（人文社会科学版），2021，37（1）：76-84+96.

② 何苗. 认知神经科学对传播研究的影响路径：回顾与展望［J］. 新闻与传播研究，2019，26（1）：5-23+126.

③ 徐霄扬，汪萱. 传播学研究的认知神经科学路径［J］. 汕头大学学报（人文社会科学版），2021，37（1）：76-84+96.

眼动等与脑神经之间的联结进行评价。随着认知神经科学的发展和测量技术的进步，现在可以实现进入大脑认知加工的研究，直接测量大脑认知神经的变化，克服了以往研究的间接性，更加准确和直观，为人类认知传递的研究开辟了新的视角。[①]

认知神经科学技术的发展和应用主要集中于神经电生理技术和神经成像技术。例如功能磁共振成像（functional Magnetic Resonance Imaging，fMRI）、事件相关电位（Event-related Potential，ERP）、经颅磁刺激功能性近红外光谱技术（functional Near-infrared Spectroscopy，fNIRS）、正电子发射断层显像（Positron Emission Tomography，PET）和脑磁图（Magnetoencephalography，MEG）等位于技术前端的脑区神经科学研究技术，它们打破了传统的通过统计分析间接推断、分析行为与认知现象之间的映射关系的研究模式，揭示了人脑的内在逻辑过程，可视化了人脑在人类思维和认知过程中的神经机制。[②]

在综合评价各种研究技术的时空分辨率特征（即时间分辨率与空间分辨率）后，ERP 和 fMRI 成为认知神经科学中最常用的两种研究技术。

ERP 通常具有高时间分辨率，这意味着它能够捕捉到非常快速的事件变化。然而，对于空间分辨率，ERP 的表现可能稍显不足。换句话说，ERP 可能无法提供足够的详细信息来精确定位事件或现象在大脑中的位置。另外，fMRI 通常具有高空间分辨率，这意味着它能够提供非常详细的大脑图像，精确地展示不同区域的活动。然而，对于时间分辨率，fMRI 的表现可能

---

① 徐霄扬，汪萱 . 传播学研究的认知神经科学路径［J］. 汕头大学学报（人文社会科学版），2021，37（1）：76-84+96.

② 徐霄扬，汪萱 . 传播学研究的认知神经科学路径［J］. 汕头大学学报（人文社会科学版），2021，37（1）：76-84+96.

稍显不足，它可能无法捕捉到非常快速的事件变化。

因此，在研究中融合这两种技术的特点，使两种技术的优势互补，也是当前认知神经传播学研究中的前沿方法之一。[①] 一方面，ERP 的高时间分辨率能够捕捉到快速的事件变化；另一方面，fMRI 的高空间分辨率能够提供详细的大脑图像。这种结合的方法使认知神经科学研究收获了更全面、深入的见解。通过同时获得时间和空间上的信息，科学家可以更准确地描述大脑的活动和功能，从而更好地理解人类的认知过程。

脑电图测量大脑皮层中广泛区域的神经活动，这些区域的大脑活动也映射出与传播相关的认知功能，这正是传播学者感兴趣的。在数据收集过程中，参与者可以在合理的范围内与实验参与者、其他参与者或技术进行互动，从而促进大脑皮层在社会互动中或与技术接触时的活动，以收集实验数据。通过对实验数据的分析，学者可以了解认知神经区域及其功能，进一步研究人类的认知过程。

总之，认知神经传播学是传播学与认知神经科学的深度融合，它的发展对传播学的研究具有重要意义。首先，传统的传播研究方法已经从最初的通过问卷和访谈来调查用户意识的层面，扩展到了连用户自己都无法确定的潜意识、大脑和神经冲动的层面。通过神经科学的研究技术，传播学研究提高了研究效率，缩小了研究过程中的时间维度。用户接收信息后的神经反应可以精确到秒级甚至毫秒级，这大大提高了研究的准确性。其次，认知神经传播学也是传播学发展的一个新的增长点，它将传播学的研究扩展到人类认知的层面，从根源上研究认知传播学。

---

① 徐霄扬，汪萱. 传播学研究的认知神经科学路径［J］. 汕头大学学报（人文社会科学版），2021，37（1）：76-84+96.

二 大数据与认知传播

当前时代互联网快速发展，网络世界早已融入人们生活的方方面面，网络媒体、网络评论等构成了一个全新的以数字生态为基础的认知传播网络。如今，人们也早已习惯在互联网上获得其所需的信息。同时，各种自媒体账户也各显神通，在此基础上，有的媒体提出了"人人都是 KOL（意见领袖）"的理念。在广大互联网世界中，人人平等，现实的分界被模糊，每一个人都有输出自己认知观点的权利。这也导致了网络信息数量庞大，无意义内容过多，提高了网络数据中蕴藏信息的采集与提炼难度。①

在这种环境的支持下，大数据得到了充分的发展与运用。运用计算机技术预测与干预用户心态和认知，也是认知传播研究的新突破点和发展点。以自媒体为代表的网络媒体迅速兴起，网络也不再像现实一样，你所发表的评论不会与自身形象紧密联系，换句话说，在通常情况下，网络评论并不需要支付高额代价，这也使网络的认知传播更具复杂性，道德约束也较弱，很容易爆发大量负面评论。同时网络世界信息量也十分庞大，这为网络上的认知传播研究带来了一定难度。但同样地，虽然网络的道德约束力较弱，容易使人们产生消极认知与不良认知，但从某种意义上来说它也为用户提供了一个自由发表观点的平台，换句话说，数字媒体平台上的用户评论更容易体现出用户的真实观点及内心真实想法，当然，这是在屏蔽掉水军、机器

---

① 吴春琼，鄢冰文，郁榕睿，等．基于大数据的网络群体信息认知研究——海量网络舆情信息主题提取研究［J］．信息系统工程，2020（12）：139-140.

人评论的前提下。与此同时，用户所有的痕迹在网络中其实都一览无余，这为认知研究的数据统计、整理与分析提供了巨大的便利，研究者只需要统计后台数据，甚至只是简单计算某个关键词出现的频率，就可以建立起一个庞大且真实的数据库。也正是数据库的过于冗杂，为大数据与云计算等算法的发展与运用创造了商业化需求，带来了发展空间。

　　通过对用户网络足迹的大数据分析，可以轻松得知用户的认知表现，进而为用户打上标签，如喜欢猫狗、喜欢吃零食、会购买好看但没什么用的挂件等，进而进行广告或视频等信息的推送。以抖音电商平台为代表，如果你曾在搜索栏搜索狗零食，它便会为你打上养狗人且最近可能会购买宠物狗零食的标签，并会为你大量推送狗零食及狗玩具等其他犬类宠物用品的广告。而这也只是大数据在信息推送方面的无数个运用实例中的一个，事实上大数据的运用远不止于此。基于算法的大数据统计与推送除了可以进行广告推送外，本质上也是一种认知的传播：从评估判断用户的认知，到利用用户的认知甚至改变用户认知。这也显示了网络信息安全的重要性与必要性。人的认知会不自主地向群体公众靠拢，在网络世界中，这一特性也转变为网民的认知会受到大众主流评论、平台推送观点的影响并不自觉地向其靠拢，特别是在道德约束较弱的情况下，又有着基于热度的、平台的推送机制的影响，网络世界便形成一个有别于现实世界的网络认知传播的特点：每当有一个新的信息出现在网络中并引发较大的舆情时，网民们便会蜂拥而上，站队，然后发表自己认为正确的观点，而他们发表的观点又会影响其他网民的认知，促使其站队，再一次循环，然后网民们又在短时间内，比如不到几个月的情况下将整个事件淡忘。

　　追根溯源，社交网络认知传播过程的主体是人。人具有社会性、随机性以及不可预知性。人与人工智能，终究有着难以跨越的感性与理性的区别，这一点难以用数据分析来进行解释。以上所述则使得信息传播在部分细节层面依旧难以通过数据统计进行预计甚至控制。用科学视角进行分析的话，人们自主吸纳、传播信息的意识还跟不上急速成长的社交网络的发展速度，这也是我们经常在网络上看到大量跟风、复制粘贴、传播谣言等言论的主要原因。而这本身也为认知传播的研究提供了一个新的研究方向——网络舆情传播研究。基于网络世界的认知传播，有别于现实世界的认知传播，数据量庞大，且道德约束力薄弱，同时，人与人之间的观点、认知也有极大的差别。从数据去探究本质，认知传播学的研究利用大数据与云计算，借助网络痕迹、留言与评论数据分析，以及其他用户数据等，可以更直观地研究分析各种用户观点，改善与约束不良网络风气，并从对用户数据的深入分析中得知一些隐藏在表象下的更深入的社会现象。

事实上，网络世界也是现实社会的一种映射，在道德约束力更弱的匿名环境下，用户也更自由地发出接近其内心的观点，同时基于热度与流量的网络生态也成为数据分析不可忽视的一个重要因素。如为什么群众会关注这一件事，为什么不是另外一件事的答案，也可以反映出用户内心的真实反应。大数据统计可以为认知传播的研究提供庞大、可靠的数据库，其自身更是便利实用的研究素材。

三　人工智能与认知传播

每一次媒介技术的突破，媒介形态的变化，都会引发认知传播形式的巨变。口述、报纸、电视、电脑、手机等媒介的发展都见证着认知传播形式的变革。随后，认知方式、传播格局、媒体形态也会产生颠覆性变革，从而引领人类社会向更高一级的传播社会进阶。随着"数字文明"时代的日趋智能化，人类迈入人工智能时代的趋势是显而易见的。[①] 人工智能技术的运用，势必会对认知传播的研究与发展方向带来巨大的变化。前文已经提到过，互联网庞大的数据库为用户分析提供了素材，但如何从这个数据库的素材中分析提取有用信息也是一个不可避免的难题。而人工智能技术的发展就像是一把无比契合的钥匙，彻底打开了人类运用互联网大数据库的锁。

　　简单地分析统计网络评论中的用户观点并进行分类对人工智能而言已无技术层面上的难题。在数据实时分析、处理大量数据信息方面，人工智能拥有无可比拟的优势，极大地减少了用户数据分析的工作量，十分便利。通过人工智能进行数据分析，不仅可以实时跟进舆情发展、网络用户动态与风向，还可以将用户进行整理和归类。前者为认知传播的研究提供了良好素材，也有助于舆情的管控，及时控制不良甚至违法的评论，进而更有效地塑造良好的网络生态。后者则助力大型网络平台进行用户精准推送，已在抖音、微博等媒体平台，淘宝、京东等购物平台，以及其他各式各样有着推送功能的网络平台上得到了充分运用，尤其以抖音为典型代表。在抖音上，甚至不只是简单的视频、广告推送，大部分你能看到的评论都是经过算法筛选留下来的符合你认知观点的评论，而不再仅仅是传统的通过点赞量进行排序。人工智能向用户提供个性化定制的趋势不断增长，同时也催生了"信息茧房"（Information Cocoons）现象，并可能

---

① 滕瀚.颠覆困境共赢：人工智能与认知传播［J］.新闻战线，2018（4）：38-41.

导致群体分歧的风险。信息茧房指的是媒介平台通过算法筛选让用户只能听到他/她认可的以及可以愉悦他/她的内容，导致用户在网络上获取认知信息的范围被限制后逐渐认知僵化，像蚕茧一样将用户封锁在"茧房"的限制范围内。①

例如，同样的展示妊娠纹视频的评论里，如果你的账号被判定为女性，则会看到不同的宝妈展示自己妊娠纹以及生育的痛苦，但如果你的账号被判定为男性，则会看到许多没有受到妊娠纹困扰，生完孩子后已经有着良好身材的宝妈秀美照。不仅是性别的分类，还有省份，甚至民族都会被人工智能进行分类。这势必会带来极大的认知屏障，本就有着一定隔阂的群体，绝不会因为看不到对方的认知就能相互理解，定制推送乃至筛选评论的行为只会使两者之间的误会不断加深甚至恶化，最终引发更激烈的群体对立。同时用户也会被困在信息茧房之中，难以接触到认知之外的事物，最终认知固化和僵化。

这种平台仅仅考虑热度，为了留住用户而创造的算法，极不利于认知的传播，甚至会危害到整个社会的认知。但这并不是技术本身的问题，而是如何去运用这个技术的问题。当然，人工智能也有一定弊端。在人类漫长的进化过程中，"三位一体"的人脑并非三部分的完全整合，而是由脑干、脑边缘系统和大脑皮质三个独立部分组成。具体而言，脑干负责本能和反应，相当于"两栖动物的大脑"；脑边缘系统负责情感，类似于哺乳动物的大脑；而大脑皮质则负责智慧，为"典型的人类大脑"。所有人类学习均是由具体的需求和价值观所驱动的选择性神经过程。然而，与计算机对功能学习的抽象、程序化指令产

---

① 滕瀚. 颠覆困境共赢：人工智能与认知传播 [J]. 新闻战线，2018（4）：38-41.

生的模拟不同，人脑的学习过程并非完全由智能学习主导，本能和情感也在其中扮演着重要的角色。最近，神经心理学家证明，人类甚至不能离开情感思考。[①] 也就是说，虽然人工智能技术仍在不断进步，但它始终难以彻底理解人类思维中感性的、不确定的那一部分。人工智能的运用，依旧离不开人类这一无法取代的要素。

四　群体认知传播模型

虽然认知传播中大量运用神经科学的研究结论，但人体的社会学依旧是脑科学等非文科学科研究的盲区。[②] 认知传播研究作为兼具理工科与文科科学特色的研究，所使用的研究技术除了前文所提到的明显带着工科色彩的认知神经科学及大数据与人工智能技术外，当然也有社会科学的研究技术，群体认知的研究便是其中之一。

人类作为一种集群性社会化动物，会不自觉地进行群体分类，比如男女有别，阶级分立，年龄分立，甚至小范围的比如喜欢宠物猫的人与喜欢宠物狗的人两者间的分立。哪怕在宏观的相同的社会环境下，时代的差异，成长或者接收信息的环境的差异，最终都会导致人群认知方面的差异。当你身处某个群体时便会自然而然地被这个群体的认知影响，自己的认知也会向群体认知靠近。你对群体的自我认同度越高，认知便更容易接近群体认知；你的认知与群体认知越接近，对群体的自我认

---

① 滕瀚. 颠覆困境共赢：人工智能与认知传播 [J]. 新闻战线，2018（4）：38-41.

② 李思屈. 群体认知传播障碍研究：AII 群体认知传播模型建构 [J]. 西南民族大学学报（人文社会科学版），2022，43（2）：145-153.

同度也越高；最终形成一个正反馈循环。但同样地，群体认知方面的差异也必然导致两个群体间认知交流的隔阂，包括个体与个体间认知交流的隔阂，甚至产生误解，乃至对立，而极致的对立就会在社会中产生不和谐。而群体认知隔阂的产生，以及消除方法，则是认知传播研究需要重视的研究方向。

　　传统的认知研究大多偏向于工科方面的研究，将人脑比作计算机，然后对输入与输出结果进行分析，但这样的研究方向忽视了人的社会性，而这又是认知传播过程中不可忽视的变量因素，如此便很难对群体认知现象进行深入的分析，因而更难以处理乃至消除以上提到的群体认知之间的隔阂与传播障碍。结合群体认知传播模型，借助社会学研究的原理进行分析，将认知的社会学纳入研究对象之中，才能更全面地对人群认知现象进行分析，进而弥补原本偏工科的传统分析研究方法的不足。

　　在法律领域，有学者建构了一个法律认知交流模型（Cognitive Communication）[①]，该模型以三种核心认知能力，分别是获取交流信息、内化交流信息以及与交流信息进行互动为中心，其目的在于通过采用分析法比较法律专业人士与非专业人士在认知资源和能力方面的差异，以阐释法律领域中的系统要素如何对推动交流的认知产生影响。利用该模型，可以进一步预测可能的系统性干预手段，以减轻或减少系统性沟通负担，从而改善沟通结果。[②] 除了在法律系统中的运用，借助这一模型，学者也能更加系统地对造成群体与群体间认知传播障碍的因素进行分析。事实上，人群中的认知传播障碍主要受专业、认知资

① 李思屈. 群体认知传播障碍研究：AII 群体认知传播模型建构 [J]. 西南民族大学学报（人文社会科学版），2022，43（2）：145-153.

② WSZALEK J A. Cognitive Communication and the Law：A Model for Systemic Risks and Systemic Interventions [J]. Journal of Law and the Biosciences，2021，8（1）：5.

源等的影响，例如学历、阅历、性别、社会媒介，都可能造成不同群体间的认知传播障碍。而利用群体认知传播模型，则可以对这种认知环节及影响因素进行分析，使其可视化。

一个完备的认知传播过程可分为以下三个阶段。首先是信息获取，即对外部信息的收集。其次是信息内化，包括对所接收信息进行事实判断和价值判断，这两个方面相互影响。在这一过程中，事实判断涉及思维过程，主要激活大脑的左半球；而价值判断则牵涉到直觉、情感、想象和意志等因素，主要激活大脑的右半球。最后是信息表达，即在对信息进行认知加工后，将认知成果输出，使接收者转变为传播者。① 基于以上三个方面对群体认知模型进行建构，可以对群体认知的传播及障碍进行分析、研究和预测，并为群体认知的调整与改善提供一种可靠的方式。

除此之外，群体认知研究也可以预防群体中认知传播障碍造成的群体对立，如男女性别对立，本质上也是一种群体认知传播障碍激化产生的不良后果。因为认知环境、所受教育、生理因素等差异，男女性别之间难免有所隔阂，这是一种可以理解的正常现象，但这并不意味着要任由男女对立激化。性别差异与性别对立的本质并不相同，这一点也可以延伸到群体差异与群体对立方面。我们常说不同群体间应该相互理解，这种理解实际上也就是群体间的认知传播，而群体间有认知传播就会有传播隔阂存在。借助群体认知传播模型的相关研究，可以找到相应的方法来打破这一隔阂，进而促进不同群体间的认知交流，让不同人群能相互理解，进而减少对立与社会矛盾。

---

① 李思屈. 群体认知传播障碍研究：AII 群体认知传播模型建构［J］. 西南民族大学学报（人文社会科学版），2022，43（2）：145-153.

本章小结

认知传播研究是一种跨学科的研究领域，涉及心理学、传播学、认知科学等多个学科，旨在探讨信息是如何被接收、处理和理解的。通过深入研究个体的认知过程，认知传播研究帮助我们更好地理解信息传递的机制，揭示信息是如何在个体之间传播的。在认知传播研究发展的过去几十年里，学者关注了许多重要的议题，如信息加工、知觉、记忆、语言和决策等。通过实验研究和理论建构，研究者深入挖掘了个体在面对信息时是如何筛选、解码和吸收的。这些努力不仅推动了学科本身的发展，也为其实际应用提供了有力的理论支持，比如在广告设计、舆论引导和健康传播等领域的应用。展望未来，认知传播研究将面临更多的挑战和机遇。随着信息技术的迅速演进、新媒体的兴起和社交媒体的广泛应用，人们接触信息的方式发生了深刻变化。未来的研究需要更加关注数字时代的信息处理特点，探讨人们在大数据、人工智能等新技术环境下的认知模式和行为。此外，多元文化和国际化的交流也为研究者提供了更广阔的研究空间，他们需要深入探讨不同文化背景下的认知差异和传播模式。认知传播研究的未来将更加注重跨学科的合作，整合心理学、计算机科学、社会学等多个领域的研究方法和理论，以更全面、深入地理解信息传播的本质。通过不断创新和合作，认知传播研究将继续在推动学科发展和应用实践中发挥积极作用，为我们更好地理解和引导信息传播提供有力的支持。

认知传播研究在未来发展中可进行学科交叉相融，通过借力科技的发展实现进一步深入。认知传播研究的源起可追溯至21世纪以来认知神经科学兴起所引发的多学科"认知转向"趋势。它将个体在传播行为中的认知功能纳入考察范畴，还原了传播主体认知驱动的意图与行为结果之间的关系。认知传播聚焦于以传播为情境的媒介社会化背景下的主体认知形态。尤其在新兴媒介技术如移动互联网迅速发展的背景下，主体的认知在媒介情境中得以塑造，并受到多主体在共享媒介技术空间下以语言为核心介质的具身交互的影响。①

可以看出，认知传播研究从出现之时便与认知神经科学这门学科有着极为密切的联系，拥有部分理工科血脉，同时又具备社会学研究的特色，是学科交叉相融的典型体现。事实上，在大部分研究过程中，认知传播研究都会使用类似理工科的研究与分析方法，将人脑与计算机进行类比，进而深入分析输入输出结果之间的联系。同时，部分理工科的研究成果也会对认知传播的研究起到推动作用，尤其是认知神经科学研究的突破。认知神经科学的研究为认知传播研究提供了理论基础，社会学的思维方式则让人的社会性融入了认知传播的研究之中。而近年来，大数据、人工智能与计算机算法的发展，则为认知传播提供了新的传播平台与研究方向。学科的交叉相融、科学技术的深入运用，是新时代认知传播研究的重要研究趋势之一。

客观地说，精准的科学计算的确更便于解释人类认知的抽象性与复杂性，为社会实践提供具体依据。然而，现有的认知技术手段显然存在自身瓶颈。认知科学界存在的广泛共识在于，

---

① 朱婧雯. 媒介语料介入认知传播的跨学科研究：谱系与路径 [J]. 西南民族大学学报（人文社会科学版），2021，42（6）：185-191.

生活互动不断影响着认知能力并发展出新的认知形式。人们感知到来自他人的暗示从而进行行为调整，与此同时，他人行为与心理状态反过来也会跟随改变。这种持续存在的心智状态的反身性带来了重大的计算挑战。① 虽然大数据技术与人工智能技术，以及数字平台中庞大的数据库，都极大地缓解了这一难题，但基于算法与理论科学的研究，也很难彻底对人这一复杂的社会学生物个体的思维进行解释。但笔者仍然相信，随着科学技术的进一步突破，人体大脑的"黑箱"终将被打开，对认知的研究也会迎来新的发展契机。

此外，还可以借助大数据与人工智能对互联网中的认知传播进行研究，在新的传播平台上深入与拓展传播的概念以及新的传播形式。近年来，互联网不断发展，已经深入人们日常生活的方方面面，尤其是互联网的数字媒体平台，拥有巨大的流量，每时每刻都展现了认知传播的盛况：网民们不再像在现实生活中有着方方面面的限制，在匿名的条件下，他们能够畅所欲言，发表自己的观点。言论与交流是认知传播的载体，舆情的爆发与消退背后都映射着认知传播的原理。在新的传播平台上深入与拓展认知传播的新形式与传播的概念，毫无疑问将成为认知传播的一个重要研究趋势。

数字媒介通过连接与再连接，在实现对于个体赋权与赋能的同时，也实现对于社会结构的去组织化。原先社会中具有明显层级与权力结构划分的科层制结构逐渐解体，个体逐步成为具有能动性的行为主体与社会基本构成要素。② 在这一框架下，

① 邵培仁，王昀. 认知传播学的研究路径与发展策略 [J]. 编辑之友，2016（9）：14-19+25.
② 喻国明，苏芳. 范式重构、人机共融与技术伴随：智能传播时代理解人机关系的路径 [J]. 湖南师范大学社会科学学报，2023，52（4）：119-125.

个体的力量被放大，原有的社会体系被取代，在数字世界中重新形成了一个以热度与流量为核心的社会结构与传播体系。不管是数字媒介平台对热度与流量的需求还是网络世界个体本身对知名度、曝光度的追求，或者是对观点的分享欲，以及对认同感的追求，都促成了数字媒介平台信息大爆发的状况。不管是和谐的还是不和谐的、积极的还是消极的认知观点都可以借助网络平台大范围传播，在巨大的网民基数上，人们发表的评论能轻易得到认同与赞许，而这一点则是在现实生活中难以达到的。这种认同感会刺激人的大脑产生愉悦感，继续重复相同的传播言论、发表观点的行为，由此便形成了流量与热度，而这一点则可以为数字媒介平台带来实际利益。

最终，在数字媒介平台的推动与个体网民的参与下，互联网数字媒体成为一个新的大范围甚至全民化传播平台，是一个以数字网络为基础，拥有极大体量的，具体的认知传播数据研究素材的传播平台。借助大数据与人工智能技术，在数字媒介上的认知传播过程更加数据化、可视化、具体化，人们能够更深刻与便捷地利用庞大的数据库进行认知传播现象的分析。同时，网络世界认知传播与现实世界认知传播间的区别，本身也是一个研究方向。

但不可忽视的是，基于流量与认同感的传播，会造成不可避免的后果：信息茧房与圈层化。出乎意料的是，在本应该促进认知传播的媒介平台下，人群与人群之间出现了严重的传播障碍。其实这很容易理解，互联网平台中，个体更多地以自身为中心，更倾向于寻求与自己认知相似的个体，同时敌视与自己认知不同甚至相悖的个体，这便导致了圈层化。很多网络评论，与其说是追求正确，不如说是追求认同，在数字媒体平台上，你甚至可以看到有人发表达尔文进化论是一个骗局的言论，并将所有纠正他言论的人比作猴子的亲戚。如何破除信息茧房，打破传播障碍，正确利用大数据与人工智能技术来开发新的以数字媒体为基础的传播平台，将成为认知传播的一个新的研究方向。

第三章

复杂网络与传播动力学

第一节

复杂网络

在智能传播的研究过程中，研究者往往需要面对大量的受众，以及复杂的人际关系，此时，可以利用复杂网络（complex network）这一工具进行分析。复杂网络是一个具有非平凡拓扑特征的网络，是由数量巨大的节点和节点之间错综复杂的关系共同构成的网络结构。这些特征不会出现在简单的网络中，如格或随机图，而是经常出现在代表实际系统的网络中。复杂网络的研究是一个年轻而活跃的科学研究领域，主要受到计算机网络和社会网络等现实世界网络的经验性发现的启发。

一　复杂网络的历史

追溯复杂网络的发展历程，一般认为复杂网络的理论起源于应用数学领域的图论。1735 年，数学家莱昂哈德·欧拉（Leonhard Euler）提出了柯尼斯堡七桥问题（Seven Bridges of Königsberg），该问题的主要内容是：柯尼斯堡市区跨普列戈利亚河两岸，河流中央有两座岛屿，小岛上与河流的两侧有七座小桥相连。在每座桥都只走一遍的情况下如何将这个区域内全部的桥都走过。该问题实际上是一笔画问题（Eulerian Graph），即不重复折返的前提下一笔画写出或一次走完某个路径的解决方法。1736 年，欧拉发表论文《柯尼斯堡的七桥》①，证明符合条件的走法并不存在，解决了七桥问题，同时也提出了一笔画定理，解决了一笔画问题。一般认为，该论文是图论史上第一篇重要文献，欧拉的研究开创了数学的一个新分支，即图论与几何拓扑，也由此展开了数学史上的新历程。

1959 年，匈牙利数学家厄多斯（Paul Erdös）和瑞利（Alfréd Rényi）提出随机图理论与 Erdös-Rényi（ER）随机网络模型。②同年，美国数学家 Gilbert 也独立地提出了类似的随机图模型。③1960 年，Erdös 和 Rényi 对随机图理论进行了更深入的分析，④从而确立了 ER 随机网络模型的地位，开创了复杂网络的研究领域，并且在网络研究中占据了主导地位长达 40 年，直到现在，仍有大量的研究基于 ER 随机网络模型开展，因此该模型是复杂网络研究的开山之作。

1998 年，瓦茨（Ducan J. Watts）和斯托加茨（Steven Strogatz）提出了首个小世界模型（small-world network），称为 Watts-Strogatz（WS）小世界网络模型，⑤该模型具有短平均路径长度与高集聚系数的特点。小世界性质在实际生活中多有体现，比如电网、脑神经元网络、电话网络、机场网络等都具有小世界的特性，人们可以通过改变某些节点来改善网络的性能；

---

① EULER L. Solutio problematis ad geometriam situs pertinentis [J]. Commentarii academiae scientiarum Petropolitanae, 1736, 8: 128-140.

② ERDÖS P, RENYI A. On Random Graphs I [J]. Publicationes Mathematicae, 1959, 4: 3286-3291.

③ GILBERT E N. Random Graphs [J]. Annals of Mathematical Statistics, 1959, 30 (4): 1141-1144.

④ ERDOS P, RENYI A. On the Evolution of Random Graphs [J]. Publication of the Mathematical Institute of the Hungarian Academy of Sciences, 1960, 5: 17-61.

⑤ WATTS D J, STROGATZ S H. Collective Dynamics of 'Small-world' Networks [J]. Nature, 1998, 393 (6684): 440-442.

而由斯坦利·米尔格拉姆（Stanley Milgram）实验证明的"六度分离理论"（six degrees of separation）[①]，也称"小世界现象"（small world phenomenon），是小世界特性的体现，即全世界任何一个人最多通过 6 个中间人就能够认识任何一个陌生人。

1999 年，巴拉巴西（Albert-László Barabási）和阿尔伯特（Réka Albert）提出了无标度网络（scale-free network）以及 Barabási-Albert（BA）无标度网络模型。[②] 无标度特性体现为节点的度分布遵循幂律分布，即仅少数节点拥有极其多的连接，而大多数节点只有很少量的连接。现实生活中大量的网络都体现了无标度特性，例如在社交媒体平台中通常一些节点（个人或组织）具有更多的连接，他们是社交网络中的"中心人物"或"关键人物"。再比如城市交通网络，一些重要的节点，如机场或市中心，可能连接到更多的其他节点，影响着整个网络的稳定性和流动性。

二　网络的定义及基本统计特性

（一）网络的定义

网络 G（V，E）是一个由节点集 V 和边集 E 构成的图，其中 $V=\{v_1,\ v_2,\ \cdots v_n\}$ 表示所有节点的集合，$E=\{e_1,\ e_2,\ \cdots e_m\}$ 表示所有边的集合。节点集 V 中的元素称为节点或顶点，是构成复杂网络的最基本元素。边集 E 中的元素称为边或连接，描

① MILGRAM S L. The Small World Problem [J]. Psychology Today，1967（2）：60-67.
② BARABASI A-L，ALBERT R. Emergence of Scaling in Random Networks [J]. Science，1999，286（5439）：509-512.

述复杂网络各节点之间的相互联系。[①]

（二）网络分类

以下为网络（图）的几种常用分类方式。

按照边是否有方向，可以分为有向图和无向图。有向图的边有一个方向，从一个节点指向另一个节点。无向图的边仅仅连接两个节点，没有方向，也不存在起始和目标的区分。

按照边的权重，可以分为加权图和无权图。加权图的边有一个相关联的权重。这些权重可以表示连接两个节点的成本、距离等。无权图的边没有相关的权重，只表示节点之间的连接关系。

按照图的连通性，可以分为连通图和非连通图。连通图是指任意两个节点之间都存在至少一条路径。非连通图是指存在至少一对节点之间没有路径。

按照图的密度，可以分为稠密图和稀疏图。稠密图的边的数量接近节点数量的平方。在稠密图中，节点之间通常有很多连接。稀疏图的边的数量远小于节点数量的平方。在稀疏图中，节点之间的连接相对较少。

按照图的划分，可以分为二分图和非二分图。二分图是指能够将节点划分为两个独立的集合，使得同一个集合内的节点没有直接连接。除了二分图以外，其他的图都属于非二分图。

（三）度与度分布

度（Degree）是网络中一个节点所连接的边的数量。具体来说，对于无向图，边没有方向，因此只有一个度的概念；对于有

---

① 汪小帆，李翔，陈关荣. 网络科学导论［M］. 北京：高等教育出版社，2012：38.

向图，节点的度分为入度（In-Degree）和出度（Out-Degree），入度是指向该节点的边的数量，而出度是从该节点出发的边的数量。度可以帮助我们理解网络中节点的连接程度。在社会网络中，度表示个体的影响力和重要程度，节点的度越大，节点的影响力越大，在整个组织中的作用也就越大，反之亦然。直观上来看，一个节点的度越大，意味着这个节点在某种意义上越重要。[①]

度分布（Degree Distribution）被用来描述图中所有节点的度的分布情况。度分布是一个概率分布，它表示图中有多少节点具有某个特定的度。度分布对于理解网络的整体结构和性质非常重要。在一些网络中，度分布可能呈现出特殊的形式，其中泊松分布和幂律分布的研究较为深入。

当大多数节点的度都集中在平均度附近，而极少数节点的度偏离平均度很远时，度分布可以近似为泊松分布（Poisson Distribution）。这样的网络具有同质性，即网络中的节点没有明显的差异。与之对应的网络称为均匀网络（Uniform Network），又称同质网络，均匀网络的典型例子是 ER 随机网络模型和 WS 小世界网络模型。

网络中少数节点的度值很大，而大部分节点的度值却很小，节点的度值分布符合幂律分布（Power Law Distribution）规律。这样的网络具有异质性，即网络中的节点有明显的差异，少数度大的节点被称为 hub 节点或枢纽节点或中心节点，它们对网络的功能和性能有重要的影响。与之对应的网络称为非均匀网络（Non-uniform Network），又称异质网络，非均匀网络的典型例子是无标度网络。

---

① 汪小帆，李翔，陈关荣. 网络科学导论［M］. 北京：高等教育出版社，2012：87-88.

（四）平均路径长度

平均路径长度（Average Path Length）或平均最短路径长度（Average Shortest Path Length）是复杂网络的一个重要的全局几何量，描述网络的传输性能与效率，可以对网络的总体特征进行评价。网络中任意两个节点之间的距离定义为这两个节点之间的最短路径所包含的边的数目。网络的平均最短路径长度定义为网络中所有节点对之间距离的平均值。[①]

（五）聚类系数

聚类系数（Clustering Coefficient）又称为簇系数，是一个局部特征量，衡量的是复杂网络的集团化程度。假设某个节点 i 的度为 k_i，则与该节点相连的节点有 k_i 个，若该点与它的 k_i 个邻居节点是紧密聚合的，则其间存在 $k_i(k_i-1)/2$ 条边，即每两个节点都存在边；而实际存在的边数 E_i 与 $k_i(k_i-1)/2$ 的比值定义为节点 i 的聚类系数；所有节点的聚类系数的均值定义为该网络的聚类系数。

有证据表明，在大多数真实世界的网络中，特别是在社交网络中，节点往往以相对高密度的联系为特征，形成紧密的群体。

（六）度同配性

度同配性（Degree Assortativity）是描述网络中节点度数之间关系的度量。它衡量了在网络中连接的节点之间的度数相关性。具体来说，度同配性衡量了一个节点的度是否倾向于与其他具有相似度数的节点连接，或者是与度数差异较大的节点连接。

度同配性通常用相关系数来表示，其中常见的度同配性系数有 Pearson 系数、Spearman 系数等，这些系数的范围通常在 −1~1。正的度同配性表示节点之间的度数呈正相关，即高度连接的节点倾向于连接到其他高度连接的节点，低度连接的节点倾向于连接到其他低度连接的节点。负的度同配性表示节点之间的度数呈负相关，即高度连接的节点倾向于连接到其他低度连接的节点，低度连接的节点倾向于连接到其他高度连接的节点。接近零的度同配性表示节点的度与其连接的节点的度之间没有明显的关联。

三　经典网络模型

（一）规则网络

规则网络（Regular Network）的连接方式是没有随机性的，[①] 它是节点按照规定的规则连边所得到的网络，即两个节点之间是否有边连接是确定的。常见的规则网络为以下三种模型（见图 3-1）。

图 3-1（a）为全局耦合网络模型（Globally Coupled Network Model），所有节点都与网络中的每个其他节点直接连接，形成全局的耦合。在相同规模的网络中，全局耦合网络具有最小的平均路径长度和最大的聚类系数。这也意味着该模型的每个节点都可以直接影响任何其他节点或被影响。这种模型通常具有高度的对称性，因为所有节点之间的连接是均匀的。全局

---

① 王玉，陈姗姗，傅新楚. 传播动力学模型回顾与展望 [J]. 应用数学与计算数学学报，2018，32（2）：267-294.

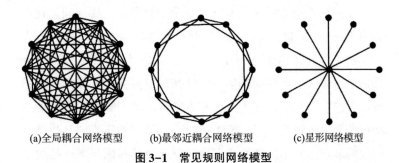

(a)全局耦合网络模型　　　(b)最邻近耦合网络模型　　　(c)星形网络模型

图 3-1　常见规则网络模型

耦合网络模型通常用于理论研究，以便更好地理解网络动力学和同步现象。但是用此模型来研究真实网络却存在很大的局限性，因为大多数真实网络是稀疏的。

图 3-1（b）为最近邻耦合网络模型（Nearest-Neighbor Coupled Network Model），每个节点只和其周围的邻居节点相连。该网络的平均路径长度会随着节点数量的不断增大而增大，同时聚类系数很高。一种常见的最近邻耦合网络包含围成一个环的 N 个节点，其中每个节点都与它左右各 $K/2$ 个邻居点相连，这里 K 是一个偶数，且根据研究需要自行取值。这种连接模式导致了局部结构的出现，其中节点主要与其邻近的几个节点相互作用。最近邻耦合网络模型相较于全局耦合网络模型更为常见，且常用于研究复杂系统中局部相互作用的影响，例如研究局部同步现象。

图 3-1（c）为星形网络模型（Star Coupled Network Model），所有的外围节点都只连接到一个中心节点，形成一个星型结构。该网络的平均路径长度为 2，而聚类系数为 0。这种结构是一种高度集中的连接模式，其中心节点对整个网络的动态行为具有重要影响。星形网络模型在一些实际系统中能够模拟中心节点对系统行为的控制，例如实验室的服务器网络。

（二）ER 随机网络

随机网络（Random Network），是使用一些规则而随机产生的网络，其两个节点之间是否有边连接由概率 p 决定。随机网络与规则网络的主要区别是：规则网络的平均路径长度长，但聚类系数高；随机网络的平均路径长度短，但聚类系数低。

前文所提到的 ER 随机网络模型则是随机网络中最经典的模型。较大规模的随机网络，即节点总数 N 较大的随机网络，一般具有以下特性：①度分布接近泊松分布，即 ER 随机网络模型是一种均匀网络，节点之间的连接是等概率的，大多数节点的度都在均值附近；②平均最短路径长度较小，且为网络规模 N 的对数增长；③聚类系数非常小，可以看作没有聚类特性（见图 3-2）。

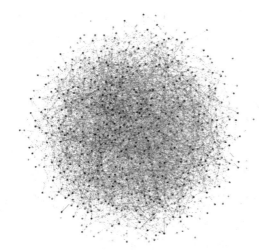

图 3-2　ER 随机网络模型

注：节点数为 1024，重联概率为 0.01。

（三）WS 小世界网络

真实网络在结构上既不同于传统的规则网络，也不同于随机网络，无法被简单地归类为完全规则或完全随机。真实网络的特点是平均路径长度小，接近随机网络，而聚类系数依旧相当高，接近规则网络。真实网络既不具备完全规则的结构，也不呈现完全随机的特征，而是处于这两者之间的中间状态。小世界特性通常体现在：平均最短路径长度 L 为网络规模 N 的对数增长，这种增长速度是缓慢的，因此即使是规模很大的网络也具有很小的平均最短路径长度。WS 小世界网络模型的提出就是为了解释真实世界的小世界特性，其具有高度局部聚类性，也能保持较短的平均路径长度（见图 3-3）。

WS 小世界网络模型的生成过程包括以下步骤。

（1）初始化。考虑一个含有 N 个节点的最近邻耦合网络，围成一个环，每个节点都与它左右各 $K/2$ 个邻居点相连，K 为偶数。为了使网络具有稀疏性，要求 $N>>K$，此时构造出来的网络具有高聚类特性。

（2）随机化重连。按照顺时针方向选择每个节点及其邻居之间的一条边，在概率 p 的情况下，将该边的邻居端重新连接到随机选择的一个新节点。特别规定，任意两个不同节点之间至多存在一条边，且每个节点不能与自身相连。通过这一重连过程，网络的平均最短路径长度 L 大幅减小。当概率 p 较小时，这个过程对网络的聚类系数的影响相对较小。

WS 小世界网络模型的特征是：当 p 接近 0 时，网络接近规则网络，具有较高的聚类系数和较大的平均路径长度；当 p 接近 1 时，网络接近随机网络，具有较低的聚类系数和较小的平均路径长度；当 p 处于中间值时，网络具有小世界特性，即聚类系数保持较高，而平均路径长度迅速减小。通过调节重连概率 p 的值可以实现从完全规则网络到完全随机网络的过渡。此外，WS 小世界网络模型的度分布近似服从泊松分布，即该网络模型也是均匀网络模型。

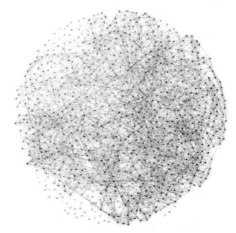

图 3-3　WS 小世界网络模型

注：节点数为 1024，重联概率为 0.01。

（四）BA 无标度网络

复杂网络的研究学者在研究过程中发现，许多真实网络的度分布并不符合泊松分布，而是大部分节点只有少数几个连接，而某些节点却拥有与其他节点的大量连接，表现在度分布上就是具有幂律形式，这些网络不存在特征度数，因此研究学者将之命名为"无标度网络"。其中最经典的模型为 BA 无标度网络模型。

BA 无标度网络模型考虑了真实网络演化的两个关键特征。①增长特性（Growth Property），即随着新节点的引入，网络规模不断扩大。这种动态增长反映了网络的不断演化，例如在万维网中，每天都涌现大量新的网页。②优先连接特性（Preferential Attachment），即新加入的节点更有可能连接到已经具有较高度的节点。这一特性揭示了网络中节点之间的不平等连接趋势，其中一些节点比其他节点更有可能成为网络的关键枢纽，"富者愈富"的机制就是这特性的具体体现。

根据真实网络的增长和优先连接特性，BA 无标度网络模型的生成过程包括以下两个关键步骤。①增长：从一个较小的初始图开始，通常是一个包含 m_0 个节点的连通图，然后引入一个新节点 v 并与 m 个原节点相连，其中 $m_0>m$。②优先连接：新节点的连接倾向于连接到已有的度数较高的节点，即连接的概率与节点的度数成正比。

BA 无标度网络模型的特征是：①度分布接近幂律分布，即 BA 无标度网络模型是一种非均匀网络模型，没有特征度数，并且服从度分布指数 $\gamma=3$ 的幂函数形式；②平均最短路径长度 L 随网络规模 N 的对数函数增长，说明 BA 无标度网络模型具有小世界特性；（3）聚类系数较小，网络规模足够大时可以看作没有聚类特性（见图 3-4）。

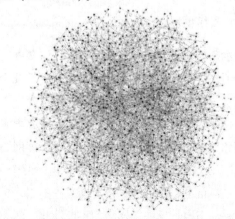

图 3-4　BA 无标度网络模型

注：节点数为 1024，初始节点数为 10。

第二节

传播动力学

　　传播动力学是一门研究各种传播现象的动态学机理的学科，它通过建立数学模型，模拟并预测传染病、谣言以及信息①在复杂网络上的传播过程和结果，寻找对其控制的最优策略，从而为人们做出科学决策提供理论依据和方法指导。传播动力学起源于传染病动力学，在传染病动力学发展的几十年中，陆续有研究学者发现传染病与谣言、计算机病毒的传播动态过程具有相似性，因此尝试将传染病动力学模型运用于研究谣言及信息传播，并且发展出更适合该领域的动力学模型。如今，基于传播动力学模型得到的研究结果已经运用于人们的实际生活当中，同时在智能传播方面也获得了不少成果，越来越多的学者将目光投放在传播动力学上，因此对传播动力学的研究是非常有实际意义的。

一　传染病动力学模型的问世

　　最早的疾病传播数学模型是由丹尼尔·伯努利（Daniel Bernoulli）于 1760 年提出的，② 他建立了一个数学模型来估计天花

①　徐涵，张庆. 复杂网络上传播动力学模型研究综述［J］. 情报科学，2020，38（10）：159-167.

②　BERNOULLI D. Essai d'une nouvelle analyse dela mortalite cause parla petite verole et desavantages de l'inoclation poural prevenir, in Memoires de Mathematiques et de physique［J］. Academie Royale des Science, 1760.

疫苗接种对人口预期寿命的影响。计算表明，普遍接种天花疫苗可将平均寿命延长 3 年。其用科学的方法证明了接种疫苗的正确性，也说明了数学建模在传染病研究方面有着巨大的潜力与作用。19 世纪末 20 世纪初，罗纳德·罗斯（Ronald Ross）在蚊子的胃肠道中发现了疟疾寄生虫，证明疟疾是由蚊子传播的，同时他提出了一个数学模型来描述蚊子数量与人类疟疾发病率之间的关系，用该模型估计消灭疟疾所需要消灭蚊子的临界密度，并评估各种控制措施的有效性。[①] 该模型为减少疟疾在人类群体中的传播方面提供了科学有效的解决方法，是医学发展史上的里程碑，1902年，罗斯因其在疟疾防治方面的突出贡献而获得了诺贝尔生理学或医学奖。此后，罗斯与希尔达·哈德森（Hilda Hudson）合作，一起于 1916~1917 年发表了关于流行病学和疾病传播测量的研究论文，[②] 进一步推动了数学建模在传染病传播研究方面的应用。

在罗斯和哈德森的研究基础上，科马克（W. O. Kermack）和麦肯德里克（A. G. McKendrick）对 1665~1666 年伦敦流行的黑死病和 1906 年孟买流行的瘟疫进行传播规律的研究，其间于 1927 年[③]、1932 年[④]和 1933 年[⑤]发表了三篇文章，提出了传染病

---

① ROSS R. The Prevention of Malaria [J]. Nature, 1911 (85): 263-264.

② ROSS R, HUDSON H P. An Application of the Theory of Probabilities to the Study of a Priori Pathometry. Part Ⅲ [J]. Proceedings of the Royal Society of London Series A, 1917, 93 (650): 225-240.

③ KERMACK W O, MCKENDRICK A G. Contributions to the Mathematical Theory of Epidemics. [J]. Proceedings of the Royal Society of London Series A, 1927, 115 (772): 700-721.

④ KERMACK W O, MCKENDRICK A G. Contributions to the Mathematical Theory of Epidemics. II the Problem of Endemicity. [J]. Proceedings of the Royal Society of London Series A, 1932, 138 (834): 55-83.

⑤ KERMACK W O, MCKENDRICK A G. Contributions to the Mathematical Theory of Epidemics. Ⅲ. Further Studies of the Problem of Endemicity. [J]. Proceedings of the Royal Society of London Series A, 1933, 141 (843): 94-122.

动力学模型的标志性理论，即 Kermack-McKendrick 理论。其中，在 1927 年提出的 SIR（Susceptible Infected Removed）模型是传染病动力学模型中最经典、最基本的模型，他们运用此模型较为完整地解释了在这些流行病中观察到的病例数快速上升与下降的现象；1932 年，两位学者再次提出了 SIS（Susceptible Infected Susceptible）模型。此外，他们还提出了"阈值定理"，该定理解释为：易感人群的初始数量有一个临界阈值，低于这个阈值，这种疾病就不会引起大规模爆发。因此该定理可以用于判定传染病最终流行与否，揭示了传染病传播规律。总之，Kermack-McKendrick 理论是流行病学中最简单、最具影响力的理论之一，它已被用于研究各种传染病，如流感、麻疹、"非典"和新冠感染，并且成功预测了大量传染病的传播行为；它也被应用于其他领域，甚至运用到了谣言传播以及社交媒体的信息传播研究当中；在长近百年的发展过程中，越来越多的研究学者发现该理论的巨大价值，主动运用并改进该模型以适应各自的研究领域。因此，该理论可以称作传染病动力学甚至传播动力学的理论之源，为传染病动力学乃至传播动力学的研究做出了奠基性的贡献。

另一个具有开创性的传染病数学模型是 Reed-Frost 模型，由里德（Lowell Reed）和弗罗斯特（Wade Hampton Frost）在 20 世纪 20 年代提出。Reed-Frost 模型是一种基于概率的模型，它假设每个感染者在每个时间单位内都有一定的概率去感染一个易感者，而且这个概率不随时间推移而变化。[1] Reed-Frost 模型虽然简单，却具有很强的解释力和预测力，它对后来的传染病

---

[1]　ABBEY H. An Examination of the Reed-Frost Theory of Epidemics［J］. Human Biology，1952，24（3）：201-233.

模型的发展有着重要的影响。

　　以上的 Kermack-McKendrick 理论以及 Reed-Frost 模型都是仓室模型的代表，所谓仓室模型，就是将个体划分为若干个仓室，分别代表处于不同疾病状态的人群，然后采用数学手段建立这些变量的动力学方程，进而研究疾病的传播动力学过程。[①]仓室模型假定同一个子集内的个体是均匀混合的，他们被感染的风险都是相同的。这个假设对于小规模人群的情况可能还适用，但是如果人群规模较大，人们的空间分布和社会网络就会很复杂，而且人们的接触也会有明显的个体倾向性，比如和亲人、朋友、同事的接触频率会比和其他人的高，这个假设的局限性就体现出来了。

　　小世界网络和无标度网络问世后，传播动力学研究者尝试用复杂网络结合传染病动力学模型，运用多种数学工具，研究、改进或建立了多种传播动力学模型。

二　经典传播动力学模型

　　经典的传播动力学模型主要是 SI（Susceptible Infected）、SIR 和 SIS 模型。其基本思想是基于马尔科夫随机过程，即每个节点在任意时刻都属于有限的某种状态之一。[②] 这些经典的传播动力学模型作为传播动力学的基础，清晰而简练地描绘了疾病传播的过程，因此具有很强的生命力。直到今天，这些模型在研究中依旧被广泛地使用。下文就这些经典传播动力学模型和

---

① 王玉，陈姗姗，傅新楚. 传播动力学模型回顾与展望［J］. 应用数学与计算数学学报，2018，32（2）：267-294.
② 徐涵，张庆. 复杂网络上传播动力学模型研究综述［J］. 情报科学，2020，38（10）：159-167.

由此衍生出的模型作简单的介绍和说明。

（一）SI 模型

SI 模型只包含两种状态，即易感态（Susceptible）和感染态（Infected）。在该模型中，一个人要么是易感者（S），要么是感染者（I）。并且，一个人一旦被感染就不能被治愈，即在此模型中，只存在从 S 到 I 的单向状态转移，如图 3-5（a）所示。

SI 模型还有如下假定和推论：

①用 $S(t)$、$I(t)$ 分别表示在时刻 t 时易感者和感染者的比例。因此 $S(t) + I(t) \equiv 1$。

②该模型中总的人数是恒定的。即不考虑任何可能导致人口总量变动的因素，例如种群意义上的出生或死亡。

③感染者必然具备传染力。换言之，一旦感染者与易感者发生接触，就一定具备传染可能。并且假设单个感染者能够传染的人数与易感者的数量呈正比，并将其比例系数记为 β。于是得到总的感染者群体在 t 时刻单位时间内将传染的人数（即新增的感染人数）占总人数的比例是 $\beta S(t) I(t)$。

④该模型的传播过程是单向的，且仅存在一种传播过程，即仅能从易感者转变为感染者。因而，传播过程结束后，所有人都是感染者。

通过上述假定和推论，可以建立以下模型：

$$\begin{cases} \dfrac{dS(t)}{dt} = -\beta S(t) I(t) \\[2mm] \dfrac{dI(t)}{dt} = \beta S(t) I(t) \end{cases} \tag{3-1}$$

SI 模型简单而清晰，可以用于描绘被感染后无法治愈的疾病的传播动力学过程。但是，模型的简易也使它在适用性上有较强的局限性，使用场景较为片面。

（二）SIR 模型

SIR 模型相比 SI 模型引入了一种新的状态 Removed，直译为"移出"，用以代表从感染群体中移出的人群，因此也被理解为"治愈"或"免疫"的状态。但有必要说明的是，被移出不是简单的治愈。事实上，正如下文所展示的，被移出者在这次传播过程中永远不会被再次感染，而是永葆健康的状态。仅从这个意义上说，"免疫"一词可能更加贴切。

在 SIR 模型所显示的传播过程中，有两种状态转移。第一种和 SI 模型相似，即从易感者转变为感染者，第二种就是从感染者转变为移出者（或称治愈者，以下统一称"移出者"）。其传播路径如图 3-5（b）所示。

这里，状态的转移依然是单向的，易感者仅能通过被感染者传染的方式变为感染者，而移出者也只能通过感染者自发地"移出"而出现。在不存在感染者 I 的情况下，上述提到的两种转移均不再会发生，因此传播将在感染者 I 不存在的情况下结束。最终，所有人要么是易感者 S，要么是移出者 R。

在模型采用的假设方面，SIR 模型和 SI 模型相似。即：总人数恒定不变；感染和移出都必然以一定的可能性发生；易感者被感染、感染者被移出的两种状态转移都与其人数呈正比。

令 $S(t)$、$I(t)$、$R(t)$ 分别表示在 t 时刻易感者、感染者和移出者数量占总人数的比例。自然，有 $S(t) + I(t) + R(t) \equiv 1$。又令易感者 S 以概率 β 被感染者 I 感染，感染者 I 以概率 γ 恢复变成免疫者 R，得到 SIR 模型的传播动力学微分方程：

$$\begin{cases} \dfrac{dS(t)}{dt} = -\beta S(t)I(t) \\[2mm] \dfrac{dI(t)}{dt} = \beta S(t)I(t) - \gamma I(t) \\[2mm] \dfrac{dR(t)}{dt} = \gamma I(t) \end{cases} \qquad (3-2)$$

由于$\dfrac{dS(t)}{dt} < 0$，$S(t)$ 单调递减且有下界，于是其极限 $\lim\limits_{t \to \infty} S(t)$ 存在。这样，由（3-2）中第 1、2 两个微分方程得到：

$$\frac{dI(t)}{dS(t)} = -1 + \frac{\rho}{S(t)}, \rho = \frac{\gamma}{\beta} \qquad (3-3)$$

分析这一方程，可以看到，当 $S(t) = \rho$ 时，$I(t)$ 达到最大值。考虑疾病的具体传播过程，假若初始时易感人群 $S(0) = S_0 > \rho$，随着时间发展，易感人群占比不断下降，于是感染者占比会先增加到最大值 $I(t)_{\max}$，再逐步减小并最终消亡。另外，如果初始时易感人群 $S(0) = S_0 < \rho$，随着时间发展易感人群占比不断下降，感染者占比也会不断递减。

疾病传播过程中的顶峰感染者数目（这里是占比）是否超越了疾病初始时感染者数目（占比）是判断疾病流行与否的根本依据。在 SIR 模型中，如果疾病传播过程中的顶峰感染者占比超过了初始时的感染者占比，那么该疾病就会被认为是流行的；反之，如果疾病传播过程中，感染者的占比一直低于初始时感染者的占比，那么该疾病就会被认为是不流行的。

不难发现，基于 SIR 模型的疾病流行与否只与初始易感人群数目占总人数的比例 $S(0)$ 和比值 ρ 的大小关系相关。具体而言，正如上面的分析，只有当 $S(0) = S_0 > \rho$ 时，疾病才会流行。于是假设：

$$R_0 = \frac{S(0)}{\rho}, \rho = \frac{\gamma}{\beta} \qquad (3\text{-}4)$$

那么，当 $R_0 > 1$ 时，疾病流行；当 $R_0 < 1$ 时，疾病不会流行。$R_0 = 1$ 就是区分疾病流行与否的阈值。这就是基本的"阈值理论"。

SIR 模型包含了"移出"状态，考虑了疾病被治愈的情形，因而也适用于大多数疾病。其普适性使其成为最常用的传播动力学模型。[1] 不过，SIR 模型没有关注传播现象的特例，因此在针对不同的情况乃至不同的领域时，众多学者都在 SIR 模型的基础上进行了改进和创新。

（三）SIS 模型

SIS 模型考虑了另一种状况：疾病"治愈"之后，患者并不会变为移出者而获得永久的免疫，而是再次变为了易感人群，仍然保留被感染者感染的可能。因而，SIS 模型构建了一种治愈和感染的循环。SIS 模型的其他假设与 SIR 模型相同。其模型的传播过程如图 3-5（c）所示。

对于 SIS 模型，γ 表示感染者转变为易感者的正比例系数。其传播动力学微分方程如下：

$$\begin{cases} \dfrac{dS(t)}{dt} = -\beta S(t) I(t) + \gamma I(t) \\ \dfrac{dI(t)}{dt} = \beta S(t) I(t) + \gamma I(t) \end{cases} \qquad (3\text{-}5)$$

[1] ERDÖS P, RENYI A. On Random Graphs I [J]. Publicationes Mathematicae, 1959, 4：3286-3291.

利用 $S(t)+I(t)\equiv1$ 改写上述方程，可以得到：

$$\frac{dS(t)}{dt}=\beta[1-S(t)][\rho-S(t)],\rho=\frac{\gamma}{\beta} \qquad (3-6)$$

由于 $0\leqslant S(t)\leqslant1$，只要 $\rho\geqslant1$，那么式（3-6）在允许范围内只有一个零点，即 $S(t)=1$。这时，总有 $\frac{dS(t)}{dt}\geqslant0$，因此易感者的人数占比总是在增加，最后趋于稳定 [当 $\frac{dS(t)}{dt}=0$ 时]。在这种情况下，感染者人数占比 $I(t)$ 单调递减，最后趋于零。显然，这样的疾病不会流行。

但假若 $0\leqslant\rho\leqslant1$，式（3-6）在允许范围内就会有两个零点，分别是 $S(t)=1$，$S(t)=\rho$。对此方程做进一步分析可得，任一以 $S(0)\in(0,1)$ 为起始的 $S(t)$ 均会随着时间的增加而趋向 ρ，即 $S(t)\rightarrow\rho$。相对应地，有 $I(t)\rightarrow1-\rho$。在这一情况下，疾病流行，并且感染者总是不会消失，而是达到了一种相对平衡。这样长期存在的疾病可以被视作一种地方病。如果假设：

$$R_0=\frac{1}{\rho},\rho=\frac{\gamma}{\beta} \qquad (3-7)$$

那么，就能得到与 SIR 模型类似的结论：当 $R_0>1$ 时疾病流行，且长期存在；当 $R_0<1$ 时，疾病不会流行，且逐渐消失；$R_0=1$ 就是区分疾病流行与否的阈值。

SIS 模型考虑了非终生免疫的可能性。这种考量符合疾病传播规律，因此在疾病传播的领域有着很强的适配性，也得到了广泛应用。但是，随着传播动力学的发展和其研究领域的不断拓展，SIS 模型在其他领域的局限性也有所显现。

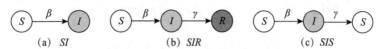

图 3-5　经典传播动力学模型

三　改进的传播动力学模型

经典传播动力学模型是建立在人群均匀混合的基础上的。换言之，对于经典传播动力学模型而言，人群中任意两人的接触概率是一致的。为进一步验证均匀混合传播，学者们在几类经典传播动力学模型的基础上进行改进和创新，考虑了疾病可能存在的其他特性，如潜伏期、急性/慢性阶段；考虑了患者的更多情况，如能否获得永久免疫力，是否会在患病阶段遭受其他疾病侵扰等；此外，一些学者也考虑了传播动力学在其他领域，如计算机病毒传播、社会舆论治理等的应用。总之，学者们根据对不同因素的考量，发展了各具特色、各有适用的传播动力学模型，推进了传播动力学的发展。下面简要地介绍目前比较主流的改进型传播动力学模型。

（一）SIRS（Susceptible Infected Removed Susceptible）模型

SIRS 模型考虑了非永久免疫的情况，即患者会获得免疫力，成为移出者，但是，这种免疫力不是永久的而是暂时性的，成为移出者的人仍然会以一定可能性成为易感者。其传播过程如图 3-6（a）所示。

SIRS 模型的基本假设同 SIR 和 SIS 一致。这里，假定易感者感染的概率为 λ，感染者获得免疫的概率为 μ，移出者再次变为易感者的概率为 η。基于此，建立如下传播动力学微分方程：

$$\begin{cases} \dfrac{dS(t)}{dt} = -\lambda S(t)I(t) + \eta R(t) \\[2mm] \dfrac{dI(t)}{dt} = -\lambda S(t)I(t) - \mu I(t) \\[2mm] \dfrac{dR(t)}{dt} = \mu I(t) - \eta R(t) \end{cases} \qquad (3\text{-}8)$$

注意到 $S(t) + I(t) + R(t) \equiv 1$，因此可以简化这一方程：

$$\begin{cases} \dfrac{dS(t)}{dt} = -\lambda S(t)I(t) + \eta(1 - S(t) - I(t)) \\[2mm] \dfrac{dI(t)}{dt} = \lambda S(t)I(t) - \mu I(t) \end{cases} \qquad (3\text{-}9)$$

通过观察和分析 $I(t)$ 的变化，就能够看到疾病传播的趋势，看出疾病流行与否。

SIRS 模型比较符合社交网络中的信息传播情况，因而在相关领域也有相当多的应用。不过，网络信息的传播并非在封闭系统中，因此该模型不能很准确地反映网络舆情传播状况。

（二）SEIR（Susceptible Exposed Infected Removed）模型

SEIR 模型考虑了另一个因素，即疾病的潜伏期。它在 SIR 的基础上，引入了潜伏状态（Exposed）。潜伏者 E 和感染者 I 都具有传染力。特别的是，任何一个易感者 S 在感染疾病后都不会立刻成为感染者 I，而是必须经过一个潜伏阶段，即潜伏状态 E。假定，易感者与潜伏者和感染者接触进而染上疾病的概率分别为 β_1、β_2。潜伏者转化为感染者的概率为 γ，并且这种转变是自发的。最后，感染者 I 会以 λ 的概率成为移出者 R。移出者 R 的状态在传播过程中不会再发生任何改变。需要说明的是，根据疾病的一般特性，通常有 $\beta_1 < \beta_2$。SEIR 模型的传播过程可以参考图 3-6（b），下面是它的传播动力学模型：

$$\begin{cases} \dfrac{dS(t)}{dt} = -\alpha S(t)E(t) - \lambda S(t)I(t) \\[2mm] \dfrac{dE(t)}{dt} = \alpha S(t)E(t) - \beta E(t) \\[2mm] \dfrac{dI(t)}{dt} = \beta E(t) + \lambda S(t)I(t) - \gamma I(t) \\[2mm] \dfrac{dR(t)}{dt} = \gamma I(t) \end{cases} \qquad (3-10)$$

SEIR 模型是一种经典的改进型传播动力学模型。通过引入潜伏状态 E，SEIR 模型更好地契合了一些疾病的发展过程，也和信息传播的过程有一定的相似之处。因此，SEIR 模型也在早期对信息传播过程的研究中被广泛运用。不过，就具体运用而言，SEIR 模型仍有一定局限。例如，在疾病的传播过程中，人类社会可能会对其采取控制，而不是任由其发展；类似地，在信息传播的领域，接收信息的用户也未必成为其传播者，而是可能成为信息的终结者，甚或主动阻止信息的传播等。为了让模型更好地拟合现实情况，许多学者进一步考虑了许多在传播过程中发挥关键作用的因素，在 SEIR 模型的基础上根据自己的研究和创新改进与发展了传播动力学模型。

（三）H-SEIR 模型

H-SEIR 模型由崔金栋[①]等为了研究微博话题式信息传播而提出。建立者针对其具体的研究情景，在 SEIR 模型的基础上做出了改良。主要在于以下方面。

（1）关注了易感者 S（在信息传播领域可理解为无知者）

---

① 崔金栋，郑鹊，孙硕. 基于改良 SEIR 模型的微博话题式信息传播研究 [J]. 情报科学，2017，35（12）：22-27.

在接收信息后思想转变的多元状况。主要考虑了易感者对信息表现出直接的不信任和排斥的可能，亦即易感者除了变为犹豫的潜伏者 E，还有可能直接成为移出者 R。

（2）潜伏者 E 表现为对信息的犹豫而非信任，因此仍有变为移出者的可能。这里，潜伏者 E 会对信息做进一步的判断和综合考虑，进而可能变为传播者 I，或者变为移出者 R。这种改变是自发的，无须和信息进一步接触。

（3）传播者 I 可以在信息传播的过程中自发地转变为移出者 R。

（4）考虑到话题式传播所具备的衍生性特点，即话题可能产生新的信息并且再次流入传播网络，移出者 R 仍有可能在接触到这些衍生性信息后重新转变为潜伏者 E。需要说明的是，在这个模型中，衍生性信息会以多种渠道方式流入网络内部，不能片面地认为它们是传播者 I 传播的信息。基于此，这种影响的比例系数需单独处理。

需要注意的是，在 H-SEIR 模型中，仅有传播者 I 会传播信息。

假定易感者 S 转变为潜伏者 E 和移出者 R 的概率分别为 λ、α，潜伏者 E 转变为传播者 I 和移出者 R 的概率分别为 μ、β，传播者 I 自发地以概率 γ 转化为移出者，最后，移出者以概率 θ 重新转化为潜伏者 E。具体可以见图 3-6（c）。可以得到如下传播动力学模型：

$$
\begin{cases}
\dfrac{dS(t)}{dt} = -\lambda S(t)I(t) - \alpha S(t)R(t) \\[2mm]
\dfrac{dE(t)}{dt} = \lambda S(t)I(t) - \mu E(t) - \beta E(t) + \theta R(t) \\[2mm]
\dfrac{dI(t)}{dt} = \mu E(t) - \gamma I(t) \\[2mm]
\dfrac{dR(t)}{dt} = \alpha S(t)I(t) + \beta E(t) + \gamma I(t) - \theta R(t)
\end{cases}
\tag{3-11}
$$

（四）SCIR（Susceptible Contracted Infected Removed）模型

郑志蕴等[①]考察了微博式社交平台上信息传播的特点，在 SIR 模型的基础上引入了用户行为分析和接触节点（contracted），提出了 SCIR 模型。SCIR 模型与经典的 SIR 模型的差异主要在于传播过程的改变。在 SCIR 模型中，接触到信息的易感者 S 不是直接成为感染者（或称传播者），而是转变为接触者 C。对于接触者 C，存在两种转化可能：直接成为移出者 R，或者成为传播者 I。

SCIR 模型的传播过程可以见图 3-6（d），若假定易感者转变为接触者的概率为 α，接触者直接成为移出者的概率为 γ_1，成为传播者的概率为 β，传播者成为移出者的概率为 γ_2，则可以得到如下传播动力学模型，其中，根据 t 的差异，$K(t)$ 分别表示网络中节点的平均出度或额外平均出度。

$$\begin{cases} \dfrac{dS(t)}{dt} = -\alpha I(t)K(t) \\[2mm] \dfrac{dC(t)}{dt} = \alpha I(t)K(t) - \beta C(t) - \gamma_1 C(t) \\[2mm] \dfrac{dI(t)}{dt} = \beta C(t) - \gamma_2 I(t) \\[2mm] \dfrac{dR(t)}{dt} = \gamma_1 C(t) + \gamma_2 I(t) \end{cases} \quad (3-12)$$

（五）SIVR（Susceptible Infective Variant Recovery）模型

SIVR 模型[②]在 SIR 模型的基础上引入了一种新的变异状态

---

① 郑志蕴，郭芳，王振飞，等. 基于行为分析的微博传播模型研究 [J]. 计算机科学，2016，43（12）：41-45+70.

② ELENA G，ZHU Q. Optimal Control of Influenza Epidemic Model with Virus Mutations [Z]. European Control Conference. Zürich，Switzerland，2013：3125-3130

（Variant）。这是出于对病毒传播过程中病毒特性和患者状态的考量。SIVR 模型指出，当易感者被感染并成为感染者后，因为患者本身免疫能力的下降，以及病毒本身存在的变异率，感染者不仅会被治愈并成为移出者 R，而且有可能被新的病毒感染，成为变异者 V。正如上文分析的，这种变异有两种可能，其一，病毒本身变异所致，称为内部变异；其二，受到系统外部的病毒的侵扰感染，即外部感染。SIVR 模型的传播过程如图 3-6（e）所示。

SIVR 模型作为基于 SIR 改进的模型，采取的基本假设和 SIR 一致。如果令易感者转换为感染者的概率为 a，感染者成为移出者 R 的概率为 β，成为变异者 V 的概率写作 λ。其中，内部变异率记为 λ_1，因外部感染的变异率为 λ_2，通过 $S(t) + I(t) + R(t) + V(t) \equiv 1\lambda_1 + \lambda_2 = \lambda$，可以构建如下的微分方程：

$$\begin{cases} \dfrac{dS(t)}{dt} = -aS(t)I(t) \\[2mm] \dfrac{dI(t)}{dt} = aS(t)I(t) - \gamma I(t) - \lambda I(t) - \beta I(t) \\[2mm] \dfrac{dV(t)}{dt} = \gamma I(t) + \lambda I(t) \\[2mm] \dfrac{dS(t)}{dt} = \beta I(t) \end{cases} \tag{3-13}$$

SIVR 模型在网络信息传播的研究方向上也有很大的启发价值。SIVR 模型提供了新的研究点，即它强调了新的信息在传播过程中对于个体的影响，指出了原本信息在传播过程中"变异"为新信息的可能。不过，SIVR 模型中的变异率 λ 均无法被计量，因此在实际的运用上也有其局限性。

（六）SIHR（Susceptible Infected Hibernator Removed）模型

SIHR 模型由赵来军（L. Zhao）等[1]提出，其建立本意就是研究各种信息（例如谣言）在复杂网络中的传播。SIHR 模型考虑了四种状态：无知者（Ignorant，等效为易感者 S），传播者（Spreaders，等效为感染者 I），遗忘者（Hibernators，在模型中用 H 表示），窒息者（Stiflers，即知情但不再传播信息的人，在结果上等价于移出者 R）。需要说明的是，遗忘者是研究者在考虑了信息传播特点后引入的一类特别状态。遗忘者是从传播者变化而来的一类特殊人群。遗忘者对接收的信息具有信任，即有意愿继续传播信息，但因记忆—遗忘机制的作用，"遗忘"了这一信息，因而丧失了传播信息的能力。但是，遗忘者总有概率"回忆"起信息，即再次变为传播者，从而继续传播信息。特别地，遗忘者不会直接转变为窒息者。对"遗忘"这一特殊状态的考虑使得模型具备了时滞性。

SIHR 模型的传播过程如图 3-6（f）所示。无知者在接收所传播的信息后，有可能信任这一信息并愿意传播，从而转为传播者（概率记为 λ）。但是，无知者也可能不信任或不愿意传播这一信息，从而直接转变为窒息者（概率记为 β_1）。传播者也有概率停止传播，变为窒息者（概率记为 β_2）。与之前的模型不同的是，传播者向窒息者的转变不是自发的，而是在接触中实现的，包括与传播者自身、遗忘者和窒息者的接触。换言之，传播者与除无知者外任何一类人群的接触都会以概率 β_2 导致向窒息者的转变。传播者可能以 γ 的概率发生遗忘，转变为遗忘者。

---

① ZHAO L, WANG J, CHEN Y, et al. SIHR Rumor Spreading Model in Social Net-Works [J]. Physica A：Statistical Mechanics and Its Applications, 2012, 391 (7)：2444-2453.

遗忘者"回忆"起信息有两种可能：一种是自发回忆，概率记为 η_1；另一种则是通过与传播者的接触，亦即接触传播者传播的信息重新成为传播者，概率记为 η_2。

还需要说明的是，SIHR 模型没有考虑种群数量的变化，因此为简化模型，其中的各个函数所代表均是比例，且满足 $S(t) + I(t) + H(t) + R(t) \equiv 1$。基于此，可以得到 SIHR 模型的传播动力学方程，其中，k 表示传播网络的平均的度。

$$\begin{cases} \dfrac{dI(t)}{dt} = -k(\beta_1+\lambda)S(t)I(t) \\[2mm] \dfrac{dS(t)}{dt} = k\lambda S(t)I(t)+\eta_1 H(t)+k\eta_2 H(t)S(t)-\gamma S(t)-k\beta_2 S(t)\big[S(t)+H(t)+R(t)\big] \\[2mm] \dfrac{dH(t)}{dt} = \gamma S(t)-\eta_1 H(t)-k\eta_2 S(t)H(t) \\[2mm] \dfrac{dR(t)}{dt} = k\beta_1 S(t)I(t)+k\beta_2 S(t)\big[S(t)+H(t)+R(t)\big] \end{cases}$$

$$(3-14)$$

SIHR 模型主要应用于谣言传播分析，其记忆—遗忘机制在传播动力学的社会舆论治理领域也有一定的启发作用。然而，这种机制在模型的实际运用中有一定的局限性。特别是当网络及其形态是动态时，该模型的记忆—遗忘机制中的各个参数都无法计量。

（七）SHIR（Susceptible Hesitated Infected Removed）模型

刘云（Y. Liu）等[1]认为当前的信息传播模型"大多集中在

---

[1] LIU Y, DIAO S-M, ZHU Y-X, et al. SHIR Competitive Information Diffusion Model for Online Social Media [J]. Physica A: Statistical Mechanics and Its Applications, 2016, 461: 543-553.

单条信息上"，而对于在当前海量信息覆盖的网络中更为常见的"多条信息"的传播机制缺乏研究，于是他们提出了一个对竞争性双重信息扩散要素考察模型，即 SHIR。SHIR 模型考虑了多种信息的传递（在模型中仅表述为两种），这些信息相互关联、相互影响和作用，它们在传播上有利于扩大信息影响力和传播范围，而在有限的用户资源中，则具备竞争性关系。为了充分展现这一点，在 SHIR 模型中，一种新的"犹豫"（Hesitated）状态被引入。"犹豫者"就是那些有兴趣传播信息，但尚未决定永久支持哪一方的个体。这些个体处在双重信息竞争的中和状态，因此对同一信息持不同观点的双方都试图同化犹豫者。

SHIR 模型的传播机制和过程如图 3-6（g）所示。这里，用 A 和 B 代表两种竞争性的信息，并确认其规则如下。

（1）无知者（等效于易感者，S）不携带信息。当无知者接触到信息时，就有可能发生转化，成为犹豫者 H 或者稳定传播者 I。如果直接成为稳定传播者，则其类型取决于无知者所接触的信息的类。当无知者接触到 A 类信息时，其成为 A 类稳定传播者的概率为 λp，成为犹豫者的概率则为 λ（$1-p$）。接触到 B 类信息时，成为稳定传播者或成为犹豫者的概率则记为 λq 和 λ（$1-q$）。值得一提的是，这里无知者所接触的 A 类信息或者 B 类信息不仅可能来源于 A 类或 B 类信息的稳定传播者，也可能来自犹豫者。

（2）犹豫者已经了解到信息，因此也可能向无知者传播信息。但是，犹豫者也可能出于在对于 A 类或 B 类信息的重复接触中所建立的对 A 类或 B 类信息的某种信任，成为 A 类信息的稳定传播者或 B 类信息的稳定传播者；另一种可能则是，犹豫者在与窒息者（或移出者 R）的接触中成为窒息者。犹豫者也会传递信息，当然犹豫者所传递的信息类型是不确定的。在此模型中可以这样假设：犹豫者可能以概率 $p/(p+q)$ 传递信息 A，或以概率 $q/(p+q)$ 传递信息 B。另外，对于犹豫者再次通过接触信息 A 或者 B 而成为 A 类信息或者 B 类信息的稳定传播者的情形，则假定其概率分别为 p，q。最后，通过与窒息者的接触，犹豫者亦有概率 μ 失去兴趣，成为窒息者。需要注意的是，犹豫者所接触的 A 类或 B 类信息也可能来自犹豫者群体本身。

（3）稳定传播者与窒息者或者是其他稳定传播者接触时，也有概率失去兴趣成为新的窒息者。其概率也为 μ。

（4）窒息者不会以任何方式转变为其他状态。

由此，可以建立 SHIR 的传播动力学微分方程：

$$\begin{cases} \dfrac{dI(t)}{dt} = -\rho\lambda S_A(t) - q\lambda S_B(t) - (q-p)\lambda H(t) \\[2mm] \dfrac{dS_A(t)}{dt} = \rho\lambda I(t) + pH(t) - \mu S_A(t) \\[2mm] \dfrac{dS_B(t)}{dt} = q\lambda I(t) + qH(t) - \mu S_B(t) \\[2mm] \dfrac{dH(t)}{dt} = \lambda(1-p)I(t) - pH(t) + \lambda(1-q)I(t) - qH(t) - \mu H(t) \\[2mm] \dfrac{dR(t)}{dt} = \mu\left[S_A(t) + S_B(t) + \mu H(t) \right] \end{cases} \quad (3-15)$$

可以看出，在 SHIR 模型中对状态的转化起到核心作用的不是不同人群之间的接触，而是不同信息对人群的影响；这里，信息来源人群是多样的。

SHIR 模型充分地考虑了个体在信息传播中的心理状态，并基于此提出了信息的竞争性传播机制。这种机制适用于个体意见存在差异的情况，典型案例如当前社交媒体中的信息传播状况。SHIR 模型的模拟结果表明信息竞争的最终结果与两种信息的稳定转化率之比有关。然而，在实际的应用中，SHIR 模型也有其阻碍，主要是传播者的心理状态所具备的普遍的不确定性使得心理因素难以被确切地量化为模型中的影响因子。

（八）ISRC（Ignorant Spreader Stifler Controller）模型

阿扎贝德（H. A. Ebadizadeh）[①] 等在原有的基础谣言扩散传播动力学模型的基础上，结合谣言散播的实际情形，考虑了专门控制谣言的人——控制者（Controller）的存在，进而提出了 ISRC 模型。这里的 Stifler 指代已经接触过谣言，并且不再传播谣言的状态，即所谓"扼杀者"，在传播模型中等效于"移出者"，因而记作 R；为统一表述，下文仍称之为移出者。ISRC 模型的规则如下。

（1）当无知者 I 接触到信息时（需要与传播者接触），可能成为新的传播者 S，也有可能直接变成移出者 R。其概率分别为 $\theta_1\alpha$，$(1-\theta_1)\alpha$。

（2）控制者会阻断谣言传播。当无知者 I 与控制者 C 接触时，无知者将会变为移出者 R，或者是新的控制者 C。其概率分别记为 $\theta_2\beta$，$(1-\theta_2)\beta$。另外，当传播者 S 与控制者 C 相接触时，传播者也将以 μ 的概率成为控制者。

（3）随着谣言传播的发展，知情者都会逐渐成为移出者，停止传播或阻止传播谣言。这种改变将随着与移出者 R 的接触进行。具体而言，控制者将以 η 的可能性成为移出者；在传播者那里，概率则记为 γ。

① EBADIZADEH H A, HAGHBAYAN H. Dynamics of Rumor Spreading [J]. Annals of Optimization Theory and Practice, 2018, 1 (3): 45-54.

这一过程可以参考图 3-6（h）。据此，得到 ISRC 的传播动力学模型如下：

$$
\begin{cases}
\dfrac{dI(t)}{dt} = -\alpha I(t)S(t) - \beta I(t)C(t) \\[2mm]
\dfrac{dS(t)}{dt} = \theta_1 \alpha I(t)S(t) - \gamma S(t)R(t) - \mu C(t)S(t) \\[2mm]
\dfrac{dC(t)}{dt} = \theta_2 \beta I(t)C(t) - \eta C(t)R(t) + \mu C(t)S(t) \\[2mm]
\dfrac{dR(t)}{dt} = (1-\theta_1)\alpha I(t)S(t) + (1-\theta_2)\beta I(t)C(t) + \gamma S(t)R(t) + \eta C(t)R(t)
\end{cases}
$$

$$(3-16)$$

（九）ESIS（Emotion based Spreader Ignorant Stifler）模型

社交网络中传播的信息在包含实质内容的同时也存在情感的传递。王（Q. Wang）[1] 等注意到目前传播动力学模型在研究情感传递上的不足，于是建立了 ESIS 模型来模拟相关信息的扩散。其主要改进在于：将信息级联分类为细粒度级；在每条边上引入新的权重，用以表示每种情绪转发的强度；引入平均场方程来计算每种情绪的信息传播阈值。

ESIS 模型的改进是基于 SIR 模型的，因而其基本假设与 SIR 模型相似。ESIS 模型中，传播者 Spreader 代表传播信息的人，等同于感染者 I；无知者 Ignorant 代表不知道信息但具备了解信息潜力的人，等同于易感者 S；窒息者 Stifler 则代表对信息传播失去兴趣的人，等同于移出者 R。为免重复，沿用移出者 R 的

内涵，将窒息者 Stifler 记为 R。简易起见，函数 $S(t)$，$I(t)$，$R(t)$ 均指代比例。ESIS 的基本传播动力学模型为：

$$\begin{cases} \dfrac{dS(t)}{dt} = \lambda I(t)S(t) - \sigma S_1(t) - \delta S_2(t) \\[2mm] \dfrac{dI(t)}{dt} = -\lambda I(t)S(t) \\[2mm] \dfrac{dR(t)}{dt} = \sigma S_1(t) + \delta S_2(t) \end{cases} \qquad (3-17)$$

其中，传播概率 λ 是指不考虑权重，无知者变成传播者的概率。ESIS 模型的传播路径中 σ 表示一个传播者使另一个传播者变成窒息者，对信息不再传播的概率。δ 指传播者直接转化成窒息者，自发地对信息不感兴趣，不再传播的概率。S_1，S_2 分别表示传播者受另一个传播者影响移除的过程和传播者直接被移除的过程。如图 3-6（i）所示。

（十）SPIR（Susceptible Potential-Infective Removed）模型

芮晓彬（X. Rui）等[1]指出，过去的 SIR 经典传播动力学模型和基于 SIR 模型进行改进的新模型大多以连续函数的形式求解对应传播动力学模型的微分方程，然而，其模拟实验则基于离散时间上的数据变化进行。针对这一情况的研究[2]已经表明了这种做法将难以避免地导致最终结果上的误差。于是，芮晓彬等基于离散时间分析了信息的扩散过程，并提出了 SPIR 模型

---

① RUI X, MENG F, WANG Z, et al. SPIR: The Potential Spreaders Involved SIR Model for Information Diffusion in Social Networks [J]. Physica A: Statistical Mechanics and its Applications, 2018, 506: 254-269.

② KEPHART J O, WHITE S R. Directed-graph Epidemiological Models of Computer Viruses; proceedings of the IEEE Computer Society Symposium on Research in Security and Privacy, F 20-22 May 1991, 1991 [C]. 1991.

［见图3-6（j）］，尝试改善这一情况。

SPIR模型首先提出了两个概念：潜在传播者（the Potential Spreader，PS）和潜在传播集（the Potential Spreader Set，PSS）。潜在传播者PS即至少有一个为感染态邻节点的易感态节点，而PSS则是其集合。显然，每个PS节点同时也是易感节点。

潜在传播集PSS是这一模型的核心概念。正如前文所述，在经典模型SIR中，只存在两种状态转移即$S{\rightarrow}I$，$I{\rightarrow}R$，因此，任意一个可能在下一时刻变为感染者I的易感者S都在潜在传播集PSS之中。由于潜在传播者节点相邻节点中感染节点的数量不影响潜在传播集PSS中节点数目的计数，这一做法自然地解决了离散方法求解可能导致的重复计算问题。

SPIR模型中，ΔI_+是下一单位时间新诞生的易感状态节点（即易感者I）的集合，这些新诞生的易感节点是PSS中的节点通过$S{\rightarrow}I$过程转化而来。ΔI_+也用于代表这些特定节点总和的数目。需要注意的是，ΔI_+不同于ΔI［即$\dfrac{dI\ (t)}{dt}$］，它实际上是后者的增量部分。

假定易感者S变为感染者I的可能性为β，感染者I变为移出者R的概率为γ，那么SPIR模型传播动力学过程如下，其中k代表网络各个节点平均的度，N代表总节点数。

$$\begin{cases} \dfrac{dS(t)}{dt} = -\Delta I_+ \\[2mm] \dfrac{dI(t)}{dt} = -\Delta I_+ - \gamma I(t) \\[2mm] \dfrac{dR(t)}{dt} = \gamma I(t) \end{cases} \tag{3-18}$$

$$\Delta I_+ = PS \times [\,1-(1-\beta)^{1+\frac{(k-1)(I-1)}{N-2}}\,] \qquad (3-19)$$

（十一）SIR 混合模型（The SIR mixture model）

李悦江（Y. Li）[①] 等同样注意到当前主流研究专注于单一信息传播过程的局限性，于是在经典传播动力学模型 SIR 的基础上，提出了适用于两条相关联信息传播过程的模型：SIR 混合模型。

SIR 混合模型假定在均匀混合的网络中，同时存在两种相关联的信息，记为 E_1，E_2。对于每种信息，都有其传播者、无知者和窒息者，即 SIR 模型中的易感者、感染者和移出者。记之为 $\{S_1, I_1, R_1\}$ 和 $\{S_2, I_2, R_2\}$。对于每种信息，其无知者成为传播者的概率和传播者变为移出者的概率分别记为 β_1，γ_1 和 β_2，γ_2。由上文可知，网络中的每个节点可能的状态将有 9 种，即 S_1S_2，I_1S_2，R_1S_2，S_1I_2，I_1I_2，R_1I_2，S_1R_2，I_1R_2，R_1R_2。为了简化，SIR 混合模型假定人们同时只能够专注于一种信息，即不能够同时传播信息 E_1，E_2，于是无须考虑状态 I_1，I_2。

SIR 混合模型还考虑到不同信息传播起始的时间差异。它假定在一条信息传播了 t_0 个单位时刻后另一条信息才会开始传播。因而，SIR 混合模型的传播过程可以分为两个阶段：第一阶段，单一信息传播，这类似于 SIR 模型的信息传播；第二阶段，另一信息开始传播，由于前一信息的传播并未停止，因此这一阶段

① LI Y, ZHAO H V, CHEN Y. An Epidemic Model for Correlated Information Diffusion in Crowd Intelligence Networks ［J］. International Journal of Crowd Science, 2019, 3（2）：168-183.

将是两种信息混合传播的阶段。

为方便起见，做如下规定：不失一般性地，假定信息 E_1 先行传播；在不致混淆时，用形如 S_1S_2 来表示一个节点同时是信息 E_1 和 E_2 的易感者（无知者）的状态。

第一阶段的传播情况可以参考图 3-5（b），它的传播动力学微分方程如下：

$$\begin{cases} \dfrac{dS_1S_2(t)}{dt} = -\beta_1 I_1S_2(t)S_1S_2(t) \\[2mm] \dfrac{dI_1S_2(t)}{dt} = \beta_1 I_1S_2(t)S_1S_2(t) - \gamma_1 I_1S_2(t) \\[2mm] \dfrac{dR_1R_2(t)}{dt} = \gamma_1 I_1S_2(t) \end{cases} \tag{3-20}$$

其中，$t \in [0, t_0]$。SIR 混合模型的第二传播阶段从时刻 $t = t_0$ 开始，此时信息 E_2 加入传播（为确保这一点，模型假定一些原本状态为 S_1S_2 的节点受外部感染或接收到外部信息而成为信息 E_2 的传播者 S_1I_2）。SIR 混合模型的第二传播阶段情况如图 3-6（k）所示，其在原有的 SIR 模型传播转移情况外，考虑到已经接收过信息的人群与未接触过 E_1，E_2 信息时可能存在的差异，又假定信息 E_1 的窒息者（移出者 R）在对信息 E_2 "无知"的情况下被其传播者 "感染" 的概率为 α_2，而从信息 E_2 的传播者变为窒息者（移出者 R）的概率则是 δ_2。在信息 E_1 的窒息者那里，这两个概率则分别表示为 α_1，δ_1。这样，就得到了 SIR 混合模型在第二阶段的传播动力学微分方程：

$$
\begin{cases}
\dfrac{dS_1S_2(t)}{dt} = -\beta_1 I_1(t)S_1S_2(t) - \beta_2 I_2(t)S_1S_2(t) \\[2mm]
\dfrac{dI_1S_2(t)}{dt} = \beta_1 I_1(t)S_1S_2(t) - \gamma_1 I_1S_2(t) \\[2mm]
\dfrac{dS_1I_2(t)}{dt} = \beta_2 I_2(t)S_1S_2(t) - \gamma_2 S_1I_2(t) \\[2mm]
\dfrac{dR_1S_2(t)}{dt} = \gamma_1 I_1S_2(t) - \alpha_2 I_2(t)R_1S_2(t) \\[2mm]
\dfrac{dS_1S_2(t)}{dt} = \gamma_2 S_1I_2(t) - \alpha_1 I_1(t)S_1R_2(t) \\[2mm]
\dfrac{dR_1I_2(t)}{dt} = \alpha_2 I_2(t)R_1S_2(t) - \delta_2 R_1I_2(t) \\[2mm]
\dfrac{dI_1R_2(t)}{dt} = \alpha_1 I_1(t)S_1S_2(t) - \delta_1 I_1R_2(t) \\[2mm]
\dfrac{dR_1R_2(t)}{dt} = \delta_1 I_1R_2(t) + \delta_2 R_2I_2(t)
\end{cases}
\tag{3-21}
$$

（十二）SICR（Susceptible Infective Counterattack Refractory）模型

在社交网络中，当接收到信息，特别是谣言时，不同的人有不同的看法，所以可能存在反驳的情况，甚至阻止谣言的传播。在现实生活中，有时谣言传播中会出现一种特殊的心理现象：喜欢传播谣言的感染者在接触到另一个对谣言感兴趣的感染者时，决定继续保持感染状态并散布谣言，此类群体用 Refractory 表示为固执者。基于上述的情况，昝永利（Y. Zan）等[①]在经典的 SIR 模型中加入了一个新的反击者 C，并建立了一个新

① ZAN Y, WU J, LI P, et al. SICR Rumor Spreading Model in Complex Networks：Counterattack and Self-resistance [J]. Physica A：Statistical Mechanics and Its Applications，2014，405：159-170.

的谣言传播模型，称为 SICR 谣言传播模型。

新的反击群体 C 来源于具有一定概率的易感染群体。将谣言传播的群体分为四类：从未听说过谣言（易感）的人 S、散布谣言（传染）的人 I、反驳谣言且说服别人阻止传播（反攻）的人 C、听到谣言但出于兴趣选择继续传播（固执）的人 R，如图 3-6（j）所示。在 SICR 模型的机制中，当易感者接触到感染者时，其具有一定概率成为反击者。反击者会说服感染者不要继续传播谣言，即说服率为 λ。当一个感染者接触到另一个感染者时，他以概率 γ 变成固执者，一般来说，λ 和 γ 这两种概率是不同的。当易感者接触感染者时，易感者可能有三个结果：（1）以概率 α 成为感染者；（2）以概率 β 成为固执者；（3）以概率 θ 成为反击者。这个模型假设一旦成为反击者，将一直保持不更改状态。SICR 模型的传播动力学微分方程如下：

$$\begin{cases} \dfrac{dS(t)}{dt} = -(\alpha+\beta+\theta)S(t)I(t) \\[2mm] \dfrac{dI(t)}{dt} = \alpha S(t)I(t) - \lambda I(t)C(t) - \gamma I(t)R(t) \\[2mm] \dfrac{dC(t)}{dt} = \theta S(t)I(t) \\[2mm] \dfrac{dR(t)}{dt} = \beta S(t)I(t) + \gamma I(t)R(t) + \lambda I(t)C(t) \end{cases} \tag{3-22}$$

四　综合比较

根据传播主体的不同情况和模型参数绘制了部分传播模型的传播路径图，如图 3-6 所示。图中按颜色对主体进行了区分。对于潜伏期的群体、变异群体，控制群体都分别用其他不同颜色表示，黑色实线表示传播的路径，每条线上都有该传播阶段的接触率。对于参数的具体含义，每个模型的介绍部分都有阐释。综述其特点和缺陷，主要结果如表 3-1 所示。

传播动力学演化模型的构建都是基于经典传播动力学模型，虽然各模型的构成要素不同，但作用机制还是动力学微分方程。随着信息的爆发和复杂网络的变化，实际的信息传播网络存在更多的不确定性，所以在诸多不确定因素影响下，学者们不断对模型进行演化和改进，根据信息传播的趋势和特点，找到传播规律。这些模型综合考虑了传播者的心理状态、传播者的初始状态、信息源的特点以及传播期间的环境因素，都是为了更贴近实际网络传播的事实。

表 3-1　不同传播动力学模型的比较分析

模型		描述	特点	缺陷
经典传播动力学模型	SI	只有感染者和易感染者，无法治愈	模型简单，适用于被感染后无法治愈的动力学过程	过于片面，不能治愈的群体只是极少部分
	SIR	最常用的传播动力学模型，最终只有免疫者	较 SI 模型考虑了被治愈的情况，包含了大多数传播规则	普遍规律，没有关注特例
	SIS	SI 与 SIR 的结合，可反复治愈和被感染	增加了非终生免疫的可能性	更符合疾病规律，不适用分析其他网络
改进型传播动力学模型	SIRS	免疫个体可能再次被感染	基于 SIR 模型，考虑了免疫力的时效	网络信息传播模型并非封闭系统，因而该模型无法准确反映网络舆情传播状况
	SEIR	引入了潜伏者 Exposed	考虑了传播者的心理状态	随着社交网络平台复杂度的增加，用户、信息、传播环境、其他外界等因素的影响，模型已经不能准确地对信息传播进行描述

	模型	描述	特点	缺陷
改进型传播动力学模型	H-SEIR	SEIR 模型的改良，适用于具有衍生性的话题式信息	与 SEIR 的区别在于，考虑到信息二次传播的可能性，含有信息价值、信息出现频次及时效性	将网络舆情传播模型简单地处理成一个封闭系统，显得过于简化而无法准确反映网络舆情传播状况
变异的传播动力学模型	SIVR	病毒变异的传播动力学模型，新病毒会在易感状态入侵	对网络信息传播的研究提供了新的研究点，个体可在信息传播中受到新信息的影响	在网络形态中无法计量该模型提到的内在变异和外在变异率
具有时滞的传播动力学模型	SIHR	加入遗忘机制 H 的传播动力学模型	主要应用于谣言传播的分析，推进了谣言终结时间并降低了谣言的最大传播力	在网络动态变化形态中无法计量该模型提到的遗忘机制
具有时滞的传播动力学模型	SHIR	竞争双重信息扩散的动态模型，增加犹豫者 H 作为双重信息竞争的中立状态，即中立者	基于传播者心理的角度，适用于个体化意见存在差异的情况	传播者心理带有不确定性，无法确切量化该影响因素

五　传播动力学发展

在过去的一百多年里，传播动力学经历了令人瞩目的演变。起初，它局限于对传染病传播的研究，而如今已经发展为一门综合性学科，涵盖了传染病、谣言以及计算机病毒传播等多个研究领域。从最初简单的 SIR 模型和 SIS 模型，到如今涉及复杂网络和免疫控制等更为复杂的模型，传播动力学的研究范围和研究深度都显著拓展。

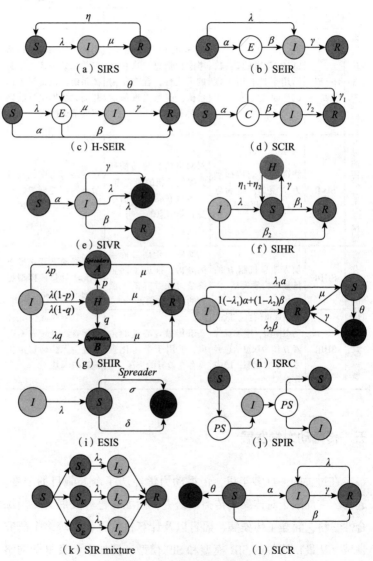

图 3-6　改进的传播动力学模型

当前，新冠病毒的影响仍然深远。计算机病毒造成的巨大损失使个人、公司、社会机构甚至整个国家感到担忧。与此同时，谣言引发的舆论问题也是当今社会面临的重大挑战。因此，研究传播动力学成为一项至关重要的任务。只有深入了解传染病、计算机病毒以及谣言的传播方式和途径，我们才能够采取高效的控制措施。这不仅是研究学者不懈努力的最终目标，也是人民和社会的期望。在这个不断演变的领域中，我们追求更全面、深入的认知，以应对未来可能出现的各种传播挑战。

第三节
传播动力学在智能传播中的实际应用

一　计算机病毒防治

计算机病毒动力学的产生，源于两大领域的需求和进步。

一方面，计算机抗病毒技术与病毒制作技术之间的斗争具有长期性、高难度和曲折性。随着计算机技术、网络技术和通信技术的迅速发展，病毒制作技术也在不断进步，新型病毒的种类日益增加，其隐蔽性和传播性越来越强，给抗病毒技术带来了很大的挑战。目前的抗病毒技术很难从宏观上把握病毒进化的发展趋势，不能为长期防治病毒提供有效的指导建议。因此，迫切需要用全新的方法，深入了解病毒的长期进化行为，制定更有效的防治战略。

另一方面，传播动力学也取得了很多成果。通过对模型的分析，可以了解仓室规模的进化趋势，从而制定出有效的防控战略。这些成功经验，为研究计算机病毒防治提供了有益的参考和借鉴。

早在1988年，默里（W. H. Murray）① 就首次提出传染病与计算机病毒之间存在显著的相似性，可以参考传染病动力学的理论和方法研究计算机病毒的传播机制。这一观点显示了计算机病毒动力学思想的萌芽。但是默里当时并没有提出电脑病毒传播的具体模型。1991～1993年，凯法特（Jeffrey O. Kephart）等②参照SIS传染病模型，提出了多种计算机病毒传播模型。这一重要进展标志着计算机病毒动力学的正式诞生。

使用数学工具来研究病毒的传播规律在生物学领域有着悠久的历史。1991年，凯法特等③首次认识到生物病毒和计算机病毒在传播方式上的高度相似性，并开创了模仿生物病毒传播模型来构建计算机病毒传播模型的先河。在过去的20年里，得益于生物病毒研究的丰富成果，计算机病毒传播模型的研究取得了快速进展。到目前为止，计算机病毒模型研究已经形成了

---

① MURRAY W H. The Application of Epidemiology to Computer Viruses [J]. Computers & Security, 1988, 7 (2): 139-145.

② KEPHART J O, WHITE S R. Directed-graph Epidemiological Models of Computer Viruses; proceedings of the IEEE Computer Society Symposium on Research in Security and Privacy, F 20-22 May 1991, 1991 [C]. 1991. KEPHART J O, WHITE S R. Measuring and Modeling Computer Virus Prevalence; proceedings of the IEEE Computer Society Symposium on Research in Security and Privacy, F 24-26 May 1993, 1993 [C]. 1993. KEPHART J O, WHITE S R, CHESS D M. Computers and Epidemiology [J]. IEEE Spectrum, 1993, 30 (5): 20-26.

③ KEPHART J O, WHITE S R. Directed-graph Epidemiological Models of Computer Viruses; proceedings of the IEEE Computer Society Symposium on Research in Security and Privacy, F 20-22 May 1991, 1991 [C]. 1991. KEPHART J O, WHITE S R. Measuring and Modeling Computer Virus Prevalence; proceedings of the IEEE Computer Society Symposium on Research in Security and Privacy, F 24-26 May 1993, 1993 [C]. 1991. KEPHART J O, WHITE S R, CHESS D M. Computers and Epidemiology [J]. IEEE Spectrum, 1993, 30 (5): 20-26.

三种主流方法。

（1）概率的方法：主要利用马尔可夫链来描述病毒的状态转移。[①]

（2）计算机仿真与统计学方法的结合：特别适用于不易用数学模型直接描述的研究对象，例如研究计算机病毒在复杂网络上的传播过程。[②]

（3）微分方程方法：采用微分方程来刻画计算机病毒的传播过程。这一方法的研究历史较长且文献丰富，是深入研究计算机病毒传播模型的重要工具。[③]

---

①　JIN C, LIU J, DENG Q H. A Novel Email Virus Propagation Model；proceedings of the Workshop on Power Electronics and Intelligent Transportation System，F 2 - 3 Aug. 2008，2008［C］.2008.

②　BILLINGS L, SPEARS W M, SCHWARTZ I B. A Unified Prediction of Computer Virus Spread in Connected Networks［J］. Physics Letters A，2002，297（3）：261-266. DRAIEF M, GANESH A, MASSOULIE L. Thresholds for Virus Spread on Networks［J］. The Annals of Applied Probability，2008，18（2）. SCHWARTZ I B, BILLINGS L, DYKMAN M I, et al. Predicting Extinction Rates in Stochastic Epidemic Models［J］. Journal of Statistical Mechanics：Theory and Experiment，2009（1）. WIERMAN J, MARCHETTE D. Modeling Computer Virus Prevalence with a Susceptible-infected-susceptible Model with Reintroduction［J］. Computational Statistics & Data Analysis，2004，45：3-23.

③　HAN X, TAN Q. Dynamical Behavior of Computer Virus on Internet［J］. Applied Mathematics and Computation，2010，217（6）：2520-2526. MISHRA B K, JHA N. Fixed Period of Temporary Immunity after Run of Anti-malicious Software on Computer Nodes［J］. Applied Mathematics and Computation，2007，190（2）：1207-1212. MISHRA B K, SAINI D. Mathematical Models on Computer Viruses［J］. Applied Mathematics and Computation，2007，187（2）：929-936. PIQUEIRA J R C, DE VASCONCELOS A A, GABRIEL C E C J, et al. Dynamic Models for Computer Viruses［J］. Computers & Security，2008，27（7）：355 - 359. PIQUEIRA J R C, NAVARRO B F, MONTEIRO L H A. Epidemiological Models Applied to Viruses in Computer Networks［J］. Journal of Computer Science，2005，1：31-34.

二　谣言治理

谣言传播动力学的最初产生背景可以追溯到社会学的研究领域。在社会学中，研究者开始关注到谣言作为一种社会现象的传播和影响，探究其在社会中的作用。随着社会复杂性的增加和媒体技术的进步，谣言的传播速度和范围不断扩大，其对社会造成的影响也越来越显著。

为了更好地理解和控制谣言的传播，研究者开始借鉴物理学中的动力学原理，将其应用于谣言传播的研究中。他们通过观察和分析谣言在社会中的传播过程，发现谣言的传播具有类似物理系统中的动力学特征，因此提出了谣言传播动力学的概念和研究方法。

随着研究的深入，谣言传播动力学逐渐发展为一门独立的学科，涵盖了社会学、心理学、传播学等多个领域的研究内容和方法。它通过对谣言传播的动力学特征进行建模和分析，揭示了谣言传播的规律和机制，为制定有效的辟谣策略提供了理论支持和实践指导。

社交网络谣言传播研究可分为两大领域。一是对社交网络结构的研究，因社交网络属于复杂网络，具有诸多特性，故与谣言结合后会出现更多新特性。二是对传播模型的研究，目前主要采用的传播模型的基础是经典的传播动力学模型，如 SIS、SIR、SIRS 等，并结合谣言特点进行改进。少部分研究者在现有研究基础上尝试构建全新传播模型以描述社交网络上的谣言传播。

研究谣言传播过程有两种方法：微观模型和宏观模型。宏观模型提出从宏观视角分析谣言传播过程。戴利（D. J. Daley）和肯德尔（D. G. Kendall）在 20 世纪 60 年代提出了 DK 模型，[①] 把人群分为三类：不知道谣言的人（无知者），传播谣言的人（传播者），以及那些知道谣言但选择不传播的人（窒息者）。马奇（D. Maki）和汤普森（M. Thompson）修改了 DK 模型并提出了 MK 模型，[②] 其中谣言通过传播者向其他人直接传播。有学者认为 DK 模型和 MK 模型不适合研究大范围的社会网络中的谣言传播过程，网络也并不都是封闭的均匀网络。随后莫雷诺（Y. Moreno）等[③]研究了无标度网络上的 MK 模型，并记录了网络拓扑结构与 MK 模型规则之间的相互作用。艾沙姆（V. Isham）等[④]通过将 MK 模型与 SIR 模型结合，进一步研究了一般复杂网络的流言传播状态。

近年来，随着复杂网络研究的兴起，一些学者将谣言传播理论扩展到复杂网络，逐渐向谣言传播扩散研究的新方向发展。李炜（W. Li）等[⑤]在 SI 模型中引入了记忆—遗忘机制，用数值模拟的方法分析了信息传播对 BA 无标度网络的影响，结果表明记忆—遗忘机制可能导致传播终止。J. Wang 等[⑥]在对谣言传播

① DALEY D J, KENDALL D G. Epidemics and Rumours [J]. Nature, 1964, 204 (4963): 1118.

② MAKI D P, THOMPSON M. Mathematical Models and Applications: With Emphasis on the Social, Life, and Management Sciences [M]. Pearson College Div, 1973.

③ MORENO Y, NEKOVEE M, PACHECO A F. Dynamics of Rumor Spreading in Complex Networks [J]. Physical Review E, 2004, 69 (6).

④ ISHAM V, HARDEN S, NEKOVEE M. Stochastic Epidemics and Rumours on Finite Random Networks [J]. Physica A: Statistical Mechanics and its Applications, 2010, 389 (3): 561-576.

⑤ LI W, GU J, CAI X. Message Spreading and Forget-remember Mechanism on a Scale-free Network [J]. Chinese Physics Letters, 2008 (6): 25.

⑥ WANG J, ZHAO L, HUANG R. SIRaRu Rumor Spreading Model in Complex Networks [J]. Physica A: Statistical Mechanics and Its Applications, 2014, 398: 43-55.

的研究中总结出大多数相关研究是从群体的角度进行的，没有充分考虑个体的选择，于是提出了引入遗忘率的 SIRaRu 模型，通过验证结果表明网络拓扑对谣言传播产生了重大影响，谣言的最终大小受到遗忘率的极大影响。其研究中还详细描述了在 SIR 模型中考虑遗忘机制的谣言传播过程并应用到一个叫作 LiveJournal 的在线社交博客平台上。

学者们的研究还将谣言传播与社会网络的拓扑性质联系起来。扎内特（D. Zanette）① 的小世界网络谣言传播模型，研究了小世界网络上的谣言传播模式。谣言通过传播者和其他人的成对互动传播。王筱莉等②构建了社会网络中的谣言传播模型，特别考虑了群体免疫力对谣言传播的影响。他们推导出均匀网络中的平均场方程，并进行相应的稳定性分析。为了进一步研究这一谣言传播过程，他们在平均场方程的基础上使用 Runge-Kutta 方法进行了模拟仿真。王筱莉等人认为，社会网络中的免疫增强率是关键因素，对谣言的传播强度有明显影响。免疫增强率越高，谣言的传播力就越弱。这意味着，提高那些免疫力强但缺乏信息的群体的比例，可以有效降低谣言在网络中的最大传播力。以武汉的雾霾爆炸谣言事件为例，许多网友利用自己的知识迅速辟谣，这实际上是一个提高群体免疫力的实践。这些研究为政府相关部门提供了有价值的理论依据，以预防和应对谣言的传播。具体来说，政府可以加大公众科普教育的投入，通过提高具有强免疫力的无知者比例，来降低谣言的最大传播力，从而维护社会的和谐与稳定。

---

① ZANETTE D H. Criticality of Rumor Propagation on Small-world Networks ［J］. arX-iv, 2001.
② 王筱莉, 夏志杰, 栾东庆, 等. 社会网络中考虑群体免疫力的谣言传播模型研究 ［J］. 上海理工大学学报, 2017, 39 (6)：571-575.

当然，谣言的控制也离不开官方等权威信息及时有效的发布。在通常情况下，公众更倾向于信任权威和官方发布的信息。然而，如果正规官方渠道无法提供关于公众关注事件的合理和连贯的解释，人们往往会依据自身经验以及其他可用的信息来构建自己对事件的解释。这种情况下，个人的认知和理解可能会因为缺乏官方解释而产生差异，从而导致信息的多样性和传播的不确定性。梁新媛等[1]通过构建 ISMR 谣言传播模型并进行仿真分析，发现权威媒体越早介入，越能有效防止谣言爆发。因此鉴于谣言控制的时效性与及时性，对于谣言传播的关键节点进行研究有助于帮助政府部门尽早实现精准定位核心谣言传播节点，从源头上阻断谣言扩散。

除此之外，张亚明等[2]重点研究了双重社会强化机制对用户在社交网络上传播谣言的影响。所谓社会强化机制，即个体在采取行动之前，会受到来自邻居乃至社会多条行动信息的叠加影响，[3] 而目前已有研究成果表明外界舆论对用户的传播行为具有重要作用[4]。考虑到谣言内在的不确定性和用户之间教育程度的显著差异等因素，用户在接收谣言后很容易做出各种不同的判断。这就形成了整个社会环境中相互对立的两种观点，产生了正面社会强化效应和负面社会强化效应两种社会强化效应，

① 梁新媛，万佑红. 媒体介入下的谣言传播模型及其控制策略 [J]. 南京邮电大学学报（自然科学版），2017，37（1）：120-126.

② 张亚明，苏妍嫄，刘海鸥. 融入双重社会强化的在线社交网络谣言传播研究 [J]. 小型微型计算机系统，2017，38（4）：705-711.

③ KARRER B，NEWMAN M E J. Message Passing Approach for General Epidemic Models [J]. Physical Review E，2010，82（1）：016101.

④ LIU C，ZHAN X-X，ZHANG Z-K，et al. How Events Determine Spreading Patterns: Information Transmission via Internal and External Influences on Social Networks [J]. New Journal of Physics，2015，17（11）：113045.

这两种效应同时影响着使用者的传播行为。具体来说，正面社会强化效应推动流言蜚语的扩散，负面社会强化效应抑制流言蜚语的扩散。数值模拟结果表明，在线社交网络中的谣言传播阈值很小，很容易传播。但加强负面社会强化效应，可以减少谣言对社会的影响，缩小其传播范围，减缓其传播速度，有效控制谣言的传播，维护国家安全和社会稳定。

　　微观模型对个体间的微观相互作用更感兴趣。微观模型在个体的相互作用中吸引了更多的注意力："谁影响了谁。"在这一类模型中，知名的模型有独立级联模型和线性阈值模型等，该类微观模型将会在本书第五章详细介绍。

三　网络舆情治理

　　网络舆情传播动力学是指网络舆情在网络空间中产生、传播和演化的规律和机制。网络舆情传播分析是传播动力学在智能传播方面的一个重要应用领域，它利用传播动力学的理论和方法，对网络上的公众情绪、观点和态度进行量化、模拟和预测，并对网络舆情的影响因素和传播机制进行深入分析，为网络舆情的监测、管理和引导提供科学依据和有效手段。网络舆情传播分析涉及多个学科的知识，如传播学、社会学、心理学、计算机科学、数学等，需要综合运用多种数据来源、分析方法和技术手段，如文本挖掘、情感分析、社会网络分析、传播模型、机器学习、人工智能等。

　　马全恩等[①]基于 SIR 的信息传播 BA 无标度网络模型，提

---

① 马全恩，张娟. 复杂网络上基于 SIR 模型的微信公众号传播机制研究 [J]. 情报科学，2018，36（7）：6.

出影响微信公众号传播的因素并非意见领袖；朱海涛等[①]则对 SIR 模型进行了改进，引入了用户相似度、信息价值和信息时效性等因素，构建了 SEIR 信息传播模型以研究对微博信息传播的影响；刘丹等[②]在 SIR 模型基础上将微博用户分为未转发、已转发和已淹没三类；由于网络传播范围较大，尹楠[③]选取了有限群体的概念，研究了在一定范围内的舆情扩散规律。张伟[④]则是从网络传播的源头出发，考虑到舆情传播的初始传播者、网络结构和初始传播者对网络舆情信息扩散具有显著影响。魏静等[⑤]基于 SIR 模型提出了一种具有衍生效应的模型，基于微博的互动特性改进了感染率以及转化率，并对影响微博舆情传播的各种因素进行了比较分析。田世海等[⑥]在 SIR 模型的基础上加入了正面情绪净化作用因素，建立了正负情绪交互作用的网络舆情演变模型，可以有效刻画舆情的动态演变过程。

在政府控制舆情的研究上，刘人境等[⑦]通过舆情信息传播过程的演化博弈模型，对政府治理不同时段的网络舆情提出了应

① 朱海涛，赵捧未，秦春秀．一种改进的移动社交网络 SEIR 信息传播模型研究 [J]．情报科学，2016，34（3）：6．
② 刘丹，殷亚文，宋明．基于 SIR 模型的微博信息扩散规律仿真分析 [J]．北京邮电大学学报（社会科学版），2014（3）：6．
③ 尹楠．有限群体内舆情危机扩散 SIR 模型及仿真模拟实现 [J]．统计与决策，2018（18）：5．
④ 张伟．基于近邻响应的 SEIR 网络舆情信息扩散模型研究 [J]．信息资源管理学报，2018（4）：11．
⑤ 魏静，黄阳江豪，林萍，等．基于改进 SIR 模型的微博网络舆情传播研究 [J]．情报科学，2019，37（6）：7．
⑥ 田世海，孙美琪，张家毓．基于改进 SIR 模型的网络舆情情绪演变研究 [J]．情报科学，2019（2）：7．
⑦ 刘人境，孙滨，刘德海．网络群体事件政府治理的演化博弈分析 [J]．管理学报，2015，12（6）：9．

对措施。陈福集等①基于 SIR 模型对网络舆情传播的几个影响因素进行了仿真分析，突出强调了政府控制舆情速度的重要性。邓春林等②考虑到舆情传播过程中信息传播者的角色可转换和网络环境因素，对舆情演化的三个阶段进行了阈值分析，指出在舆情爆发前，政府出面公开辟谣能有效阻止舆情的扩散，控制整个事件的恶化。政府在舆情爆发时和爆发后的措施只是在亡羊补牢，只能在一定范围内控制舆情传播者的数量。在媒介控制的研究方面，J. Wang 等③提出网络媒介能够控制舆情传播的范围。W. Guo 等④利用 SIS 模型建立了有关媒体报道的随机传播模型，证明了基本再生数 R_0 可以用来控制随机网络信息的传播。

谢卫红等⑤基于利益相关者理论，根据食品安全网络舆情主体与舆情事件的利益密切程度，将舆情主体分为直接利益相关者、间接利益相关者、边缘利益相关者三种类型。同时设计重复感染的 SIR 改进模型，提出 SDIERF 模型来显示网络舆情发展不同阶段感染者的发帖数量；根据突发事件的四个预警等级设计四个不同干预强度的干预等级。最后通过模拟仿真的形式，研究了这三类利益相关者中重复感染的感染者人数及其发帖数量的变化。通过实例验证了 SDIERF 模型的预测和监测效果，其

① 陈福集，游丹丹. 基于系统动力学的网络舆情事件传播研究 [J]. 情报杂志，2015，34（9）：5.
② 邓春林，何振，杨柳. 基于 SIS 模型的网络群体性事件传播及防控研究 [J]. 情报杂志，2016，35（5）：79-84+90.
③ WANG J，WANG Y Q. SIR Rumor Spreading Model with Network Medium in Complex Social Networks [J]. Chinese Journal of Physics，2015，53（1）：1-21.
④ GUO W，CAI Y，ZHANG Q，et al. Stochastic Persistence and Stationary Distribution in an SIS Epidemic Model with Media Coverage [J]. Physica A：Statistical Mechanics and Its Applications，2018，492：2220-2236.
⑤ 谢卫红，杨超波，朱郁筱. 食品安全网络舆情的重复感染 SIR 模型研究 [J]. 系统工程学报，2022，37（2）：145-160.

在潜伏阶段进行的干预取得了最佳效果。

通过分析以上学者对网络舆情传播模型的应用研究，可得出控制网络舆情传播的方法主要有以下两种：其一，政府事前辟谣，就是提高了传播模型中的免疫率，增加了初始免疫者的数量，由具有公信力的领导者来转化舆情的传播者成为免疫者，能全局性地控制舆情传播；其二，媒体及时报道，即降低易感者与感染者的感染率，减少传播者之间的直接接触，由此舆情的传播也能得到控制。

四 情绪传播

通常意义上的情绪分为三类：积极、消极和中立。基于情绪分类的研究，越来越多的学者在对传染病模型的研究中发现，用户的传播行为还会受到情绪的影响，收到消息后产生的情绪决定了其是否继续传播的行为。莱斯科韦茨（J. Leskovec）等[1]提出了一个只包含一个参数的 SIS 模型，假设所有节点以相同的概率转发一条消息，并在下一个时间点失去兴趣。然而，重要的是用户的传播行为具有个性，每个人对信息的判断是多样的，所以应当引入情绪为参考量来研究个体之间的互动关系。Z. X. Yang 等从边缘的角度提出了标准 SIS 模型。[2] 此外，Y. Zhou 等[3]和

① LESKOVEC J, MCGLOHON M, FALOUTSOS C, et al. Patterns of Cascading Behavior in Large Blog Graphs; proceedings of the SIAM International Conference on Data Mining (SDM), F, 2007 [C]. 2007.

② YANG Z X, ZHOU T. Epidemic Spreading in Weighted Networks: An Edge-Based Mean-Field Solution [J]. Physical Review E, Statistical, Nonlinear, and Soft Matter physics, 2011, 85.

③ ZHOU Y, XIA Y. Epidemic Spreading on Weighted Adaptive Networks [J]. Physica A-statistical Mechanics and Its Applications, 2014, 399: 16-23.

Y. Sun 等①分别研究了带加权网络的 SIS 模型。加权网络即将信息级联分层，并引入用户情感作为权重。当然，用户转发信息的概率既取决于用户之间的传播概率，也取决于用户之间的转发强度。如果信息体现的积极情绪越多，用户更愿意转发，则更少的用户转发反映愤怒情绪的信息。在线社交网络上的许多行为如点赞、转发等与传染病的传播有一些相似之处。用传播动力学模型来解释转发行为对于诸如主题检测、个性化消息推荐以及虚假信息监视和预防等是可行的。H. Wang 等②提出了一种基于 SIS 模型的新模型来模拟微博中的传播行为，在此模型的基础上，可以预测用户转发的推文趋势。

本章小结

　　本章首先从复杂网络出发，介绍了复杂网络的历史和基本特征，同时还介绍了经典复杂网络模型包括 WS 小世界网络模型和 BA 无标度网络模型等。接着详细介绍了传播动力学的背景和历史来源，传播动力学起源于传染病动力学，是一门研究各种传播现象的动态机理的学科。经典的传播动力学模型主要是 SI、SIR 和 SIS 模型，这些模型是传播动力学的基础，它们清晰而简单地描绘了疾病传播的过程，在很多研究中被广泛地使用。同

①　SUN Y, LIU C, ZHANG C, et al. Epidemic Spreading on Weighted Complex Networks [J]. Physics Letters A, 2014.

②　WANG H, LI Y, FENG Z, et al. ReTweeting Analysis and Prediction in Microblogs: An Epidemic Inspired Approach [J]. China Communications, 2013, 10 (3): 13-24.

时，学者们还根据对不同因素的考量，发展了包括 SIRS 模型、SEIR 模型、SCIR 模型等在内的各具特色且适用于传播动力学发展的模型。最后，本章详细介绍了传播动力学在智能传播领域的应用，主要从计算机病毒传播、谣言传播、网络舆情治理和情绪传播等方面展开，并对各方向的具体应用案例进行了全面的分析和阐述。

复杂网络作为一门新兴的学科，在近几十年迅速发展。自然界以及人类社会中存在的大量复杂系统都可以用网络来描述，几乎所有的系统都可以抽象成网络模型。而在过去的一百多年里，传播动力学也经历了令人瞩目的演变，如今已经发展成为一门综合性学科，涵盖了传染病、谣言以及计算机病毒等多个研究领域。

近年来，复杂网络传播动力学方面的研究已经有了长足的发展，越来越多的研究者试图将传播动力学与实际应用结合，为各种突发事件提供理论基础和实验依据。当前，计算机病毒造成的巨大损失使个人、公司、社会机构甚至整个国家感到担忧。由谣言引发的舆论问题也是当今社会面临的重大挑战。因此，研究传播动力学仍然是一项至关重要的任务。

目前国内外对传播动力学的研究都有一定的成果和贡献，但也存在一些不足和挑战，如理论体系的不完善、研究方法的不统一、研究数据的不充分、研究视角的不开阔等。因此，未来的研究应该加强理论创新和方法完善，扩展研究范围和深度，增加研究样本和数据，拓展研究视角和维度，以期更好地理解和应对传播动力学相关的各种现象和问题。

第四章

意见演化与观点动力学

第一节

观点动力学概念

观点，即个人对某一对象（人或事）的认知取向，作为个体的一种思维、意见和态度的表现形式，广泛存在于公众生活之中。观点在社会网络中的互动过程，也是个人通过周围人的观点不断调整自己的观点的过程，当群体观点调整稳定时，舆论（Public opinion）也就有了最终结果。近年来，借助网络平台在在线社群中发表意见和评论已逐渐成为人们的日常生活方式。网络社区中，公众通过微信、微博和 QQ 等社交媒体平台，发表自己的意见建议，但这些都是基于个人的主观感受发表的。多个观点的出现以及个体间观点的不断交互，使得群体观点逐渐呈现出一致、分散和极化等不同现象。不同的观点演变结果在传播信息的同时也为网络舆情治理带来了各种挑战，如消极观点的蔓延和恐慌观点的传播就会给舆情的治理带来一定困难。因此如何对不同观点的演化进行深入研究，对理清观点演变机制，实现舆情的合理管控，构建媒体融合发展态势具有重要的理论与现实意义。①

探索社会网络中群体观念和行为的演化规律是人类自我认识过程中的一个重要问题。早期关于社会网络的研究主要使用数学方法和算法工具研究社会网络的结构特性，尤其是借助定量方法描述个体之间的社会关系，因此也称为计量社会学。20 世纪中

---

① 刘举胜，何建佳，韩景倜，等 . 观点动力学研究现状及进展述评［J］. 复杂系统与复杂性科学，2021，18（2）：9-20.

叶，罗伯特·维纳（Norbert Wiener）在控制论方面的开创性工作为社会控制论（Sociocybernetics）的兴起奠定了基础。社会控制论关注社会系统的自组织、自适应等内在规律，探讨在何种社会机制和社会结构下一个社会系统可以自发地完成特定的协调和控制行为。社会学和系统与控制理论的结合使得社会网络的研究重心由社会网络分析转向从动态系统的角度研究社会网络中观念、行为和社会关系的演化，催生了观点动力学这一新的研究方向。

观点动力学（Opinion Dynamics），又名意见动力学、观念动力学、舆论动力学，是智能传播领域的一个重要研究方向，主要研究社会系统中个体观点的形成、传播与演化过程。[①] 它是复杂网络诸多动力学过程中的一类问题，试图从物理意义中提取出合理的动态机制，通过建模和仿真来模拟意见的一致、分裂和极化等现象，关注的主要是观点演化是否存在稳定状态、观点如何达成共识、观点达成稳定状态所需的时长、影响观点演化的因素等问题。

观点动力学属于交叉学科领域，其研究涉及传播学、心理学、社会学、管理学、政治学、应用数学、物理学、计算机科学等诸多学科，横跨人文社科研究领域与理工科研究领域。在观点动力学的相关研究中，影响观点形成和演化的因素需要通过传播学、心理学、社会学等人文社科领域的知识进行挖掘。挖掘出影响因素后，研究者需要利用数学知识，通过模型构建各个影响因素之间的逻辑关联，再运用计算机技术和物理学领域的复杂网络理论完成仿真实验，得到模拟结果。运用理工科领域的知识得到模拟结果后，对模拟结果的解读又会回归到人

---

① 王龙，田野，杜金铭. 社会网络上的观念动力学 [J]. 中国科学：信息科学，2018，48（1）：3-23.

文社科领域。① 总的来说，人文社科领域的知识为观点动力学研究提供了理论支撑，理工科领域的知识为观点动力学研究提供了技术支持。二者结合，给观点形成与演化类问题的探索研究提供了新的视角，注入了新的活力。观点动力学沿袭认知的表征性，将用户在智能社交网络空间中基于信息处理、获取、交互而产生的话语作为动态认知表征的信息流交互数据，形成了基于认知网络科学和可解释性表征的大数据分析方法，补充了智能传播情境下作为"构成"的认知微观塑造原理。

第二节

观点动力学模型

一 经典的观点动力学模型

在观点动力学中，模型主要分为三种：离散型、连续型和向量型。

（一）离散型观点动力学模型

离散型观点动力学模型用离散值来表示个体的意见。如用 0 和 1 等二元离散值分别表达不同的意见值。在这类模型中，个体总是会受到其他个体（如现实生活中的传教士、产品推销员）

① 向安玲、沈阳、何静. 舆论动力学：历史溯源，理论演进与研究前景［J］. 全球传媒学刊，2020，7（4）：17.

的观点影响。该模型背后映射的机制是"三人成虎"，如果有两个或两个以上的邻居劝说某人，会更容易成功。[①] 离散型观点动力学模型的代表是伊辛模型（Ising model）、投票者模型（Voter model）、多数裁定模型（Majority-vote model）和传教士模型（Sznajd model）。

图 4-1 是离散型观点动力学模型动力学过程的一个例子。[②] 图中每个节点代表一个个体，数字 0 和 1 代表他们的意见，节点之间的线则代表社交关系。显然，个体 A 有 7 个邻居，其中 4 个持有观点 0，3 个持有观点 1。通过引入过渡速率（transition rates），决定个体在下一时刻是否转变自己的意见状态。过渡速率往往以函数形式出现。线性的过渡速率类似于一种盲目模仿的机制，可以理解为个体根据邻居的意见状态随机改变自己的意见状态。假设此时的过渡速率是简单的 $F_{k,m} = m/k$，那么在下一个时间点 A 就会有 3/7 的概率转变为图中右侧的样子，有 4/7 的概率保持不变。

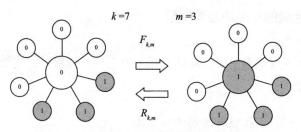

图 4-1 离散型观点动力学模型动力学过程

① SZNAJD-WERON K, JOZEF S. Opinion Evolution in Closed Community [J]. International Journal of Modern Physics C：Computational Physics & Physical Computation, 2000.

② PERALTA A F, KERTESZ J, INIGUEZ G. Opinion dynamics in social networks：From models to data [J]. arXiv, 2022.

1. 伊辛模型（Ising model）

该模型最初提出的目的是解释磁针在邻近的磁针作用和临界温度环境下的磁性变化。由于伊辛模型高度抽象，学者们将其应用到观点传播研究中，来模拟个体观点的演变。每一个磁针相当于一个独立的个体，而磁针的上、下两种状态相当于个体所具备的两种观点（是否、对错、上下、左右等），相邻小磁针之间的相互吸引或排斥作用则相当于个体与邻居之间观点的碰撞，临界温度则相当于现实生活中的环境噪声阈值。当温度过高，小磁针就会摆脱邻近磁针的影响，进入随机反转的状态。由于伊辛模型的机理简单且具有丰富的动力学行为，同时能有效地模仿二元观点的演化行为，该模型被广泛地用于股票市场、种族隔离、政治选择等不同问题的研究。

假设某一个系统中有 3 个磁针，它们彼此相连，形成一个三角形。每个小磁针有+1、−1 两种可能状态，那么所有的状态组合就如图 4-2 所示。

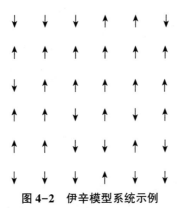

图 4-2　伊辛模型系统示例

2. 传教士模型（Sznajd model）

传教士模型是从伊辛模型扩展而来。这个模型指出：如果两个相邻个体有相同的观点，他们的邻居就会采纳这两个个体的观点。如果两个相邻个体观点不同，他们的邻居就会分别采纳这两个个体的观点。

3. 投票者模型（Voter model）

在投票者模型中，个体 i 所持有的初始观点为 $e_i = \pm 1$。随着时间的变化，个体 i 可能被邻居说服，改变了观点；或者是 i 倾向于邻居的观点，主动改变了自己的观点而与周围邻居保持一致，即 $e_i = e_j$。同时，个体可以有一定概率坚持自身的观念。虽然在整个网络中会有大量个体产生了观点的转变，但在平均意义上，个体还是受到周围人持有的多数派观点的影响。

投票者模型的许多性质被广泛研究，被推广到三维状态或更多维度状态，甚至应用于对美国大选投票结果的描述分析。① 假设有一个社区，每家每户都规则地排列在一个网格上。针对该社区的政治观点一共有 6 种，每一户 i 都持有自己的政治观点 S_i。如果用不同的颜色来表示不同户的政治观点，一种可能的初始观点状态如图 4-3 左所示。随着时间的推移，部分用户的观点被周围的邻居所影响，相同观点开始形成团簇，如图 4-3 右所示。最终，6 种观点中的 5 个将会消失，只剩下一种观点。虽然具体是哪一个无法预测，但可以确定的是系统必然收敛到一种确定的政治观点。然而，如果对模型稍作改变，每户在每个周期都会有一个小概率发生政治观点的随机变化（不变化成邻居的颜色），那么这个系统将持续演化下去，不会停留在某种固定的状态上。

4. 多数裁定模型（Majority-vote model）

该模型遵循现实世界中的"少数服从多数"规则。整个网

① FERNANDEZ-GRACIA J, SUCHECKI K, RAMASCO J J, et al. Is the Voter Model a Model for Voters？ [J]. Physical Review Letters, 2014, 112 (15)：158701.

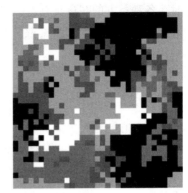

图4-3　投票者模型系统示例

络被随机分成若干小组，每个小组内的个体互为邻居，每个个体 i 所持有的初始观点为 $e_i = \pm 1$。由于受到周围个体的影响，每个个体会将自身观点改变为邻居中多数派的观点。① 具体来说，如果小组成员数为奇数，则一定存在一个多数意见；如果小组成员数为偶数，则随机加上一个偏好值，保证能够存在一个多数意见。当初始观点为+1的个体比例超过某一个阈值，所有个体最终会趋向+1，反之，则会趋向-1。

（二）连续型观点动力学模型

前面的模型都是观点离散的模型，即个体的观点是"非黑即白"的二元状态、"左倾、右倾、中立"的三元状态。在另一些场景中，人的立场并没有那么绝对，比如：企业洽谈合作事宜、陪审团达成共识，或者国家间的利益交涉、洽谈国际合作

---

① CHEN P, REDNER S. Consensus Formation in Multi-state Majority and Plurality Models [J]. Journal of Physics A General Physics, 2005, 38 (33).
VOLOVIK D, REDNER S. Dynamics of Confident Voting [J]. Journal of Statistical Mechanics Theory & Experiment, 2012, 2012 (4).

时，各利益方的观点具有连续变化的特点。① 这些问题超出了离散型观点动力学模型的解释范畴，因此研究者相应提出了连续型观点动力学模型。

1. DeGroot 模型

1974 年提出的 DeGroot 模型②是观点演化领域最早也最基础的模型，它通过对邻居和自己的观点的一个凸组合来更新自己的观点。模型假设每个个体针对一组话题，有各自的初始观点，用矩阵表示为 $x(t)$，权重矩阵为 W，那么，在 $t+1$ 时刻，观点矩阵为：

$$x(t+1) = Wx(t) \qquad (4-1)$$

在 DeGroot 模型下，不论人群的初始观点如何分布，最终一定会达成共识。图 4-4 展示了经过 200 轮的迭代之后，不论人们的初始观点是什么，最后达成共识，且共识的观点是"中庸"的而不是极端的，即在 0~1 的区间中，处在 0.5 这个中间值上。

2. Deffuant-Weisbuch 模型（DW model）

很多时候，个体往往只会跟与自己观点差异不大的邻居个体进行观点交互，研究者提出了有界置信模型（bounded confidence model），DW 模型就是一个典型的有界置信模型。

该模型中，一个网络中包含 N 个节点 M 条连接。每个节点 i 在 t 时刻持有观点 $o(i, t) \in [0, 1]$。在 t 时刻，节点 i 随机选择

① LOREWN J. Continuous Opinion Dynamics under Bounded Confidence：A Survey［J］. International Journal of Modern Physics C，2007，18（12）：1819 - 1838. FLACHE A，MAS M，FELICIANI T，et al. Models of Social Influence：Towards the Next Frontiers［J］. Journal of Artificial Societies & Social Simulation，2017，20（4）.

② DEGROOT M H. Reaching a Consensus［J］. Journal of the American Statistical Association，1974，69（345）：118-121.

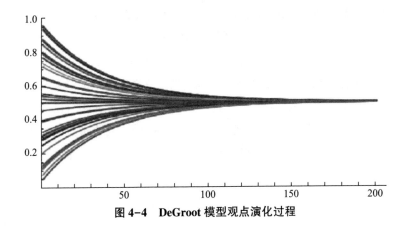

图 4-4 DeGroot 模型观点演化过程

它的一个邻居 j，j 持有观点 $o(j, t)$。如果 $|o(i, t) - o(j, t)| > d$（d 为一个常数，是观点的容忍度），那么什么都不发生。如果 $|o(i, t) - o(j, t)| \leqslant d$，则双方的观点都会向二者观点的均值靠近一些。假设 $o(i, t) < o(j, t)$，则有

$$
\begin{cases}
o_i(t+1) = o_i(t) + u_i[o_j(t) - o_i(t)] \\
o_j(t+1) = o_j(t) + u_j[o_i(t) - o_j(t)]
\end{cases}
\tag{4-2}
$$

其中，u 是一个常数，表示每次观点平移的收敛参数。由于这一观点收敛的机制存在，当 d 非常大时，则所有观点会达成共识；当 d 较小时，大家都保持自己的观点不变，则网络中的观点是碎片化的，一盘散沙；而当 d 取一个恰当的值时，网络中很可能形成几个主流的观点，这些观点消灭了其他弱小的观点，而它们自己相互之间则处于对立状态。谈判者模型有着广泛的适用性。例如，在国家遭受侵略战争时，国民很可能放下成见，结成抗击侵略的统一战线；也可能全体人民选择消极抵抗，一致投降。此外，谈判者模型可以看作民众对信息的接受程度。比如，一条新消息在网络中散播，有些人会很快地接受

这一信息，而有些人则会保持观望，接受的程度没那么高。

3. Hegselmann-Krause 模型（HK model）

如果说谈判者模型是连续状态下的表决者模型，那么 HK 模型就是连续状态下的多数裁决模型。机会主义者只跟那些距离它的观念不太远的人交流，并把这些人的平均的观念作为自己的观念。根据这一机制，HK 模型的核心过程如下[①]：每个节点的观念 o_i 受到它周围观念阈值 r 里所有邻居的观念均值的影响，即

$$o_i(t+1) = \frac{1}{|N_i(t)|} \sum_{j \in N_i(t)} o_j(t) \qquad (4-3)$$

其中 $N_i(t)$ 是节点 i 在 t 时刻观念阈值内的邻居节点集合，即 $N_i(t) = \{j, |o_j(t) - o_i(t)| < r\}$。从而，节点 i 的观点表示为它的所有邻居中位于置信区间范围内的邻居的平均观点。

二 改进的观点动力学模型

学者们围绕观点动力学融合个体交互的新特征对观点动力学模型进行了广泛研究和改进。主要包括个体特征、行为特征、观点特征、外部环境等改进角度。

个体在观点的演变过程中，会呈现出个体的坚持度、观点的偏见与偏激性、个人的知识层次等自身特征。基于此，傅桂元等考虑了基于群体的异质有界信度的连续意见动态。首先，研究提出了一个略加修改的 MHK 模型，并根据相应的置信区间将个体分为思想开放、思想温和和思想封闭三个子群体。其次，

---

① HEGSELMANN R. Opinion Dynamics and Bounded Confidence Models, Analysis and Simulation [J]. Journal of Artificial Societies & Social Simulation, 2002, 5 (3): 2.

进行数值模拟，分析心胸狭窄和心胸开阔的个体以及种群规模对意见动态的影响，结果表明：在种群规模固定的情况下，思维封闭的个体所占比例越大，意见集群就越多；思维开放的个体并不能促进不同意见的形成，相反，他们的存在可能会使最终意见多样化；同样有趣的是，随着思想开放的个体比例的增加，最大意见群的相对规模会沿着类似于"凹-抛物线"的曲线变化；在三个亚群比例相同的情况下，随着人口数量的增加，最终意见群的数量会在开始时增加，然后达到一个稳定的水平，这与之前的研究有很大不同。[1]

斯托弗（D. Stauffer）等人将一维 Sznajd 模型进行改进，提出了二维 Sznajd 模型。对 104 个大小为 $L \times L$ 的样本进行平均（其中 $L = 101$），每个样本都可以向上或向下按照随机顺序更新（在水平方向上按照螺旋边界条件更新，在垂直方向上按照缓冲线和周期边界条件更新），在该模型中，使用了六种不同的规则，一维 Sznajd 模型"合则立，分则亡"的原则被推广到具有类似固定点的二维网络上。[2]

在观点演化过程中，个体在观点交互过程中的行为特征也会影响观点的演化。何建佳等为了更好地刻画舆论的演变模式，借鉴 HK 模型交互的建模思想，考虑了影响舆论演化的个体之间的亲和度这一因素，构建了扩展 HK 模型，在此模型上集中分析了观点坚持度、个体亲和度、意见领袖支持者比例对舆论演化的影响机理。定义 $N \times N$ 的非负矩阵 Q 为亲和度矩阵，其中 Q 的取值服

① FU G, ZHANG W. Opinion Dynamics of Modified Hegselmann-Krause Model with Group-based Bounded Confidence [J]. IFAC Proceedings Volumes, 2014, 47 (3)：9870-9874.

② STAUFFER D, SOUSA A O, DE OLIVEIRA S M. Generalization to Square Lattice of Sznajd Sociophysics Model [J]. International Journal of Modern Physics C, 2000, 11 (6)：1239-1245.

从随机均匀分布，$Q \in [0, 1]$，Q 的大小表明了个体之间的关系是否亲和，Q 越大，则个体之间的亲和度越大，那么个体之间的关系可能是亲人、朋友、同学等强社会关系，这种关系下传播的舆论相对来说可信度较高；Q 越小，则个体之间的亲和度越小，个体之间的关系可能是素不相识的陌生人等弱社会关系，这种关系下传播的舆论相对来说可信度较低。在现实生活中，两个个体的亲和度足够高时，可能观点的真实度对个体的影响便显得不是很重要。研究发现：较小的初始坚持度、较大的亲和度和亲和度阈值，较大比例的意见领袖支持者都可以有效促进舆论发生演化，促使舆论观点快速收敛，形成一致观点。这一研究结果为舆情管理部门处理重大舆情提供了有效的政策依据。[①]

在观点演化过程中，部分观点信息也可能会相互冲突，学者们针对上述情况对经典观点动力学模型进行了改进。比如赵真熙（J. Cho）等提出了一个基于主观逻辑（Subjective Logic，SL）的观点动力学模型，将观点定义为相信、不相信和不确定，探究了当个体面对冲突信息和不确定信息时，个体意见的演化过程。在当前的"SL"观点形式中，当两个个体相互影响并根据"SL"提供的共识算子更新他们的观点时，只要接收任何信息，甚至是相互矛盾的证据，不确定性就会不断降低。然而，在现实中，如果一组证据相互冲突或者支持相反立场的证据数量相等，人们往往会感到困惑，从而导致更高的不确定性。与已有研究以数字的形式来表达观点的方式不同，此模型是根据不同维度做出对观点的组合定义，分别表示个体对某一观点的信赖程度和不信赖程度，对某一观点的不确定程度和相关知识

---

① 何建佳，刘举胜. 基于扩展 Hegselmann-Krause 模型的舆论演化模式研究 [J]. 情报科学，2018，36（1）：158–163.

储备。研究结果表明，即使在高度不确定的情况下，个体先前对虚假信息的不信任也有助于引导他们做出相信真实信息的决策。此外，在网络中拥有更多的真实信息提供者可以显著增加相信真实信息的代理数量，而且这种效果比由较少的真实信息提供者更频繁地传播真实信息更为明显。①

部分学者认为观点在演化过程中会受到外部环境的影响。为了探索网络舆论扩散现象背后的复杂系统机制，于同洋等基于 Deffuant 模型建立了网络舆情扩散的结构逆转模型，该模型从两个方面对 Deffuant 模型改进，一是将个体自身的观点值转化为交互时的感知值，将连续型观点动力学模型转化为离散型观点动力学模型；二是引入宏观的社会转型因素的影响。仿真结果显示，社会转型因素正向地影响网络舆情扩散，社会转型程度高，则网络舆情结构逆转时的舆情扩散程度更高；群体异质性水平正向地延缓网络结构逆转现象，利益群体规模越大，则网络舆情结构逆转越难以完成。社会转型背景下社会和谐的程度有所不同，影响着网络空间群体参与舆情的行为，因此可以从社会转型这个宏观因素出发，来研究网络舆情传播结构逆转现象的动力学特征。用观点动力学理论来研究网络舆情在网络空间扩散的复杂性，更接近真实的网络舆情现象。该研究探索了网络舆情结构逆转背后的计算机制，通过微观的观点扩散分析，对经典的 Deffuant 模型进行扩展，既考虑个体观点的连续假设，也考虑个体观点被感知的离散性，建立网络舆情逆转的模型以揭示结构逆转现象，解释群体异质性、社会转型对网络舆情结构逆转的影响，并揭示网络舆情结构逆转的复杂系统机制。该

---

① CHO J H, COOK T, RAGER S, et al. Modeling and Analysis of Uncertainty-Based False Information Propagation in Social Networks; proceedings of the IEEE Global Communications Conference, F, 2017 [C]. 2017.

模型能在一定程度上解释网络舆情扩散的结构逆转现象，可以为实践中网络舆情的管控提供理论参考与决策支持。[①]

第三节

观点动力学模型在智能传播中的实际应用

一　政治决策与政治传播

大众媒体的迅猛发展，使其成为政治信息的主要来源，塑造了公众对政治议题的认知和态度。通过广播、电视、互联网等渠道，政治参与者可以传播他们的观点和政策主张，与大众进行互动和对话。于是，在当今的社会背景下，大众媒体在政治进程中发挥着决定性的作用。它们通过报道、评论和舆论引导，塑造着公众对政治事件和候选人的看法。媒体的选择性报道和立场也会影响选民的意见和决策。政治体系和媒体行业之间形成了一种相互依存的关系，政治精英和候选人需要媒体的曝光和支持来推广他们的政治议程，而媒体则依赖政治事件和选举来吸引观众和广告商。此外，大众媒体还为政治宣传设定了条件。政治参与者通过媒体平台展示他们的政策主张和形象，争取选民的支持。媒体的报道方式、信息的选择和强调，都会对选民的认知和投票行为产生重要影响。

---

① 于同洋，肖人彬，侯俊东. 网络舆情结构逆转建模与仿真：基于改进 Deffuant
　模型 [J]. 复杂系统与复杂性科学，2019，16（3）：30-39.

公民的政治活动，尤其是选举，是决定领导者和政策的重要方式之一。选民的观点和决策对选举结果产生重要影响。因此，深入理解选民观点的形成和演变机制对于预测选举结果和制定有效的政治策略至关重要。观点动力学模型为我们提供了一种新的视角，帮助揭示选举过程背后的动态机制，并为政治决策者提供了有力的工具。观点动力学模型能够深入研究和预测选民观点的演化和传播。通过构建适当的模型，我们可以模拟选民之间的相互作用和观点的演变过程，从而更好地了解选民行为和观点形成的复杂性。观点动力学模型考虑了选民之间的社交网络、意见领袖的影响以及信息传播的过程等因素，帮助我们更准确地预测选举结果。模型考虑到人们受周围人观点的社会影响，并倾向于与观点相似的人进行交流，这使我们能理解选民如何受家人、朋友和媒体等社会关系的影响，从而形成自己的观点和倾向。这些模型也揭示了选民观点的变化和极化趋势。模型中考虑到观点可以随时间变化，且受其他人观点传播的影响。通过模拟观点演化过程，我们可以研究观点的分布和极化程度，进一步了解选民的观点倾向和可能的选举结果。它也能帮助我们分析选民的不确定性和策略行为。选民在投票决策时考虑多种因素，并在一定程度上基于随机性做出选择。通过引入不确定性因素，模型可以模拟选民的决策过程，预测选举结果，并分析不同策略对选民行为的影响。

同时，观点动力学模型的应用还可以为政治决策者提供有效的工具，帮助他们制定更具针对性和有效性的政治策略。通过深入研究选民观点的形成过程和演变机制，政治决策者可以更好地理解选民的需求和态度，并根据这些信息调整和优化自己的政策主张。观点动力学模型的预测能力可以为政治决策者提供有价值的参考，使他们能够更加准确地预测选民行为和选举结果，从而更好地应对政治挑战和制定决策。

下面以 Galam 观点动力学模型（以下简称"Galam 模型"）为例，介绍其在 2000 年美国总统选举和 2002 年德国议会选举中的应用过程。

Galam 模型是舆论演化领域的重要模型之一，由法国社会物理学家瑟杰·格拉姆（Serge Galam）最早提出①，旨在描述和预测人群中观点的演化和传播，Galam 模型基于以下几个核心假设：

（1）观点动态：该模型认为人们的观点是动态变化的，受到他们周围环境和其他人的观点影响。人们可能会改变自己的观点，或者保持原有观点。

（2）极化效应：模型中考虑了极化效应的存在。即人们更倾向于受到与自己观点相似的人的影响，而忽视与自己观点相反的人的意见。

（3）不确定性：该模型认为人们在做决策时存在一定的不确定性。人们在考虑观点时会权衡不同的因素，并在一定程度上基于随机性做出决策。

最基本的 Galam 模型关注的是两种观点（A 和 B）在群体中的传播过程。假设群体中有 n 个个体，每个个体都持有 A 和 B 两种观点中的一种。模型中的底层 level 0 由这些个体构成，其中持有 A 观点的个体比例为 p，持有 B 观点的个体比例为 $1-p$。这些比例可以影响观点在群体中的传播和演化。根据设定的选举规则，将群体随机划分为若干组，每个组内的成员是从整个群体中随机选择的。选举规则可以是多数原则函数，也就

① GALAM S. Contrarian Deterministic Effect: The "Hung Elections Scenario" [J]. Physica A: Statistical Mechanics and its Applications, 2004, 333: 453-460.

是根据多数人的观点来决定代表的选择。每个组根据选举规则选出一个代表，这些代表组成了模型中更上一层的 level 1，它代表了整个群体中的决策层面或组织结构，可以是群体的决策者、领导者或代表等。以此类推，我们能够继续选出更上层 level 2、level 3……Galam 模型的基本原则是"少数服从多数"，即在群体的局部范围内，个体倾向于以少数服从多数的方式达成一致或选出群体的代表。这意味着当某个观点的比例在群体中超过一定阈值时，该观点将更有可能在群体中占主导地位。通过使用 Galam 模型，研究者可以模拟和分析不同观点比例对群体中观点演化和达成一致的影响，帮助我们理解舆论的形成和演化过程，以及少数观点如何影响整个群体的决策和行为。

接着他们引入了逆反者的概念，首次研究了逆向选择对观点形成的动态影响。逆反者是一类特殊的个体，他们在模型中的行为方式与其他代理人有所不同。通常情况下，个体受到周围人的观点的影响，并倾向于与其相似的观点。然而，逆反者具有相反的倾向，他们更倾向于与周围人的观点相反，即持有与主流观点相悖的观点。在选举或决策过程中，无论他人的选择是什么，逆反者都会做出与之相反的选择，其作用是引入一种反对主流观点的力量。一个地方群体在多数规则的驱动下达成共识，就存在一些人一旦离开群体，就会转向相反的观点意向。逆反者的存在可以对整个观点演化过程产生重要影响。当主流观点在人群中传播时，逆反者会故意选择与之相反的观点，并通过与其他代理人的交互来传播自己的观点。这种行为可能会引起其他代理人的关注和思考，促使他们重新评估自己的观点。逆反者的观点与主流观点相悖，因此可以提供一种与当前主流观点相反的观点。这种对抗作用可以激发人们的思考和辩论，促使他们更加深入地探索和评估不同的观点，打破人群中的认同团结，引发对观点的重新思考和重塑；逆反者的观点与主流观点相反，因此他们在整个观点传播过程中可能面临更大的障碍和阻力。其他个体可能对逆反者的观点持怀疑态度，并更倾向于与主流观点一致。逆反者的观点传播可能受到限制，但他们的存在仍然可以提供一种反对声音，挑战主流观点，并促进多样性和辩论。

在逆反者存在的条件下，研究者的实验结果显示，逆反者的引入改变了观点形成的演化过程，并产生了新的动力学特性。在低逆反者浓度的情况下，出现了一个新的混合相，也就是两种观点共存。这种情况下，群体分为两个阵营，支持不同的观点，并且存在明显的多数派和少数派。当逆反者浓度超过一定阈值后，发生了相变，群体观点进入了一个新的无序相。在这个阶段，两种观点的比例趋于相等，没有明显的多数派存在。群体中的个体会不断改变自己的观点，但整体上没有出现明显的多数派。

这一发现表明，逆反者对观点演化过程和群体行为的结果具有显著影响。逆反者的存在改变了群体内部观点的动态平衡，可能会导致观点的共存和无序状态的出现。格拉姆认为，他们的研究结果可以用来解释 2000 年美国总统选举和 2002 年德国议会选举中发生的悬而未决现象。这些现象不是偶然驱动的，而是逆反者存在的决定性结果，由于存在逆反者，选民观点无法形成明确的多数派。这样的假设如果被证明是正确的，则意味着"选举悬而未决"在不久的将来可能成为一种普遍现象。通过使用双态的观点动力学模型，我们能够观察到多数—少数群体和无序相等现象，并将其与真实选举进行比较和讨论，达到政治预测的目的。

此外，还有许多学者也研究了观点动力学模型在政治决策上的作用。

阿尔巴尼斯（Federico Albanese）等[①]认为大众传媒在政治舞台上扮演着核心角色，在公民观点形成过程中具有强烈的说服力。特别是在选举期间，由于在选举日之前可以获得与候选人和民意调查相关的新闻，因此可以对大众传媒与公民行为之间的关系进行监测研究。为了深入了解这一关系，他们基于对报纸和全国选举调查的语义分析，从《纽约时报》、福克斯新闻和布莱巴特三家不同的大众媒体获取数据，为了比较模型的输出结果还使用了民意调查的数据，据此提出了一种新颖的二维数据驱动大众传媒模型，并利用该模型分析了单一影响机制应如何再现选民的行为。他们方法的新颖之处在于以下假设：公民通过大众传媒了解候选人，并做出相应的反应，在选举背景下，捕捉媒体与公民之间互动本质的相关要素是媒体投射的候选人形象，可以对与关键要素相关的媒体进行情感分析，从而利用二维图表进行预测。这个案例研究观点的形成、演化和传播，并考虑了个体之间的相互作用，描述了大众传媒通过塑造媒体投射的候选人形象来影响公民观点形成的过程，提供了研究者关于观点动力学模型影响机制的一些见解。利用简单可行的动态规则，研究者发现该模型的预测与民意调查之间存在显著的一致性，这有助于理解读者与媒体之间互动的内在机制，通过监测大众传媒的报道和选民的行为，能够更好地了解选民如何受到媒体报道的影响，并进一步分析这种影响的机制，这对于政治竞选活动和民意调查都具有重要的意义。

---

① ALBANESE F, TESSONE C J, SEMESHENKO V, et al. A Data-driven Model for Mass Media Influence in Electoral Context [J]. arXiv, 2019.

克劳迪斯·格罗（Claudius Gros）① 认为现代社会面临的挑战是，与政治决策的时间尺度相比，观点形成的时间尺度在不断缩短。政治制度的动态与适时制造等制造过程有某些基本相似之处，政治机构如议会、政府等对选民需求的变化做出反应，经济和文化的时间性是由创新、变革和更替的更快周期所驱动的，而政治时间则保持在较高水平。由于政治决策的时间尺度与选举周期的时间尺度保持一致，研究者在此研究了这样一种情况，即一个社会的政治状态由不断演变的选民价值观决定。在这一假设下，他们发现选举周期固有的时滞将不可避免地导致相应国家的政治不稳定，这些国家的特点是观点动态发展速度加快，对主流价值观的偏离高度敏感（政治正确性）。他们的研究结果基于这样一个观察：只要时间延迟与适应稳定状态所需的时间相当，动态系统就会变得普遍不稳定。此外，从外部冲击中恢复所需的时间也会在接近过渡阶段时急剧增长。他们对相关时间尺度数量级的估算表明，一旦选民政治价值观演变的总时间尺度低于 7~15 个月，社会政治就会出现不稳定的情况。研究者通过考察选民价值观演变对政治稳定性的影响，揭示了观点动态与政治动态之间的紧密关联，研究结果提供了关于观点动力学和政治系统相互作用的见解，为理解现代社会中的政治挑战提供了有价值的信息。

贝尼希·斯文（Banisch Sven）等② 指出，尽管解释民意交流动态的模型数量庞大、种类繁多，但利用经验数据来证明模

① GROS C. Entrenched Time Delays Versus Accelerating Opinion Dynamics：Are Advanced Democracies Inherently Unstable？[J]. European Physical Journal B，2017，90（11）：223.

② SVEN B，ARAJO T. On the Empirical Relevance of the Transient in Opinion Models [J]. Physics Letters A，2010，374（31）：3197-3200.

型结果的尝试却相对罕见。由于与真实数据的联系对于建立模型的可信度至关重要，他们通过该实验将民意观点模型与真实选举数据联系起来。该模型将民众的观点表示为向量。根据相似性导致互动，互动导致更多相似性的原则，个体之间进行互动。在与真实数据的比较中，他们将重点放在动态过程中形成的瞬态观点情况上。该研究为捕捉公众观点动态及其与选举行为的联系提供了有力的证据，展示了如何利用经验数据验证民意观点模型，提供了关于捕捉公众观点动态及其与选举行为联系的有力证据，为观点动力学研究提供了实证验证的方法。

马奎斯（Bravo-Marquez）等①对 2008 年美国大选期间的 Twitter 数据进行了深入的实证研究。他们的主要目标是确定这些基于 Twitter 的民意时间序列是否具有足够的稳定性和可靠性，从而可以用于生成有效的预测模型。他们了解了时间序列的基本趋势和周期性变化，评估了这些时间序列的条件均值，并通过条件方差和波动性评估了民意时间序列的稳定性。通过分析，研究者发现，表现出高度波动性的民意时间序列并不适合用于长期预测。这意味着，尽管 Twitter 上的数据可以为他们提供关于公众观点的即时反馈，但如果他们想要预测未来的观点趋势，那么仅仅依赖这些数据可能是不够的。此外，由于在研究中并没有找到足够的证据来支持所谓的观点时间序列预测能力，研究者还讨论了如何对时间序列生成的预测模型进行更严格的验证，从而为观点挖掘领域带来真正的价值。

① BRAVO-MARQUEZ F, GAYO-AVELLO D, MENDOZA M, et al. Opinion Dynamics of Elections in Twitter; proceedings of the Eighth Latin American Web Congress, F, 2012 [C]. IEEE, 2012.

贾米·欧杰（J. Ojer）等①认为了解舆论去极化过程对于减少我们社会中的政治分歧至关重要，据此，他们提出"社会罗盘"观点动力学模型。该模型适用于两极空间中相互依存的话题。社会罗盘模型的核心思想是，人们的观点受到两种力量的影响：社会影响力和个人偏好。社会影响力是指个体受到周围人观点的影响，而个人偏好则是个体内在的倾向。在这两种力量共同作用下，观点在社会中传播和演化。当话题相互独立时，社会影响力增强了观点的分化，导致两极分化的局面。然而，当话题相互依存时，社会影响力的增强反而可以促使观点去极化。这是因为相互依存的话题使得人们更容易接触到不同观点，从而更有可能接受和采纳其他观点。通过数值模拟，利用美国国家选举研究中的初始观点分析（包括极化和相互依存的话题），该研究验证了社会罗盘模型的可行性，并展示了在具体情境下观点去极化的过程。研究结果表明，如果话题之间没有关联，随着社会影响力的增加，从极化到共识的相变是急剧性的。这一研究为我们理解和促进社会舆论去极化提供了重要的理论框架和实证支持。

刚达克·塞姆拉（Gunduc Semra）②建立了一个观点动力学模型，分析了竞选期间社交媒体对舆论形成过程的影响。在所提出的模型中，个体点对点互动和有针对性的在线宣传信息被假定为舆论形成动态的驱动力。有针对性的信息被模拟为外部

① OJER J, STARNINI M, PASTOR-SATORRAS R. Modeling Explosive Opinion Depolarization in Interdependent Topics [J]. Physical Review Letters, 2023, 130 (20): 6.

② SEMRA G. The Effect of Social Media on Shaping Individuals Opinion Formation; proceedings of the International workshop on complex networks and their applications, F, 2019 [C]. 2019.

交互信息源，会使一些意志薄弱的个体改变立场。实验结果表明，极小的外部影响就会打破民意分布的均匀性，从而对选举结果产生重要影响。所得到的民意波动时间序列与实际选举投票结果非常相似。

特拉维索（G. Travieso）和科斯塔（L. D. Costa）[1] 两位研究者进行了一项关于选举结果的深入研究。他们的主要观点是，选举结果并非偶然产生，而是由一系列影响选民观点形成的社会因素决定的。这些因素包括但不限于选民之间的相互作用网络、观点的传播动态。为了更深入地研究这一现象，他们使用一个类似于在复杂网络上传播简单观点的观点动力学模型来研究比例选举的结果。他们将 Erdos-Renyi 模型、Barabasi-Albert 模型、规则网格和随机增强网络作为底层社会网络的模型。这些模型各有特点，但都能够帮助研究者更好地理解社会网络的结构和特性。通过对这些模型的研究，他们发现，这些模型能够很好地模拟真实选举中观察到的一些关键现象，例如候选人获得特定选票数量的幂律行为。具体来说，这些模型能够准确地模拟出正确的斜率、更大选票数量的截断以及较小选票数量的平台等现象。此外，他们还发现，底层网络的小世界特性对于幂律行为的出现起着至关重要的作用。这意味着，只有当底层网络具有小世界特性时，才能产生幂律行为。这一发现对于理解选举结果的形成机制具有重要的理论意义。

亚历山德鲁·托普莱斯内（Alexandru Topirceanu）[2] 认为选举预测是一项具有高度社会影响力的持续性科学挑战，因为当

[1]　TRAVIESO G, COSTA L D. Spread of Opinions and Proportional Voting ［J］. Physical Review E, 2006, 74（3）: 7.

[2]　TOPIRCEANU A. Electoral Forecasting Using a Novel Temporal Attenuation Model: Predicting the US Presidential Elections ［J］. Expert Syst Appl, 2021, 182: 10.

前的数据驱动方法试图将统计数据、经济指数和机器学习有效地结合起来。然而，最近的网络科学研究指出了时间特征在观点传播中的重要性。因此，他们结合了微观观点动态和时间流行病的概念，开发了一种新颖的宏观时间衰减（TA）观点动力学模型，利用选举前的民调数据来提高预测的准确性。假设民意调查的公布时机对民意的振荡起着重要作用，尤其是在选举前夕。因此，他们将观点动量定义为一个时间函数，当观点被注入选民的多观点系统时，该函数会反弹，而在放松状态时，该函数会减弱。研究者利用 1968～2016 年美国总统大选的调查数据验证了观点动量，在 13 次总统大选中，观点动量的结果有 10 次优于统计方法以及当时最好的民调机构。他们介绍了两种不同的 TA 模型实现方法，它们在多年内累积的平均预测误差远低于统计方法的累计误差和最佳民调机构的累计误差。研究显示，与现有技术相比，TA 模型大大提高了预测性能，同时在民调相对较少的情况下，它的有效性也并没有下降，随着选前调查的不断增加，TA 模型将成为其他现代选举预测技术的参考。

综上所述，智能传播的概念和技术的发展为我们提供了更全面、准确地了解选民行为的机会。它能够利用人工智能和大数据分析等技术来更好地理解和引导信息传播过程，帮助我们分析选民的社交媒体行为、网络搜索习惯和信息消费偏好等，从而使我们更好地了解选民的观点和态度。例如，社交媒体平台上的信息传播和舆论引导对选民的观点形成具有重要影响。通过分析选民在社交媒体上的行为和互动，可以预测选民的观点倾向，并为政治候选人和政治团体提供有针对性的信息传播策略。综合观点动力学和智能传播的技术，我们可以建立更准确的模型，分析选民之间的相互作用和观点演化过程，更全面地了解选民的行为和态度，从而提高预测的准确性。同时，通过分析选民的观点形成过程和信息传播渠道，我们可以为政治候选人和政治团体提供有针对性的策略建议，也可以更好地引导舆论，影响选民的意见和态度，这对于制定政治策略和舆论引导具有重要意义。

二　谈判与群体决策

随着观点动力学的不断发展和完善，其在谈判与群体决策领域的应用也越来越广泛和深入。在谈判中，观点动力学可以帮助我们更好地理解谈判双方的立场和需求，从而调整谈判策略，提高谈判的成功率。通过对谈判过程中观点动态的追踪和分析，我们可以预测谈判对象的让步和底线，从而做出更为明智的决策。

而在涉及政府与民众关系的群体决策领域，观点动力学可以揭示群体内各个成员的意见和态度，帮助政府更好地理解民众的共识和分歧。通过对群众观点动态的监测和分析，政府可以预测群体决策的结果，并及时调整策略和方案，提高决策的效率和效果。此外，观点动力学还可以帮助政府更好地理解和评估各种风险和不确定性，为谈判和群体决策提供更为全面和准确的依据。

学者们研究了观点动力学在谈判与群体决策领域的其他应用情况。熊菲等①为研究互联网个体交互、描述网络舆论演化与群体意见形成，建立了人员个性不完全信息博弈的策略选择模型，并对其进行了仿真和分析。他们根据网络交互的信息不对

---

① 熊菲，刘云，司夏萌，等. 不完全信息下的群体决策仿真 [J]. 系统工程理论与实践，2011，31（1）：151-157.

称性，提出了基于个体自信程度的不完全信息的支付矩阵，并使用海萨尼转换分析了博弈的贝叶斯纳什均衡，进一步引入了个体记忆，通过交互进程更新了个体对邻居个性的认识。仿真结果表明，在不完全信息环境下，系统收敛时间更短，信息传播更快。他们的研究内容有助于理解网络事件更易产生一致意见的演化规律，为网络舆论的引导策略制定提供参考和借鉴。这项研究是对观点动力学的扩展，延伸了观点动力学通常关注的群体观点传播和演化，更注重个体的策略选择和信息交互，为观点动力学提供了一个从个体行为到群体行为的建模框架。

Li S 等[1]在认识到决策环境受到社会和经济快速发展的巨大影响，基于社交网络的大规模群体决策（LSGDM）已成为决策科学领域的一个重要研究课题这一现状后，提出了一个基于社交网络的新框架，来管理面向不完全信息的大规模群体决策的共识达成过程。他们指出大规模群体决策与群体成员之间的意见演变密切相关，是观点动力学的应用范畴。在该框架中，首先使用基于社交网络的子组检测算法将大规模组划分为几个较小的子组。然后，他们提出了一种基于协同过滤算法的估计方法，用于估计每个子组中意见领袖的缺失偏好信息。他们提出的处理大规模群体决策中达成共识过程的两阶段动态影响模型始于将大规模群体决策过程转换为几个较小的子群决策过程。在第一阶段，基于意见演变，为每个小组内的共识达成过程提出了一个共识模型。在第二阶段，他们将每个子组视为一个决策单元。他们通过关注小组之间的共识问题，制定了一种新颖的意见领袖反馈策略，以帮助小组修改意见，努力达成共识。

① LI S, WEI C. A Two-stage Dynamic Influence Model-achieving Decision-making Consensus within Large Scale Groups Operating with Incomplete Information [J]. Knowledge-Based Systems, 2020, 189: 1-14.

在这个研究中，他们还提供了一个应用程序的例子来说明所提出的模型在大规模群体决策中管理共识达成过程的有效性。

这些成果也被运用到一些谈判与群体决策的具体场景和案例之中，例如大型工程决策、情绪分析挖掘民意、社交网络群体决策等。

根据董玉成（Y. Dong）等①的论述，在社交网络群体决策中，共识达成过程用于帮助具有社会关系的决策者达成共识，我们可以将其分为两种范式：基于信任关系的共识达成过程范式和基于意见进化的共识达成过程范式。到目前为止，学者们已经在社交网络群体决策中进行了许多共识达成过程研究，更有很多学者在两个基本范式的基础上，引入了一些新的基准，增加了很多有意义的思考。

例如，张杨静婧等②提出了基于信任进化的社交网络群体决策达成共识。个体间的信任度在社交网络群体决策中起着重要作用。在大多数现存的社交网络群体决策研究中，个体间的信任度被认为是随着时间的推移而不变的。然而，在一些社交网络群体决策场景中，由于个体之间意见相似性的变化，个体的信任度会随着时间的推移而变化。在这项研究中，他们讨论了具有信任进化的社交网络群体决策中的共识达成问题。具体而言，首先提出了一个具有信任进化的达成共识问题，然后提出了其解决框架。在这个框架下，他们建立了信任进化模型，其中个人在下一次的信任度由个人的历史信任度和此时的意见相

① DONG Y, ZHA Q, ZHANG H, et al. Consensus Reaching in Social Network Group Decision Making：Research Paradigms and Challenges ［J］. Knowledge-Based Systems, 2018, 162：3-13.

② ZHANG Y, CHEN X, GAO L, et al. Consensus Reaching with Trust Evolution in Social Network Group Decision Making ［J］. Expert Syst Appl, 2022, 188：1-17.

似性决定。基于此，他们设计了一种新的共识达成过程，包括基于观点动力学的内生反馈机制和基于信任进化的外生反馈机制。此外，他们还提供了两个应用程序来说明所提出的新的共识达成过程。研究结果表明：在共识达成过程中引入观点动力学作为内生反馈机制，可以加速达成共识的进程；信任度的演变对群体共识的达成有显著影响，这可能是有益的，也可能是破坏性的。

乌雷纳（R. Urena）等①则在基于信任的条件下加入了基于声誉的研究，这是对观点动力学共识达成过程基准的又一开创性补充。在线平台培养了互联网的通信能力，以发展大规模的影响力网络，在这种网络中，可以根据信任和声誉来评估互动的质量。到目前为止，这项技术以在亚马逊和 eBay 等在线市场建立信任和利用合作而闻名。然而，这些机制将对更多场景产生更广泛的影响，包括大规模的决策程序，如电子民主中隐含的程序、关于电子健康环境或影响的基于信任的建议以及电子营销和电子学习系统中的绩效评估。据此，研究者们调查了在理解信任和声誉体系带来的新可能性和挑战方面的进展。他们讨论了信任、声誉和影响力，这是在基于网络的沟通机制中支持信息、产品、服务意见和建议价值的重要措施；分析了在分布式网络场景中估计和传播信任与声誉的现有机制，以及如何将这些措施集成到决策中，以在代理之间达成共识。此外，他们还概述了作为社交网络一部分的意见动态和影响力评估方面的相关工作。最后，他们确定了利用所谓的基于信任的网络作为影响措施，在知识不确定的复杂社交网络场景中促进决策过

---

① URENA R, KOU G, DONG Y, et al. A Review on Trust Propagation and Opinion Dynamics in Social Networks and Group Decision Making Frameworks [J]. Information Sciences, 2019, 478: 461-475.

程和推荐机制的挑战和研究机会。

还有一些更新颖的研究角度也在涌现，比如陈霞（X. Chen）等①描述了基于价值观进化的社交网络群体决策中的共识操纵。意见进化是社交网络群体决策中的一种常见现象，其中的关键问题是如何对个人之间的信任权重进行建模。在社会和经济网络中，个人之间的联系代表了可以提供价值的信任关系。然而，现有的关于信任权重分布的研究没有考虑到个人的网络价值。此外，在某些情况下，外部利益相关者可能希望操纵意见演变过程，以实现预期的共识结果。因此，他们的研究提出了基于价值的意见进化，并讨论了社交网络群体决策中的共识操纵。首先，他们测量了个人在网络中的总价值，它由两部分，即内在价值和网络价值组成。值得注意的是，他们使用经济学作为算子的替代的恒定弹性来聚合内在价值和网络价值。在此基础上，他们描述了基于价值的观点动力学共识达成模型，并建立了基于价值意见进化的社交网络群体决策的基于优化的共识操纵模型。此外，他们还进行了一些敏感的分析，这些分析表明，个人在网络中的价值随着衰减因子的增加而增加，随着替代弹性的降低而减少，并提供了一个比较分析，该分析扩展了在为基于价值的意见演变建模时，考虑衰减因子和替代弹性的重要性。最后，他们提出了一个众筹项目选择的假设应用程序，以说明所提出的基于优化的共识操纵模型的适用性。

董庆兴（Q. Dong）等②考虑到基于专家间动态关系的共识，

① CHEN X, LIANG H, ZHANG Y, et al. Consensus Manipulation in Social Network Group Decision Making with Value-based Opinion Evolution [J]. Information Sciences, 2023, 647: 119441.

② DONG Q, ZHOU X, MARTINEZ L. A Hybrid Group Decision Making Framework for Achieving Agreed Solutions Based on Stable Opinions [J]. Information Sciences, 2019, 490: 227-243.

提出了一个混合群体决策框架。他们指出群体意见的两极分化会导致个人之间的分歧和异议，从而使群体更难做出令人满意的决定。在群体决策问题中，为了缓和分歧，已经提出了许多共识达成过程来汇集意见，但它们很少考虑专家之间现有的动态关系。同时，观点动力学利用社会网络分析（SNA）研究了基于群体成员之间存在关系的意见演变。在现实世界的群体决策问题中，当专家之间存在太多异议时，仅应用共识达成过程可能不足以达到预期的协议水平。于是，他们提出了一个新的框架，该框架融合了共识达成过程实现更密切意见的过程和基于社会网络分析的专家之间不断发展的关系。这一新框架解决了何时可能无法通过共识达成过程达成协议的问题，该框架试图达成潜在的共识，考虑到如果意见过于两极分化，则不同的稳定意见仍然适合，并且更容易通过将社会网络分析与共识达成过程一起应用来实现。研究者们还通过仿真实验进一步分析了该框架的有效性和一些性质。

　　C. Shang 等①则研究了基于反馈机制和社会互动的共识。据报道，尽管决策者的最初意见可能不同，但社交网络群体决策中的许多共识模型都能获得集体解决方案。然而，这些模型忽视了决策者对其最初观点的顽固性，这违背了社会学研究的结果。针对社交网络群体决策中决策者顽固于最初意见的共识达成问题，他们提出了一种基于反馈机制的被动调整和基于社会互动的主动调整的新的观点动力学共识模型，该模型根据决策者的意见分布在每一轮中自适应地采用被动或主动调整模型。特别地，他们所提出的共识模型吸收了基于反馈机制的被动调

---

① SHANG C, ZHANG R, ZHU X, et al. An Adaptive Consensus Method Based on Feedback Mechanism and Social Interaction in Social Network Group Decision Making [J]. Information Sciences, 2023, 625: 430-456.

整模型和基于社会互动的主动调整模型两者的优点，其中决策者的调整强度影响被动调整模型的共识水平，决策者的固执程度影响主动调整模型的共识水平。为了阐明所提出的一致性模型的性能和优势，他们构建了一个假设应用程序和三个仿真分析。研究结果表明：在固执于最初意见的决策群体中，社会互动对达成共识存在有利或有害的影响，这取决于决策者的固执程度和意见分布；在任何固执程度和调整强度下，他们所提出的共识模型在共识效率和成功率方面都优于现有的共识模型。

综合以上所述，观点动力学在谈判与群体决策领域具有广泛的应用前景。通过模拟和分析群体内成员的相互作用和观点动态演化，我们可以更好地理解谈判策略和群体决策过程。观点动力学模型能够考虑群体成员之间的相互影响、社交网络和信息传播等因素，从而更准确地预测谈判结果和群体决策的结果，或者通过预测做一些合理的反推，促成相对成功的谈判结果以及符合大多数人期望的群体决策结果。

三　金融与商业领域

随着大数据和人工智能技术的发展，观点动力学在金融与商业领域的应用也日益显现其重要性。

在金融领域，观点动力学主要应用于投资决策、风险管理、市场预测等方面。首先，通过分析投资者的观点和行为，可以预测市场的走势，从而为投资决策提供依据。其次，通过研究投资者的风险态度和行为，可以更好地管理风险，降低投资损失。最后，通过分析市场的观点动态，可以预测市场的波动，从而进行有效的市场预测。

在商业领域，观点动力学主要应用于产品开发、市场营销、消费者行为分析等方面。首先，通过分析消费者的观点和行为，可以了解消费者的需求和偏好，从而指导产品的开发和设计。其次，通过研究消费者的观点动态，可以预测产品的销售趋势，从而进行有效的市场营销。最后，通过分析消费者的观点和行为，可以了解消费者的购买动机和购买行为，从而进行有效的消费者行为分析。

例如，在过去的几十年里，随着互联网的普及和电子商务的发展，消费者的购物方式发生了翻天覆地的变化。从实体店购物到在线购物，从面对面交流到线上互动，消费者的购物体验越来越依赖于数字化平台。在这个过程中，产品评论作为一种重要的信息来源，逐渐崭露头角。因此，对消费者在线评论领域进行研究以更好地了解评论者的意见如何影响未来的销售结果是非常有价值的。万岩（Y. Wan）等[1]提出了一个适用于电子商务环境下在线消费者评论的观点演化动力学模型，该模型考虑了观众阅读限制、评论排序和发布策略、收敛参数、评论发布可能性和信心阈值等影响因素。他们还基于所提出的观点演化动力学模型，讨论了这些因素如何影响观众的观点，以及观点演化过程本身，并且讨论了模拟结果的结论和管理意义。

为了讨论在线消费者评论如何相互作用以及消费者的意见如何随时间演变，他们提出了一个适用于电子商务环境下在线消费者评论的观点演变动力学模型，该模型通过两个方面的定义特征，即网络拓扑和意见更新来建立。

网络拓扑结构是他们的模型与许多现有的舆情动态模型的最大区别。在复杂的网络中，交互规则是基于底层网络的，而

---

① WAN Y, MA B J, PAN Y. Opinion Evolution of Online Consumer Reviews in the E-commerce Environment [J]. Electronic Commerce Research, 2018, 18（2）: 291-311.

舆情交互发生在相连的代理之间，这些代理是固定的。例如，Twitter 用户只能看到他们关注的用户的推文，而在亚马逊等电子商务平台上，情况则完全不同。意见互动是通过在公共板上查看和发布评论来实现的，浏览者一般与评论者没有任何关系。浏览者在阅读评论时，其观点会受到之前评论者观点的影响。这意味着意见受影响的程度取决于浏览者阅读了多少条评论，以及浏览者阅读时评论是如何排序显示的。这些交互模式或拓扑结构上的差异要求我们重新定义交互规则，而不是简单地采用复杂网络的规则。

在电子商务环境中，意见价值可以被认为是连续的，而非离散的。除此之外，因为潜在的消费者通常不了解彼此，所以他们倾向于信任那些与他们自己相似的观点，不信任那些非常不同的观点。同时，一个浏览者会在保留他或她的观点的基础上，根据所有其他值得信赖的评论的平均值，稍微改变自己的观点。此外，还必须考虑一个浏览者愿意付出多少努力来发布评论。这是消费者在线评论在电子商务环境中的一个特点。于是，他们参考了有效模型和 HK 模型，提出了更新意见。基于这两个定义特征，他们发现了 5 个影响因素：观众的阅读限制、消费者在线评论的排序和发布策略、置信阈值、收敛参数以及评论发布的可能性。

通过对模型进行模拟，他们发现，观点尽管在一开始时相差很大，但会逐渐趋同，达到稳态，即逐渐形成几条直线。为了验证这一现象，三位学者选择了亚马逊公司在 1996 年 2 月至 2014 年 6 月期间的 100 种最畅销的产品收集数据，并检查了他们的消费者在线评论。除了评审文本外，每个项目还包括产品 ID、评审标识、评分（1~5 级）和发布时间。这 100 种产品可分为 5 类，共计 330959 条评论。他们先将产品评级划分为三类：

好（5和4）、平均（3）和坏（2和1），然后计算它们占每个月的评论总数的比例，并绘制比例图，进行数据平滑处理，以避免极端波动。最终结果表明：大多数客户对一个产品都有相同的看法，并且客户对产品的意见始终存在分歧。

此外，许多学者针对观点动力学在金融与商业领域的应用情况进行了深入且广泛的研究。他们通过各种方法和手段，对这一主题进行了全面的探讨和分析，以期能够更好地理解和掌握观点动力学在这个重要领域中的应用价值和实际效果。这些研究不仅有助于推动相关理论的发展和完善，也为实践提供了有益的参考和指导。P. Flaschel 等①利用一个小型开放经济体的宏观金融模型，研究了围绕名义汇率调整出现的复杂市场预期，即舆论动态，该模型的特点是异质预期形成以及实际市场和一定程度上金融市场的渐进调整过程。该模型主要展示了参与者破坏经济稳定的机制。而他们认为，如果舆论转向远离稳态的行为，就能确保全球稳定。由于图表主义行为，预期与人口动态的这种相互作用限制了具有潜在爆炸性的实体金融市场互动，但也会在这些限制范围内强制实施不规则行为。在私营部门的动态中加入适当的政策措施，可以抑制产出和汇率波动的规模。

洛马斯（K. Lomas）等②通过整合和综合观点动力学与计算经济学两个领域的研究，描述了有史以来第一个可以研究叙事经济学问题的建模平台，并对金融市场中运行的微智能交易精

① FLASCHEL P, HARTMANN F, MALIKANE C, et al. A Behavioral Macroeconomic Model of Exchange Rate Fluctuations with Complex Market Expectations Formation [J]. Computational Economics, 2015, 45（4）: 669-691.

② LOMAS K, CLIFF D. Exploring Narrative Economics: An Agent-based-modeling Platform that Integrates Automated Traders with Opinion Dynamics; proceedings of the 13th International Conference on Agents and Artificial Intelligence（ICAART）, Electr Network, F Feb 04-06, 2021 [C]. 2021.

确建模。目前，他们模拟平台的程序代码已作为开源软件在GitHub 上免费发布，以便其他研究人员复制和扩展。

邵鹏（P. Shao）[1] 发现，在消费者建议网络中，用户对产品的意见会影响其他人的意见，用户之间可能建立新的联系，也可能取消已有的联系。他的研究旨在利用从在线社交网络中抓取的数据，探索消费者建议网络的动态特征，验证这种网络的分布程度遵循无标度规律，网络是非畸变的。他还确定了意见距离与网络定向链接显著负相关，而内度中心性与网络定向链接显著正相关。为了研究这种相关性如何影响网络演化的动态机制，他引入了时间变量，并利用基于复杂网络和有界置信度的连续意见模型，建立了消费者建议网络的广义自适应模型。他通过计算实验和可视化方法，分析了消费建议网络中定向链接和用户意见的共同演化过程。在消费者建议网络中，观点相似的用户呈现逐渐积累的趋势，观点最终趋同于初始观点分布的中间区域。邵鹏的研究揭示了消费者建议网络中的观点动力学，即用户对产品意见的交流与影响如何随时间演化和互动。

勒克斯（T. Lux）[2] 提出了一种估算具有社会互动的动态观点或期望形成过程参数的方法。个体决策的总体动态可以通过管理选择集合平均值的随机过程来分析。通过对该集合平均值的瞬态密度进行数值近似，可以在对社会动态进行离散观测的基础上对似然函数进行评估。这种方法可用于从平均实现的总体数据中估算意见形成过程的参数。对一项著名的商业环境指

① SHAO P. Dynamic Characteristics of a Consumer Advice Network and Adaptive Evolution Strategies [J]. IEEE Access, 2020, 8: 145503-145512.

② LUX T. Rational Forecasts or Social Opinion Dynamics? Identification of Interaction Effects in a Business Climate Survey [J]. Journal of Economic Behavior & Organization, 2009, 72 (2): 638-655.

数的应用表明，社会互动是受访者评估商业环境的一个重要因素。勒克斯的研究进一步探索了社会观点动力学的相关规律和参数，为研究社会互动和人类行为提供了一种新的方法。

克劳斯（S. M. Krause）等[1]使用观点动力学中一种带有可调社会温度的二维选民模型变体来研究投资者的观点形成过程，还引入了对温度起作用的反馈，使社会温度能够对市场失衡做出反应，从而变得与时间相关。在这个玩具市场模型中，社会温度代表了代理人对代表投机风险的市场失衡的紧张情绪。他们利用有关不连续广义选民模型相变的知识来确定临界固定点。系统在这些固定点附近表现出以结构化晶格状态为特征的可转移阶段，并间歇性地偏离固定点。他们阐述了该模型的统计力学特征，并讨论了它与真实市场中投资者意见形成的动态关系。

赵奕奕（Y. Zhao）等[2]从观点动力学和舆论动力学理论的视角出发，研究了电子商务社区（或社交网络）中自主代理群体的互动机制，以及舆论领袖在群体舆论形成过程中的影响力。他们根据舆论的更新方式和影响力，将社交网络中的社会代理划分为两个子群体：舆论领袖和舆论追随者。然后，他们为意见领袖和意见追随者建立了一个新的基于有界置信度的动态模型，以模拟群体代理的意见演变。他们还通过数值模拟进一步研究了群体舆论的演化机制，以及舆论领袖的影响力与三个因素——舆论领袖子群的比例、舆论追随者的信心水平和对舆论领袖的信任度——之间的关系。模拟结果表明，要实现电子商

[1] KRAUSE S M, BORNHOLDT S. Opinion Formation Model for Markets with a Social Temperature and Fear [J]. Physical Review E, 2012, 86 (5).
[2] ZHAO Y Y, KOU G, PENG Y, et al. Understanding Influence Power of Opinion Leaders in E-commerce Networks: An Opinion Dynamics Theory Perspective [J]. Information Sciences, 2018, 426: 131-147.

务影响力的最大化，提升意见领袖的公信力至关重要。

近年来，由于互联网技术和 Web2.0 的发展对电子商务发展的刺激，商业应用、战略和用户行为受到越来越多的关注。电子商务环境中的用户可以分享他们的经验，他们可以获得其他用户的知识和理解，各自的意见和决定会对彼此产生深远影响。霍曼（J. Homan）等①研究了电子商务社交网络中一群用户的互动机制，探讨了观点动力学的机制和影响因素。他们主要关注意见领袖在形成其他用户意见方面的力量，通过模拟研究了有影响力的意见领袖影响用户意见的机制。模拟结果表明，提高意见领袖的诚信度和可信度至关重要。提高各种电子商务应用和商业模式的影响力，是唯一的选择。

罗贵珣（G. Luo）等②以观点动力学的连续意见和离散行动模型的主要思想为基础，考虑到两个实际因素，提出了一个新模型来研究受广告影响的人类舆论的动态变化：一个因素是新增好友的边际影响力会随着好友数量的增加而减弱；另一个因素是记忆力会随着时间的推移而减弱。模拟结果表明，广告公司和普通大众都能从中得出一些重要结论。广告对个人的影响力或广告覆盖面的微小差异，都会导致广告效果在一定数值区间内的显著不同。与广告对个人的影响力相比，由于记忆的指数衰减，广告覆盖率的作用更为重要。同时，一些研究结果也符合人们对广告的日常认知。决定广告成功与否的真正关键因素是意见交流的强度大小，而人们的外部行为总是追随其内部

---

①　HOMAN J, BER NEK L, REMES R. Modeling the Influence of Opinion Leaders in E-commerce Networks; proceedings of the 40th International Conference on Mathematical Methods in Economics, F Sep 07-09, 2022 ［C］. 2022.

②　LUO G X, LIU Y, ZENG Q A, et al. A Dynamic Evolution Model of Human Opinion as Affected by Advertising ［J］. Physica a-Statistical Mechanics and Its Applications, 2014, 414：254-262.

意见。负面意见也发挥着重要作用。

弗兰克（N. Franke）等[1]研究了利用公司控制的支持者平息网络舆情的方法。他们提出了一种基于经验数据的观点动力学模型，并使用真实世界的数据来校准和验证该模型。仿真结果表明，由企业控制的个体，能极大地帮助平息网络舆情。此外，这些个体甚至不一定是社区内的"意见领袖"，就能平息社区内的舆情冲突。

观点动力学在金融与商业领域的应用具有重要的理论和实践价值。尽管面临数据准确性、模型复杂性和模型解释性等挑战，但通过进一步的研究和努力，我们可以克服这些问题，使观点动力学在金融与商业领域发挥更大的作用。

本章小结

观点是一个个体的态度、情绪和看法，它对舆论的发展演化起着至关重要的作用。理性探索观点演变规律，对于推动智能传播背景下的网络舆情治理、明晰舆情传播机制具有十分重要的意义。首先，本章明晰了观点动力学的概念，观点动力学是社会动力学的一个重要研究方向，旨在从动态系统的角度研究社会网络中观点的演化，将人文社科领域的理论支撑与理工

① FRANKE N, KEINZ P, TAUDES A, et al. The Effectiveness of Firm-Controlled Supporters to Pacify Online Firestorms: A Case-Based Simulation of the "Playmobil" Customize-It Incident; proceedings of the 9th International Workshop on Agent-Based Approaches in Economic and Social Complex Systems (AESCS), Bali, INDONESIA, F Sep 09-11, 2015 [C]. 2017.

科领域的技术支持结合，给观点形成与演化类问题的探索研究注入了新的活力。其次，本章介绍了观点动力学的经典模型和部分改进模型。最后，本章对已有的观点动力学应用研究进行了综述。目前已有的研究将观点动力学的机理与其经典模型广泛应用到不同的领域之中，尤其是政治传播、谈判与群体决策、金融与商业领域。在政治传播领域，观点动力学有助于模拟和理解选民之间的相互作用及观点演化过程，从而更准确地预测选举结果；在谈判与群体决策领域，观点动力学通过模拟和分析群体内成员的相互作用及观点动态演化过程更好地理解谈判策略和群体决策过程，从而促成相对符合大多数人期望的群体决策结果；在金融与商业领域，观点动力学有助于更好地理解人们的决策行为，从而推动制定更明智的决策。这些研究拓展了观点动力学的研究边界，为后续观点动力学的研究提供了新的思路和启发意义。

未来可从以下两方面做进一步探究。一是，实证视角下的观点动力学研究。智能传播背景下，大数据的快速发展使得基于实证数据与方法的观点动力学研究成为可能，这对于深入挖掘观点演化规律，建立更为稳健可靠的模型具有十分重要的理论意义。二是，模型的解释性。媒介环境的变化往往非常快速和复杂，研究者需要不断改进和优化模型的结构和方法，准确捕捉众多因素与变量，以提高其预测和解释能力。

第五章

社交网络上的智能信息传播

第一节

独立级联模型

一　经典独立级联模型

独立级联（Independent Cascade，IC）模型是一种较为普遍的概率传播模型。在该模型的影响力传递过程中，每个节点都处于"激活"或"未激活"状态，激活状态表明此节点受到影响。在影响力传播的初始状态下，所有节点都处于激活状态，并依据各自节点所属边上的传播概率激活其他的节点。独立级联模型的传播过程如下。网络中节点 u 被源节点 $s \in S$ 激活时，将尝试激活它的邻接节点 v，v 被激活的概率可以表示为 P_{uv}，且节点 v 有且仅有一次机会被激活，不同的邻居节点被激活的概率互相独立。若激活失败，尽管节点 u 仍处于激活状态，也无法继续影响到邻居节点 v。同样，一旦节点 v 被激活，它就无法被其他节点二次激活，而是在下一时刻尝试激活自身的邻居节点。循环上述的流程直到网络中没有再出现新的被激活节点则表明传播过程结束。通过上述传播流程的描述可以发现独立级联模型是一种概率传播模型，所以尽管处于同一个网络，但重复操作传播过程得到的影响力扩散规模有可能存在差异。

在现实生活中，信息的传播和影响是一个复杂的过程，受到多种因素的影响。社交网络作为信息传播的重要渠道之一，对于信息传播和用户行为的影响尤为显著。因此，研究社交网络中信息传播的规律和机制具有重要意义。

独立级联模型的提出与细胞自动机的思想难以分割。细胞自动机是一种在空间、时间和状态三个维度上都处于离散状态的模型。细胞自动机的空间通常被划分为网格或蜂巢等结构，每个单元格或格点都可以根据某些规则进行更新。最早是雅各布·古登堡（Jacob Goldenberg）等在研究市场营销模型时认为可以将细胞自动机的思想映射到信息传播过程中。该模型假设每个节点都有一定的概率激活其未激活的邻居节点，这种激活概率是独立的，不依赖于其他因素。①

图 5-1 描述了细胞自动机模型。该模型由特定模拟社会系统中数量有限的虚拟个体组成，每个虚拟个体都能在连续、离散的时间段内接收信息。系统中的社会互动分为两类：同一网络成员之间的近距离接触，以及与不同网络成员之间的弱联系互动。模型定义了个人的两种状态："知情"——已收到相关信息并了解这一现象的个人；"不知情"——未收到相关信息的个人。该模型使用了以下附加假设。

（1）人际接触 β 的定义是，在一个时期内，不知情的个体受到知情个体影响的概率，即其状态从"不知情"变为"知情"的概率。下标 s 和 w 分别用于区分信息来源于个人网络或不同网络的互动。根据理论和以往的研究结论，β_s 比 β_w 大。② 因此，个体受其自身网络中其他个体影响的概率大于因与其他弱关系个体接触而使其状态从不知情变为知情的概率。

① GOLDENBERG J, MULLER L E. Talk of the Network: A Complex Systems Look at the Underlying Process of Word-of-mouth [J]. Marketing Letters, 2001, 12 (3): 211-223.

② BROWN J J, REINGEN P H. Social Ties and Word-of-mouth Referral Behavior [J]. Journal of Consumer Research, 1987, 14 (3): 350-362.

（2）每个人都"属于"一个个人网络。每个网络由通过强联系 β_s 联系在一起的个人组成。在每个时期，个人也会与个人网络之外的个体进行有限数量的弱联系互动 β_w。

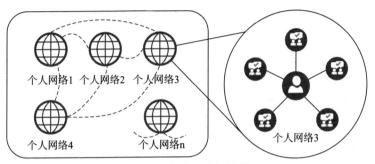

图5-1　细胞自动机模型

注：具有个人网络的市场，其中强联系 β_s 用实线表示，弱联系 β_w 用虚线表示。

（3）未知情者也有一个时期的概率 α，即通过接触其他营销活动（如广告）而获知信息。根据巴特（F. Buttle）等的 w-o-m 研究，受广告影响的概率被假定为小于 w-o-m 接触的影响。[①] 尽管本模型包含了广告，但其他大众媒体的营销信息来源也被假定具有类似的效果。

因此，如果在第 t 期，一个人与属于其个人网络的 m 个知情人以及由弱关系代表的随机联系人即 j 个知情人建立了联系，那么该人在第 t 期成为知情人的概率就由以下公式给出[②]：

$$P(t) = \left[1-(1-\alpha)(1-\beta)^{j}(1_w-\beta) \right]^{m_s} \tag{5-1}$$

① BUTTLE F A. Word-of-mouth：Understanding and Managing Referral Marketing ［J］. Journal of Strategic Marketing，1998，6：241-254.

② GOLDENBERG J，MULLER L E. Talk of the Network：A Complex Systems Look at the Underlying Process of Word-of-mouth ［J］. Marketing Letters，2001，12（3）：211-223.

在市场营销领域，独立级联模型可以用于模拟用户对广告的反应、预测用户的购买行为、优化推荐系统等。通过调整模型参数和输入数据，可以更好地理解用户的兴趣和需求，从而制定更加精准的营销策略。除了市场营销领域，独立级联模型还可以应用于其他领域，如社交媒体、新闻传播等。在社交媒体中，独立级联模型可以用于模拟用户的社交行为、预测市场趋势等。通过了解和掌握独立级联模型的基本概念和参数设置，可以将之更好地应用于实际的社交媒体策略中。

独立级联模型通过模拟信息在个体之间的传播过程，揭示了信息流中的关键因素和用户行为的变化趋势。该模型认为，每个用户在接收信息后，会根据自身已有的知识和态度对信息进行评价和判断。如果用户认为信息与自己原有的观点相符，则可能会接收并采纳该信息；反之，如果用户认为信息与自己原有的观点不符，则可能会拒绝或抵制该信息。在接收信息后，用户会将自己的态度和行为传递给其社交网络中的朋友和亲人。这些接收信息的用户也会根据自身已有的知识和态度对信息进行评价和判断，并进一步传递自己的态度和行为。这种信息的传递过程会在社交网络中不断延续和扩展，形成信息流。

（一）算法逻辑

独立级联模型是一种概率模型，用于模拟信息在社交网络中的传播过程。该模型假设每个节点有一定的概率激活其未激活的邻居节点，这种激活概率是独立的，不依赖于其他因素。下面详细深入地介绍独立级联模型的算法逻辑①及特点。

---

① Du N, SONG L, YUAN M. Learning Networks of Heterogeneous Influence；proceedings of the the 25th International Conference on Neural Information Processing Systems，F，2012［C］.2012.

（1）首先完成激活状态节点集合 A 的初始化工作。规定 t 时刻活跃节点 u 影响它的邻居节点 v 的概率表示为 $P(u, v)$。若有多个活跃节点，他们将以随机概率激活邻居节点 v。

（2）若节点 u 影响成功，则节点 v 将被激活，并于 $t+1$ 时变为激活状态，以同样的方式影响自身的处于非激活状态的邻居节点；否则节点 v 状态不变。

（3）循环步骤（2），直至网络中未出现新的被激活节点，此时表明影响力传播过程结束。

以图 5-2 中的数值为例模拟经典独立级联模型的算法流程，其独立级联模型传播过程如下：

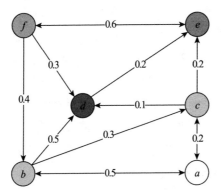

图 5-2　经典独立级联模型算法

第 0 步：a 节点被激活。

第 1 步：a 节点以 0.5 的概率尝试激活 b，以 0.2 的概率尝试激活 c。假设 b 节点在这一时间步内成功被激活。

第 2 步：b 节点以 0.3 的概率尝试激活 c，并以 0.5 的概率尝试激活 d。假设 c 节点和 d 节点在这一时间步内成功被激活。

第 3 步：c 节点以 0.2 的概率尝试激活 e，d 节点以 0.2 的概率尝试激活 e。假设这一时间步内的尝试都失败了，即 e 节点仍处于未激活状态，无法在下一时间步内以 0.6 的概率激活 f，至此没有新节点被激活，传播停止。

（二）模型优缺点

1. 模型优点

（1）独立性假设。独立级联模型假设每个节点的激活概率是独立的，不依赖于其他节点的状态。这个假设使得模型更易于理解和应用。这种独立性假设也意味着，一个节点的激活不会受到其邻居节点的影响，因此模型具有较好的可预测性和可重复性。[①]

（2）概率性。独立级联模型是一种概率模型，因此预测结果存在一定的不确定性。在实际情况中，可以通过调整模型参数和输入数据来提高预测的准确性。概率性也意味着模型可以模拟出节点被激活的不同可能性，从而更好地反映现实情况。[②]

（3）可扩展性。独立级联模型可以扩展到大规模的社交网络中，具有较好的可扩展性。在大规模网络中，由于节点数量巨大，需要采取一些优化措施来提高计算效率。可扩展性使得独立级联模型可以应用于实际的大规模社交网络中，从而更好地进行传播预测和其他相关研究。[③]

2. 模型缺点

（1）静态性。独立级联模型的前提条件是假设社交网络是相对静态的，即在社交网络中节点的属性和连接关系相对固定。

① KEMPE D. Maximizing the Spread of Influence through a Social Network；proceedings of the ACM international conference on Knowledge discovery and data mining（SIGKDD），F，2003［C］.2003.

② WATTS D J，STROGATZ S H. Collective Dynamics of 'Small-world' Networks［J］. Nature，1998.

③ BLEI D M，et al. Latent Dirichlet Allocation［J］. Journal of Machine Learning Research，2003.

而真实社交网络存在变化，该模型忽略了社交网络动态化的特点。但在某些情况下，从静态出发有利于对传播过程的初步理解，为动态模型的研究打下基础。

（2）忽略节点间的相互作用。独立级联模型假设邻居节点间的激活概率互相独立，并未考虑到节点间的相互作用。这可能导致模型在模拟真实情况时出现偏差。为了更准确地模拟信息的传播过程，需要考虑节点间的相互作用和影响。

（3）阈值固定。独立级联模型的另一个缺点是阈值固定，即每个节点的阈值都是预先设定的常数。然而，在实际情况下，阈值可能会因节点属性、网络结构和其他因素而有所不同。因此，固定阈值的设定可能会导致模型在模拟真实情况时出现偏差。①

二　其他独立级联模型

（一）同步独立级联模型

1. 模型介绍

随着互联网的快速发展和普及，人们越来越容易获取和传播信息。同时信息传播的速度和广度对于个人、组织和社会都至关重要。独立级联模型假设节点之间相互独立，忽略了节点之间的连接关系和影响力。因此，部分研究者根据 SIR、SIRS 模型等提出了一种改进的独立级联模型——同步独立级联模型。②

① KEMPE D. Maximizing the Spread of Influence through a Social Network；proceedings of the ACM International Conference on Knowledge Discovery and Data Mining（SIGKDD），F，2003［C］.2003.
② GRUHL D，LIBEN-NOWELL D，GUHA R，et al. Information Diffusion through Blogspace［J］. ACM SIGKDD Explorations Newsletter，2017.

博客作为一种个人发布信息的平台，逐渐成为人们获取和传播信息的重要渠道。因此，研究博客空间中信息的传播机制和影响因素具有重要意义。这些研究者通过对博客空间的观察和分析，发现节点之间的连接关系和影响力对于信息传播具有重要影响。因此，他们提出了同步独立级联模型，该模型考虑了节点之间的连接关系和影响力，能够更准确地模拟博客空间中信息的传播过程。得到的公式为：

$$P(u \rightarrow v) = 1 - [1 - P(u \rightarrow v \mid u)] \prod w \in N(v) [1 - P(w \rightarrow v \mid w)]$$

$$(5-2)$$

2. 模型特点

（1）考虑了节点之间的连接关系。同步独立级联模型考虑了节点之间的连接关系，即一个节点对于其他节点的影响力取决于它们之间的连接关系。这种考虑使得模型能够更准确地模拟信息的传播过程。

（2）考虑了节点之间的相互影响。该模型不仅考虑了节点之间的连接关系，还考虑了节点之间的相互影响。即一个节点不仅会受到其直接连接节点的直接影响，还会受到其间接连接节点的间接影响。这种考虑使得模型能够更全面地模拟信息的传播过程。

（3）可扩展性。同步独立级联模型可以扩展到大规模的博客空间中，具有较好的可扩展性和计算效率。这使得该模型可以应用于实际的数据分析和预测。

3. 模型优点

同步独立级联模型不仅考虑了节点之间的连接关系和相互影响，能够更准确地模拟信息的传播过程，而且它可以扩展到大规模的社交网络中，具有较好的可扩展性和计算效率。此外在一些实际应用场景如社交网络分析、舆情传播预测、信息推荐系统中，同步独立级联模型能够提供有效的分析和预测。

4. 模型缺点

同步独立级联模型假设所有节点同时尝试激活邻居节点，这可能会导致模型在处理一些具有不同传播机制和影响因素的信息传播问题时效果不佳。

（二）异步独立级联模型

1. 模型介绍

社交网络中的信息传播是一个复杂而动态的过程，传统的独立级联模型无法准确地模拟这一过程。为了更好地理解社交网络中信息传播的机制和影响因素，国内外研究者利用对社交网络中信息传播的观察和分析，发现节点的属性和内容特征对于信息传播具有重要影响，先后总结提出异步独立级联模型。在社交网络中，节点的属性和内容特征对于信息传播具有重要影响。例如，某些节点可能具有更高的影响力，而某些内容可能更具有吸引力。异步独立级联模型考虑了节点属性和内容特征，能够更准确地预测信息的影响力。[①] 图5-3按照时间顺序展示了经典独立级联模型与异步独立级联模型之间的差异。

2. 模型特点

（1）考虑了节点的属性和内容特征。异步独立级联模型不仅考虑了节点之间的连接关系，还考虑了节点的属性和内容特征。这使得模型能够更细粒度地预测信息的影响力。

（2）异步传播机制。与同步独立级联模型不同，异步独立

---

① KIMURA M, SAITO K, OHARA K, et al. Learning Information Diffusion Model in a Social Network for Predicting Influence of Nodes ［J］. Intelligent Data Analysis, 2011, 15（4）: 633-52.

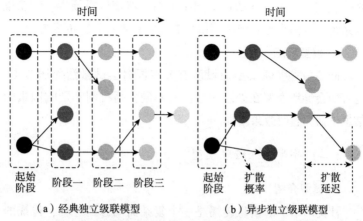

（a）经典独立级联模型　　　　（b）异步独立级联模型

图5-3　经典独立级联模型与异步独立级联模型对比

级联模型采用异步传播机制，即节点根据自身的属性和状态决定是否尝试激活邻居节点。这种机制更符合实际社交网络中信息传播的特点。

（3）可扩展性。异步独立级联模型可以扩展到大规模的社交网络中，具有较好的可扩展性和计算效率。这使得该模型可以应用于实际的大规模社交数据集进行分析和预测。

（4）细粒度预测。异步独立级联模型考虑了节点属性和内容特征，因此可以更细粒度地预测信息的影响力。这有助于研究者更好地理解社交网络中信息传播的机制和影响因素。[①]

3. 模型缺点

（1）节点状态转换的不确定性：在异步独立级联模型中，节点的状态转换是基于概率进行的，这可能会导致状态转换的不确定和不稳定。同时，节点的状态转换可能会受到外部因素

---

① 周东浩，韩文报，王勇军. 基于节点和信息特征的社会网络信息传播模型[J]. 计算机研究与发展，2015，52（1）：156-166.

的影响，例如用户的行为和情绪，这也会增加状态转换的不确定性。

（2）计算复杂度高。异步独立级联模型需要计算每个节点的影响力，这需要大量的计算资源和时间。在处理大规模的社交网络数据时，可能会遇到性能瓶颈和计算效率问题。

（3）需要额外的参数和假设。异步独立级联模型需要一些额外的参数和假设，例如节点属性和内容特征的选取及权重分配等。这些参数和假设的选取可能会影响模型的准确性和泛化能力。

（4）对于特定类型的信息传播问题可能不适用。异步独立级联模型主要适用于模拟社交网络中信息传播的机制和影响因素，但对于某些特定类型的信息传播问题可能不适用。例如，对于一些具有特定传播机制和影响因素的信息传播问题，如病毒营销、谣言传播等，可能需要采用其他特定的模型和方法。[①]

（三）基于时序图的独立级联模型

1. 模型介绍

在现实生活中一些网络无法以静态的形式转化，比如在社交网络中部分节点会在某个固定的时间段发生连接，体现出一定的时序性。但是由于基于静态图的独立级联模型不具备时序性的特征，存在一定的局限性，有学者提出了可以在时序图中表现传播过程的 ICT（Independent Cascade model on Temporal graph）传播模型。[②]

---

① 周东浩，韩文报，王勇军. 基于节点和信息特征的社会网络信息传播模型 [J]. 计算机研究与发展，2015，52（1）：156-166.

② 吴安彪，袁野，乔百友，等. 大规模时序图影响力最大化的算法研究 [J]. 计算机学报，2019（12）：2647-2664.

2. 模型特点

（1）采用节点的嵌入表示来捕捉节点之间的相似性和影响力。

（2）使用图注意力网络来计算节点之间的注意力权重：ICT模型能够更精确地捕捉节点之间的关系和依赖性。

（3）可扩展性强：ICT模型可以处理大规模的时序图，并能够大幅降低算法的实现难度并节省大量计算的时间。

3. 模型优点

（1）精度高。ICT模型采用节点的嵌入表示和图注意力网络，可以更精确地捕捉节点之间的关系和依赖性，从而提高影响力最大化问题的解决精度。

（2）可扩展性强。ICT模型具有较好的可扩展性，可以处理大规模的时序图，并能够有效地降低算法的复杂度和计算时间。

（3）灵活性高。ICT模型可以灵活地应用于不同类型的时序图和影响力最大化问题，具有较强的通用性和适用性。

4. 模型缺点

（1）训练时间长。ICT模型需要大量的训练数据和计算资源来训练模型参数，训练时间较长，对于大规模的时序图可能会存在训练效率问题。

（2）对数据质量要求较高。ICT模型对于输入数据的质量和准确性要求较高，如果数据存在噪声或错误，可能会影响模型的训练效果和预测精度。

（3）需要调整的参数较多。ICT模型涉及较多的超参数和调参过程，如节点嵌入表示的维度、注意力权重的计算方式、训练的迭代次数等，需要仔细调整和优化才能获得最佳的性能。

（四）加权级联模型

1. 模型介绍

加权级联（Weighted Cascade，WC）模型是一种特殊的独立级联模型，它是在独立级联模型的基础上引入了节点权重的概念而形成的。在加权级联模型中，每个节点都有一个与之相关的权重，该权重可以反映节点在社交网络中的重要程度或影响力。[①] 其算法步骤如下。

（1）初始化。给定一个社交网络，每个节点都有一个初始状态，可以是活跃状态或非活跃状态。

（2）计算权重。对于每个节点，根据其自身的属性或网络结构，计算其权重。

（3）状态转换。对于每个活跃的节点，需要依据固定的概率选取一个与其相邻的节点并试图激活。而这个概率的设定则依赖于其相邻节点的状态和节点所占权重，即如果相邻节点状态较为活跃，那么该节点被激活的概率等于节点 v 入度的倒数和节点 u 的权重的乘积，公式为 $p(u, v) = w_u/d_v$。

（4）更新状态。如果邻居节点被成功激活，那么它的状态从非活跃状态变为活跃状态，同时它的邻居节点（除了已经被激活的）也会有机会被激活。

（5）重复步骤 d，直到没有更多的节点可以被激活为止。

2. 模型特点

（1）节点状态转换的不确定性。在加权级联模型中，节点的状态转换是基于概率进行的，这可能会导致状态转换的不确

---

① SHULTZ T R, RIVEST F. Using Knowledge to Speed Learning: A Comparison of Knowledge-based Cascade-correlation and Multi-task Learning; proceedings of the 17th International Conference on Machine Learning, F, 2000 [C]. 2000.

定和不稳定。同时，节点的状态转换可能会受到外部因素的影响，例如用户的行为和情绪，这也会增加状态转换的不确定性。

（2）计算复杂度高。加权级联模型需要计算每个节点的权重以及每个节点成功激活后继节点的概率，这需要大量的计算资源和时间。在大规模社交网络中，加权级联模型的计算复杂度可能会成为一个计算瓶颈。

（3）加权权重的赋值很多时候会存在主观因素，导致所得的结果并不够客观公正。

第二节

线性阈值模型

一　经典线性阈值模型

以往的社会学理论倾向于用制度化、规范化的标准和准则来解释一系列常规行为，而对那些无法解释的行为所做的研究在系统理论中则处于外围地位。比如个人的非常规行为与社会的集体行为，需要研究者试图去说明是什么阻碍了既定模式发挥其惯常作用。而在旧方法不再有效或者鲜有先例的情况下，以规范为导向的理论最终默认了集体结果与个人动机之间的简单关系：如果一个群体的大多数成员都做出了相同的行为决定——比如参加罢工，无论他们是否一开始就这样做了，我们都可以由此推断出，大多数成员最终都有着对于局势的相同准则和信念，但事实往往并非如此。[①]

1978 年马克·格兰诺维特（Mark Granovetter）首先提出了线性阈值（Linear Threshold，LT）模型，他认为如果只是了解集体性行为参与者的准则、偏好、信念和动机，在大多数情况下，则只能为解释原因提供必要条件，而非充分条件，因此需要一个关于个人偏好如何相互作用和聚合的模型；更应该将互动群体内部的规范和偏好作为对结果最重要的因果关系。即使在这些模型的最简单版本中，人们也会清楚地看到，集体行为的结果可能看起来自相矛盾——也就是说，直觉上与产生这些行为结果的个人的意图不一致。[②]

线性阈值模型使用有向图来表示社会网络传播的操作模型，与独立级联模型类似，其网络中的节点同样也只有"激活"和"未激活"两种状态，且只能实现被邻居节点激活的过程。[③] 依照节点状态将其划分为两种类型，处于激活状态的节点 u 对其邻居节点 v 存在的影响可以表示为 b_{uv}，同时节点 v 的所有邻居节点对其的影响力之和小于等于 1。将节点 v 的邻居节点中已激活的节点集合定义为 A (v)，v 在满足 $\sum b_{uv} \geq \theta_v$ 时被激活（其中 θ_v 为设定阈值）。反之若激活失败，则会积累节点 u 对节点 v 的影响力 b_{uv}，在后续的传播过程中作用于其他邻居对 v 的激活，

① GRANOVETTER, M. Threshold Models of Collective Behavior [J]. American Journal of Sociology, 1978, 83 (6): 1420-1443.

② GRANOVETTER, M. Threshold Models of Collective Behavior [J]. American Journal of Sociology, 1978, 83 (6): 1420-1443.

③ KEMPE D. Maximizing the Spread of Influence through a Social Network: proceedings of the ACM International Conference on Knowledge Discovery and Data Mining (SIGKDD), F, 2003 [C]. 2003.

该积累过程会持续到节点 v 被激活或传播过程结束。[①] 在上述情况下，随着越来越多的相邻节点变得活跃，每个节点变得活跃的趋势也会单调递增。因此，从未激活节点 v 出发可描述传播过程如下：在网络 G 中，每个节点有其特异性阈值，初始节点被划分为激活状态和未激活状态，传播扩散过程中，越来越多的 v 的邻居节点被激活；在某个时刻 v 可能被激活，而 v 的激活状态后续可能影响到 v 的其他未激活邻居节点的状态变化。

线性阈值模型处理的是二元决策——即行为参与者有且仅有两种截然不同且相互排斥的行为选择。此外，对于行为参与者来说，做出怎样的行为选择往往在一定程度上取决于有多少其他人做出了哪种选择。

这些模型中的个体被假定为理性的，也就是说，考虑到他们的目的和偏好，以及他们对自身情况的认知，他们的行为是为了最大化自己的利益。

在线性阈值模型的网络图中节点之间的联系是有向的，且每个节点只能实现单向变化，即从未激活状态转变为激活状态；每个节点对其邻居节点的影响具有累积性。

线性阈值模型具有如下优点。

随机性。主要体现在随机的阈值和随机的误差项上。这些随机因素使得模型可以更好地拟合实际数据，并且可以用于分析不同类型的传播过程；通过对阈值模型的参数进行估计可以预测集体行为和社会运动的结果。

易于理解。线性阈值模型的节点之间的联系强度可以用一个线性的函数来表示，这使得模型的分析和预测更加简单和

---

① 田家堂，王轶彤，冯小军. 一种新型的社会网络影响最大化算法 [J]. 计算机学报，2011, 34（10）：1956-1965.

直观。

节点联合。尽管某个节点无法独自激活其邻居节点 v，但多个邻居节点累积的影响力可能超过设定阈值从而完成激活，这对应了人类社会进行复杂行为决策时会出现从众行为的现象。

扩展性强。线性阈值模型可以通过添加不同的随机过程来进行扩展，例如马尔可夫过程、布朗运动过程等。这些扩展可以更好地拟合实际数据，并且可以用于分析不同类型的传播过程，还可以通过增加节点和改变阈值来扩展模型，以适应不同规模的网络。

同时，线性阈值模型也具有如下缺点。

线性阈值模型假定行为参与者是理性的，认为人们的行为只是为了追求利益的最大化，但实际上人们的行为往往会受情感、认知和其他非理性因素的影响，无法做到绝对理性。

线性阈值模型是一个简单有效的模型，却也有它的缺陷。线性阈值模型往往只能解释简单的决策过程，而难以解释复杂的决策过程，例如多阶段决策过程和非一致性决策过程。

节点阈值是线性阈值模型中非常关键的参数，它决定了哪些节点的行为将对整个网络的结果产生影响，节点阈值的选取会影响到整个模型的准确性和可靠性，而在阈值选取过程中可能会存在一些问题，比如阈值选取受主观判断影响，阈值选取缺乏足够数据支撑等。

线性阈值模型通常假设所有行为参与者都有着相同的行为模式，关键区别在于阈值的不同，且行为参与者的行为模式不会随着时间的变化而变化。但这明显是不符合人们实际的决策过程的。

二　改进的线性阈值模型

（一）跨社交网络线性阈值模型

1. 模型介绍

在过去的时间里，影响力传播研究领域的学者往往只关注了静态的单一社交网络，试图通过研究社交网络中各个用户节点间的影响力传播，找出影响力最大化种子集合。但实际上，影响力传播过程往往涉及不止一个社交网络，并且单一社交网络的传播范围是不如跨社交网络的。于是为满足实际需求，填补多社交网络影响力最大化研究领域的空缺，有学者提出跨社交网络线性阈值（Multiple-Topic Linear Threshold，M-TLT）模型①。在图 5-4 中，出于对同一实体与不同邻居用户存在不同联系的考虑，将用户间的联系归纳为单向（Influence）连接和相似（Similarity）的双向连接，两种连接会有不同的影响概率计算方法。在该网络中用户间的连接类型不同，用户会对不同话题表现出不同偏好，自然影响概率也就不同，因此对于每一个用户节点不能用相同的影响概率来表示。最后基于线性阈值模型完成各节点的影响力计算的工作。

2. 模型优点

（1）考虑了用户在多个社交网络上的影响力，可以更全面地评估用户的影响力。这种全面性可以帮助用户更好地了解自己在不同社交网络上的影响力，从而更好地制定社交策略。

---

① 任思禹，申德荣，寇月，等. 话题感知下的跨社交网络影响力最大化分析［J］. 计算机科学与探索，2018，12（5）：741-752.

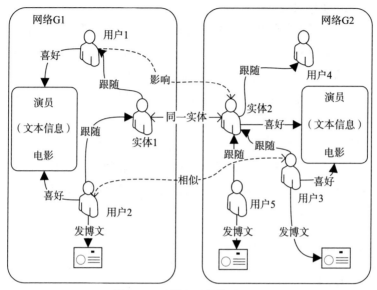

图 5-4　跨社交网络构建示例

（2）考虑了用户与不同类型用户之间的交互，可以更准确地预测用户的影响力。这种交互可以包括用户之间的互动、用户与内容之间的互动等。通过对这些交互的分析，模型可以更好地了解用户在社交网络上的影响力。

（3）使用了多种算法和技术，包括图论、机器学习和深度学习等，这些算法和技术可以帮助模型更好地处理社交网络中的复杂关系和数据。这些算法和技术的综合应用可以提高模型的预测准确度。

（4）可以为用户提供个性化的推荐，帮助用户最大化其影响力。可以基于用户的影响力和社交网络中的其他因素，例如用户的兴趣、行为等提供这些推荐。通过这些推荐，用户可以更好地了解自己在社交网络上的影响力，从而更好地制定社交策略。

3. 模型缺点

（1）需要大量的数据进行训练和预测，对于数据量较小的社交网络可能不适用。这种情况下，模型可能无法准确地预测用户的影响力，从而无法提供准确的推荐和建议。

（2）模型的预测结果可能受到社交网络中用户行为变化和网络结构变化的影响。这些变化可能会导致模型的预测准确度下降，需要不断更新和优化模型以适应这些变化。

（3）复杂度较高，需要较高的计算资源和时间成本。这种情况下，模型的训练和预测可能需要较长的时间，从而影响用户的使用体验。

（二）可判定竞争模型

1. 模型介绍

受社交网络病毒式营销思想的启发，影响力最大化的主要目的是找到一个关键用户子集，在一定的传播模型下实现影响力传播的最大化。很多研究都只是试图在只有参与者而没有竞争对手的非敌对环境中来考虑解决这个问题。然而，在现实世界中，总是会有不止一个参与者在与其他参与者竞争，以影响最多的节点。这就是所谓的竞争影响最大化。针对处于存在竞争对手的传播环境中的竞争影响力最大化问题，博左里奇（A. Bozorgi）等人提出基于线性阈值模型扩展的可判定竞争模型（Decidable Competitive Model，DCM），该模型将每个节点所处状态定义为非活动、思考、活动+或活动-，赋予节点对传入的影响传播进行决策的能力。[1]

---

[1] BOZORGI A, SAMET S, KWISTHOUT J, et al. Community-based Influence Maximization in Social Networks under a Competitive Linear Threshold Model [J]. Knowledge-Based Systems, 2017, 134 (15): 149-158.

2. 模型优点

（1）考虑了节点之间的关系，通过引入传播因子来描述节点之间的传播关系，可以更准确地模拟信息在网络中的传播过程。这种考虑节点之间关系的方法可以提高模型的准确性，使其能够更好地反映真实的社交网络传播过程。

（2）可以考虑多种传播模式，包括直接传播、间接传播和混合传播等。这种多模式的考虑可以使模型更加灵活，适用于不同类型的社交网络。

（3）可以考虑节点属性和外部影响因素，如节点的性别、年龄、地理位置等，以及外部事件、话题等因素。这种考虑可以使模型更加全面地描述社交网络中的信息传播过程，提高模型的准确性。

（4）可以进行模型参数的估计和模型拟合，从而得到模型参数的具体数值，进一步提高模型的准确性。这种模型参数的估计和模型拟合方法可以帮助研究者更好地理解社交网络中的信息传播过程，并为实际应用提供参考。

3. 模型缺点

（1）引入了多个传播因子和节点属性，因此模型参数较多。需要依赖庞大的数据集来完成模型训练的工作，否则模型的准确性可能会受到影响。

（2）需要计算节点之间的传播因子和节点属性的影响，因此模型的计算复杂度较高。这种情况下，模型的计算速度可能会受到影响，需要采用高效的计算方法来提高模型的计算速度。

（3）模型中假设网络结构是静态的，并且网络中的节点之间存在传播关系。这种假设可能与实际情况不符，因此模型的适用范围可能会受到一定的限制。

第三节

影响力最大化算法

一 影响力最大化问题概念

在给定的网络中，筛选出一个指定大小的节点集合，并于初始时刻激活这些节点，按照传播模型扩散使其最终能够最大范围地激活网络中的节点，上述过程便是影响力最大化问题。即给定的网络 $G (V, E)$ 中，存在节点集 V 和边集 E，每个节点可处于"激活"和"被激活"两种状态，且仅能单向被处于激活状态的邻居节点影响。给定一个节点数目为 k 的初始活跃节点集合 A，通过传播过程影响到其他节点，最终将 A 的影响力定义为其所影响的节点数目 $\sigma (A)$。[①]

将影响力最大化问题映射到实际问题中，可以描述为：在有限的资源（时间、金钱、人力等）条件下，通过选择合适的行动方案（例如广告投放、社交媒体推广、公关活动等），对目标受众产生最大的影响力和形成最大的覆盖范围，从而实现特定的营销或传播目标（例如增加品牌知名度、促进销售、提高市场份额等）。简而言之，影响力最大化问题就是找到社会网络中少量的种子节点集合，使影响力在短时间内通过种子节点迅

---

① 夏涛，陈云芳，张伟，等. 社会网络中的影响力综述 [J]. 计算机应用，2014，34（4）：980-985.

速传遍整个社会网络。

二　传统的影响力最大化算法

在当今的数字化时代，社交网络已成为人们交流、分享和获取信息的重要平台。在这个网络中，某些节点（即用户）可能比其他节点更具影响力，能够更有效地传播信息或影响其他人的行为。因此，影响力最大化问题在社交网络分析中具有重要意义，吸引了大量的研究关注。依照算法类型可将传统的影响力最大化算法划分为：贪心算法、启发式算法、基于渗流方法的算法和基于 PageRank 的算法。

（一）贪心算法

在理查森（M. Richardson）和多明戈斯（P. Domingos）等首次提出在社会网络中引入影响力最大化算法后，[①] 肯普（D. Kempe）等首次将影响力最大化问题形式化为在特定影响力传播模型中挖掘具有高影响力的 k 个节点的离散优化问题，并证明该问题属于 NP-hard 类别，即计算复杂度非常高[②]。为了解决这个问题，他们提出了一种贪心算法，该算法可以找到近似最优解，其近似比例为 63%。[③] 运用于影响力最大化问题的贪心

① Richardson M, Domingos P. Mining Knowledge-Sharing Sites for Viral Marketing; proceedings of the 8th International Conference on Knowledge Discovery and Data Mining (SIGKDD)，F，2002 [C]. 2002.

② Kempe D. Maximizing the Spread of Influence through a Social Network; proceedings of the ACM International Conference on Knowledge Discovery and Data Mining (SIGKDD)，F，2003 [C]. 2003.

③ 韩忠明，陈炎，刘雯，等. 社会网络节点影响力分析研究 [J]. 软件学报，2017，28（1）：84-104.

算法简单易懂，并且最终结果至少能实现最优解的 63%。不过其时间复杂度较高，在大型网络中并不适用。

（二）启发式算法

启发式算法是通过直观或经验构造出来的，它尝试在给定约束的前提下寻找满意的可行解。启发式算法无须遍历所有节点依次计算影响力，所以其高效快速。不过与此同时其准确度缺乏理论保证。启发式算法中最具代表性的是 Degree Discount 算法①和 CAA 算法。

陈卫（W. Chen）等提出的一种基于度折扣的启发式算法（度折扣算法，Degree Discount）在独立级联模型模拟计算后得到的影响力扩散效果与贪心算法齐平，但所消耗的时间成本远低于后者，适合用于大型网络中的数据处理工作。② 度折扣算法使用度中心性衡量节点的影响力，其中心思想是，假设节点 v 是节点 u 的邻居，若 v 为种子节点，由于节点 u 无法对节点 v 产生额外影响，故在计算节点 u 是否作为种子节点时需要对边 (u, v) 的数值大小打折扣。

曹玖新等人提出核覆盖算法（Core Covering Algorithm，CCA）。该算法结合了节点的度和核指标，将社交网络分解为 k 个核心，并从核心开始向外扩散，选择度最高的节点作为种子节点。③ 此外，该算法定义了影响半径，通常为 1 或 2。为了避免影响力重

① 夏涛，陈云芳，张伟，等．社会网络中的影响力综述［J］．计算机应用，2014，34（4）：980-985．
② Chen W，Wang Y，Yang S. Efficient Influence Maximization in Social Networks；proceedings of the 15th ACM International Conference on Knowledge Discovery and Data Mining（SIGKDD），F，2009［C］．2009.
③ 曹玖新，董丹，徐顺，等．一种基于 k-核的社会网络影响最大化算法［J］．计算机学报，2015，38（2）：238-248．

叠，与种子节点所在内核距离为 d 或更小的节点将被覆盖，并不再被选为子节点。CCA 算法结合了网络拓扑和度指标，有效地提高了时间效率。但是为了减少重叠影响造成的误差，算法会覆盖影响半径内的节点。此步骤可能会覆盖一些影响较大的节点，从而导致影响范围较低。

（三）基于渗流方法的算法

在统计物理学和随机图理论中有一个重要分支是渗流理论，该理论认为在网络连接没超过渗流阈值时，网络由许多破碎节点群组成；相反便会形成连通图。目前渗流理论在网络鲁棒性验证、谣言传播和疾病传播控制的相关研究中广泛运用，对其在影响力最大化问题中的应用探究在近年不断提升热度。

莫罗内（F. Morone）等人认为，最大化信息传播和疾病免疫影响力的最小节点集合都可以转化为点渗流问题。在渗流理论中，以随机概率删除网络中的节点，当删除个数超过某个值时，这个网络中的最大连通子图将会瓦解，从这段描述中可以认为影响力最大化问题可以表述为在渗流问题中找到使最大连通子图瓦解的最小删除个数临界值。[①]

（四）PageRank 算法

谢尔盖·布林（Sergey Brin）和拉里·佩奇（Larry Page）在 1998 年提出了名为 PageRank 的算法，用于评估网络中节点的重要性，是计算网页排名的经典算法，现已是谷歌搜索引擎网页结果排名算法的核心部分。在影响力最大化问题中，可以将

---

① MORONE F，MAKSE H A. Influence Maximization in Complex Networks through Optimal Percolation［J］. Nature，2015，524：65-68.

PageRank 算法应用于节点选择，选择具有最高 PageRank 值的节点作为种子节点。

PageRank 算法聚焦于网络拓扑性质，通过计算网络中各个节点的重要性得到排名。尽管 PageRank 最早应用于网页排名，但将其置于在线社交网络中同样适用。将网页之间的连接关系映射于用户关系，节点代表社交网络中的用户，边代表用户之间的关联，如果用户 v 回复了用户 u，则用户 v 和 u 之间形成了 v 指向 u 的单向连接。同样可以基于此计算出用户重要性排名，也就是用户影响力的大小，其公式如下所示。

$$PR(u) = (1-d) + d \times \sum^{v \in R_u} \frac{PR(v)}{N(v)} \qquad (5\text{-}3)$$

其中 $PR(u)$、$PR(v)$ 为网页 u、v 的网页重要性值，$R(u)$ 是连接到 u 的网页集合，$N(v)$ 为 v 向外连接网页集合，d 表示页面 u 被随机访问的概率。[①]

第四节

相关模型在智能传播中的实际应用

近年来，基于独立级联模型、线性阈值模型等影响力最大化算法的社交网络关键用户识别、市场病毒式营销、谣言溯源的可控传播和引文网络节点识别等问题受到了学界的广泛关注，很多学者也提出了不同的应用模型。本节归纳总结了上述相关

---

① 吴渝，马璐璐，林茂，等. 基于用户影响力的意见领袖发现算法 [J]. 小型微型计算机系统，2015，36（3）：561-565.

模型在智能传播中的实际应用，并对这些模型和算法进行了比较分析。

　　影响力相关模型带有很强的应用色彩，从宏观层面出发，关注网络结构中节点的影响力大小，通过影响力大小排序可以实现关键用户识别与挖掘，例如特定领域内的专家人士、社会网络中的意见领袖等，节点影响力在市场营销的病毒式营销、谣言传播等应用中则更加侧重于用户的传播影响力。

一　谣言治理

　　随着智能传播时代技术的不断革新，传统传播学中传者和受众的关系被进一步模糊，造谣成本的降低使得信息可靠性大幅下降。刘建明认为谣言是指众人无根之言的传播。[①] 而谣言的传播往往会造成一系列不利影响，例如声誉损害、社会动荡、经济衰退、甚至全球恐慌。所以探究社交网络中谣言抑制最大化（Rumor Blocking Maximization，RBM）问题迫在眉睫。RBM问题是影响力最大化的对偶问题，即通过计算社交网络中用户影响力，挖掘出在社交网络信息传播过程中能够产生关键抑制作用的用户，来实现防止谣言进一步扩散的最终目的，及时抑制谣言在社交网络中的传播。

　　谣言治理的相关研究最早可以追溯到二战时期，克纳普（R. H. Knapp）最早以内容分析的方式对谣言进行了分类，这为后续谣言传播过程的探究与治理策略的分析奠定了基础。[②] 在针对网络谣言的早期研究中，研究者大多围绕其文本语义特征、

①　刘建明. 舆论传播［M］. 北京：清华大学出版社，2001：291.
②　Knapp R H. A Psychology of Rumor［J］. Public Opinion Quarterly，1944，8（1）：22-37.

类型划分、传播机制与治理策略展开研究，研究方法多局限在定性层面，方法单一。

随着智能传播时代的到来，强大的数据处理能力为网络谣言的监测与治理提供了新的发展机遇。依靠智能传播模型的谣言研究始于 20 世纪 60 年代，人们关注到谣言在社交网络中的传播机理与特征和病毒扩散高度相似，大量学者使用传染病模型研究网络谣言的演化机理，这在前文中也有所提及。不过，随着人们对互联网时代人际传播网络的进一步认识，越来越多的学者注意到传统的传染病模型已无法确切描绘真实网络情况，他们尝试从影响力的角度使用独立级联模型和线性阈值模型解决谣言传播的相关问题。

智能传播时代背景下，互联网的便捷性助长了谣言的指数型扩散，但同时也提供了智能传播模型来模拟谣言扩散的演化过程，通过更直观的数据呈现寻求谣言治理的高效解决方案。以天津港"8·12"特别重大火灾爆炸事故为例，案例中所采用的谣言治理方案均可通过信息传播模型实现，例如，使用 IC 模型、LT 模型来计算各节点影响力，更有针对性地寻找到有影响力的微博大 V 发布正影响力信息以抗争谣言，构建立足于意见领袖的影响力最大化算法，即通过所选取的意见领袖遏制谣言进一步扩散，以强化抑制社交网络中谣言信息数量的效果。[1] 除此之外，网信办封锁账号的做法从切断谣言传播途径入手，基于影响力最大化算法及其相关模型构建谣言扩散源定位的方法。

从谣言治理案例中不难发现，目前大多数谣言治理的策略都可以通过影响力最大化算法及其相关模型实现，这极大限度

---

[1]　陈雄逸，许力，张欣欣，等. 社交网络基于意见领袖的谣言抑制方案 [J]. 信息安全研究，2023，9（1）：57-65.

地加快谣言治理速度，将谣言危害降到最低。关于信息传播模型在谣言治理上的应用形式多元，一部分学者尝试使用正影响力信息抗争谣言，通过传播真相来遏制谣言，也就是使用一组传递正影响力消息的节点抵抗负影响力谣言的扩散；此外遏制影响力个体传播谣言也是常用手段，其识别并阻断社交网络信息传播过程中具有较大影响力的关键节点，最大限度遏制谣言扩散。这些应用大多数是提出新的谣言传播模型，即在独立级联模型、线性阈值模型等影响力最大化算法上进行扩展更新以用于研究谣言传播。当然除此之外，信息传播模型在谣言治理领域还有其他应用形式，例如切断用户之间的连接以实现谣言阻断、进行谣言传播影响力源定位以从根本上解决传播谣言问题等。

　　尝试使用正影响力信息抗争谣言是较为常见的手段。许力等发现现有的社交网络谣言抑制方案大多以网络的结构属性为切入点，且在仿真实验中多采用独立级联模型，而该模型仅考虑到单实体传播的情况，但在现实中往往是多种不同的观点在社交网络中同时传播，并且观点之间相互竞争以取得用户的信任，采用独立级联模型不能准确地模拟现实传播情况。基于上述问题，研究引入节点的社交属性，突破了仅考虑网络的结构属性的局限性，采用多实体的竞争性独立级联模型，提出了一种基于意见领袖的谣言抑制算法，该算法在合理的时间成本内能够比其他的谣言抑制方案更好地抑制社交网络中谣言信息的数量，即所选取的意见领袖遏制了谣言进一步扩散。①

　　X. He 等人研究了竞争线性阈值（Competitive Linear Thresh-

---

① 陈雄逸，许力，张欣欣，等. 社交网络基于意见领袖的谣言抑制方案 [J]. 信息安全研究，2023，9（1）：57-65.

old，CLT）模型下社交网络中竞争影响力的传播，该模型是对经典线性阈值模型的扩展。[①] 作者所关注的内容是在社交网络中的某个个体策略性地选择部分能够发动自身帮助信息传播的种子用户，使其尽可能地阻止负影响信息的传播效果，实现谣言阻断最大化。文章发现在 CLT 模型下，影响力抑制最大化问题等同于 NP-hard 问题，过往研究使用影响力最大化算法中典型的贪心算法来获取该问题的近似答案是有效的，但贪心算法在模拟影响力传播的演化过程中需要多次调用蒙特卡洛方法，重复调用使得算法的时间复杂度升高，从而导致模拟效率下降。为了解决这个问题，文章基于竞争性线性阈值模型构建了新的算法，尝试在社交网络中挖掘一批种子用户发布正影响信息实现谣言抗争，使社交网络中接收谣言信息的节点数量达到最少。类似从谣言阻断最大化出发的相关研究还有很多，P. Wu 等从独立级联模型出发构建了两个竞争传播模型用以描述社交网络中两种典型情况下的信息竞争传播过程。但在实际模拟过程中发现两个模型下实现谣言阻断最大化的贪心算法处理速率低下且可扩展性差。为了解决这一问题，他们提出了基于最大影响树丛（MIA）结构的两种启发式算法 CMIA-H 和 CMIA-O，经实验验证了两者解决两种竞争传播模型下谣言阻断最大化问题的可行性和高效性。[②]

杨兰（L. Yang）等人提出了一个具有单向状态转移的线性阈值模型，用于为同一网络中两种不同类型的竞争信息传播建

① He X, SONG G, CHEN W, et al. Influence Blocking Maximization in Social Networks under the Competitive Linear Threshold Model；proceedings of the SIAM International Conference on Data Mining, F, 2012［C］.2012.

② Wu P, PAN L. Scalable Influence Blocking Maximization in Social Networks under Competitive Independent Cascade Models［J］. Computer Networks, 2017, 123（4）：38-50.

模，并提出了一种基于扩散动力学的启发式算法，该算法的计算效果优于现有的 PageRank 影响力最大化算法。[①] 在新提出的基于扩散动力学的启发式算法中，在谣言信息附近散播正影响力信息用以抵抗负影响谣言的进一步扩散。其在无标度网络和小世界网络中的模拟表现堪比影响力最大化的贪心算法，但运行速度较之有大幅提升。

此外，也有学者从遏制影响力个体入手实现谣言控制。范（D. V. N. G. L. Pham）等人关注到在线社交网络中的虚假信息来源和话题繁杂程度，它们将进一步导致谣言危害的用户范围扩大，从多内容主题出发遏制谣言传播至关重要。[②] 文章提出了谣言传播背景下的多主题线性阈值模型，基于此模型进一步给多内容主题和预算约束的谣言遏制问题下定义。文章尝试将谣言阻挡在社交网络之外，遏制个体传播，在可控成本内尝试寻找到可以帮助谣言扩散最小化的用户节点。面对更加复杂的大型网络，文章也给出了扩展算法，尝试利用树状数据结构加快处理问题的速率，并通过了真实物理网络数据集的检验，与目前的改良算法相比，新提出的算法无论是在处理效率还是处理效果上都更胜一筹。

王家坤等从网络谣言的特性出发，基于传统的线性阈值模型，给出了谣言演化过程中用户进入阈值与退出阈值的概念，提出了一种基于线性阈值的社交网络谣言离散传播模型。仿真实验发现，该离散模型相比传统的信息传播模型能够更加贴切

① YANG L, LI Z, GIUA A. Containment of Rumor Spread in Complex Social Networks [J]. Information Sciences, 2020, 506: 113-130.

② PHAM D V N G L, NGUYEN T N, et al. Multi-topic Misinformation Blocking With Budget Constraint on Online Social Networks [J]. IEEE Access, 2020, 8: 78879-78889.

地反映真实社交网络中复杂的信息传播情况，并且谣言传播演化的过程跟随社交网络中用户的进入阈值与退出阈值的变化而显著改变，且无论进入阈值还是退出阈值，两者的数值越高，谣言传播的规模越小，均为负相关，这在一定程度上验证了阈值对谣言遏制的关键性作用。①

Yao 等提出了一个多概率独立级联模型来描述谣言的传播过程，量化每个用户的影响力，并对其赋予相应权重，接着结合文章提出的 WBGA 近似算法实现对社交网络中不同的用户进行分类，确保在给定成本范围内以最快速度控制谣言。② 为了解决这个问题，作者设计了不同的谣言控制措施。首先，他们提出了一种联系数来量化每个用户的影响力权重。其次，根据用户的影响力权重将其划分为不同的组别，以便通过相应的措施控制谣言。因此，谣言控制可以表述为一个优化问题，其中使用基于接触系数的决策变量，设计出一种名为 WBGA 的近似算法来对不同用户进行分类，确保在给定成本范围内以最快速度控制谣言。

信息传播模型在谣言治理中的应用非常广泛，上述提到的研究文献仅仅是其中的部分案例，深入挖掘谣言传播的特质将会进一步引导信息传播模型的更新方向与思路。

二　关键用户识别

拉扎斯菲尔德认为信息是按照"媒体—意见领袖—受众"

---

① 王家坤，王新华．一种基于线性阈值的网络谣言离散传播模型［J］．情报科学，2019，37（6）：163-169．
② YAO X，GU Y，GU C，et al. Fast Controlling of Rumors with Limited Cost in Social Networks［J］. Computer Communications，2022（1）：182.

的传播模式传播的，在这一过程中意见领袖发挥了较为重要的作用，这也是"意见领袖"这一概念第一次被提出，20 世纪 40 年代初，在传统传播学界关于媒介传播效果领域的研究中，"魔弹论"仍然占据重要地位。拉扎斯菲尔德认为媒介传达出的消息首先抵达"意见领袖"，"意见领袖"再将其转传给同事或他们的追随者。这一过程就是著名的"两级流动传播"。

"意见领袖"和"两级流动传播"理论的提出，极大限度地动摇了"魔弹论"的地位，并为之后大众媒介"有限效果论"的提出做好了铺垫。因此，在 20 世纪 40 年代之后，西方学者掀起了对"意见领袖"和"两级流动传播"理论研究的高潮。[①]

在 20 世纪四五十年代，学者们越来越意识到，在信息传播者与接收者之间的认知中，还存在大量心理上和社会上的不确定因素，包括：选择性接触、选择性注意、选择性认知和选择性记忆、"意见领袖"的出现等。[②] 这也促使传播学开始融合社会心理学和其他专业领域，而批评性理论对"意见领袖"和"两级流动传播"等概念的更深入完善也发挥了不可磨灭的作用。美国社会学家罗杰斯的研究，便为"意见领袖"和"两级流动传播"理论同时找到了合理有效的解释。他认为："大众传播分为信息流和影响流，信息流即媒介信息的传播可以是一级的，它可以像人们感觉的那样直接到达受众，而影响流的传播则是多级的，要经过大大小小的'意见领袖'的中介才能抵达受众。"在这之后他又逐步发现"意见领袖"不仅存在于政治领

① SEVERIN W J, TANKARD J W. 传播理论：起源，方法与应用（第 5 版）[M]. 郭镇之，译. 北京：中国传媒大学出版社，2006：29.

② ROSHWALB I. Personal Influence：The Part Played by People in the Flow of Mass Communications [J]. American Journal of Sociology, 1955, 21（6）：1583.

域，在时尚、购物、电影、公众事务等社会中的其他生活领域也有着部分影响力较大的"意见领袖"。

意见领袖产生于大众媒体不发达的时代，信息从媒体到大众的扩散，要经过"两级传播"，意见领袖凭借在媒介接触和信息来源方面的优势，获得追随者的信任，从而在舆论形成中拥有话语权。随着大众媒体的普及，以韦斯特利（B. Westley）等为代表的学者认为大部分社会新闻直接由媒体向大众传播开来，在公共舆论的进程中，意见通常是互换的，与其说是给予，不如说是分享，因此意见领袖的作用在削弱。而网络带来的去中心化和开放性的传播模式，一度使人们怀疑网络中意见领袖的存在。然而名人微博的千万粉丝，网络事件中频现的推手等，都使人们坚信"众声喧哗"之中，同样存在一批被称为"e-influential"（E见领袖）的人来引领网民意见，在网络时代，意见领袖并未消失。网络本身的信息生产与传播特点使得意见领袖具有了新的特征，他们的构成更加多元，距离网民越来越近，影响范围越来越广。互联网极大地丰富了传统意见领袖的内涵与构成。

同时，随着社交媒体的普及和网络技术的不断发展，大量与意见领袖相关的数据产生。这些数据包括他们的社交媒体表现、受众互动、口碑传播和信息采纳等。传统的意见领袖识别方法难以处理如此庞大的数据量，这时信息传播模型的引入可以帮助研究者更好地分析和处理这些数据。并且由于意见领袖的影响力机制往往具有复杂性和不确定性，信息传播模型可以更好地理解意见领袖与受众之间的互动和影响机制，预测其影响力，并提供更准确的识别方法。

现有研究者以转载量、评论量、微博用户的粉丝数及认同

值 4 个指标设立了衡量意见领袖的标准。① 而为了更好地识别其
中真正的意见领袖，研究者可以利用独立级联模型来分析社交
网络。首先根据社交网络的结构和用户行为数据，构建一个社
交网络图，其中节点代表用户，边代表用户之间的互动关系。
其次根据事故的相关信息和社交网络中的用户行为数据，确定
每个节点的初始采纳状态。再次根据独立级联模型的概率规
则，模拟信息在社交网络中的传播过程，并记录每个节点的采
纳状态和影响力。最后根据模拟结果找出具有最大影响力的意
见领袖。对独立级联模型的应用，可以帮助研究者更快、更精
准地找到突发事件中的意见领袖，从而通过官号入场迅速进行
澄清道歉并引导意见领袖广泛转发推广，最终平息此次舆论
风波。

在中心度算法中，单个节点的影响力取决于其相邻节点的
个数，虽然该算法的计算复杂度低，适用于当今节点较多的社
交网络，但它却忽略了相邻节点之间拓扑的影响，为了更好地
完善算法，研究者提出了一种结构孔的算法。这种算法更加侧
重于节点所处的位置，节点的影响力通过相邻节点的拓扑结构
来表示。该算法主要特点为：节点在结构孔中的约束越多，节
点的影响力就越小。② 结构孔算法虽然能精准地识别出重要的连
接节点，但仍存在识别聚类中心的能力较弱的问题。尽管中心
度算法在计算影响力方面更为简单，但在面临庞大数据时不够
准确。或可通过改进贪心算法挖掘扩散模型的最佳解决方案，

---

① 王平，谢耘耕. 突发公共事件中微博意见领袖的实证研究——以"温州动车
事故"为例 [J]. 现代传播（中国传媒大学学报），2012，34（3）：82-88.

② NEWMAN M. The Structure of Scientific Collaboration Networks [J]. Proceedings of
the National Academy of Sciences of the United States of America，2000，98（2）：
404-409.

但由于其计算量大，较难应用于实际问题的解决。① 与此同时，也有学者提出了混合贪心算法②、改进的启发式算法。③

在计算影响力时，有部分研究者通过考虑节点间的拓扑结构，提供一种特殊的分层措施，可以用于检测节点影响力并为其排序。在现实世界和人工网络上进行的实验表明，与其他方法相比，该方法可以更准确地对节点的影响力进行排序。④ 该方法不仅考虑了节点的拓扑属性，也对其社交属性进行了考虑。

莫哈比（Mhadhbi）等旨在利用最大集团问题解决影响力最大化问题，即节点周围密集邻域的存在是影响力最大化的基础。他们的方法包含以下三个步骤：①从复杂网络中发现所有最大集团；②过滤最大集团的集合，然后将属于其余最大集团的顶点表示为上位顶点；③根据一些指标对上级节点进行排序。他们还在许多现实生活中的数据集上根据几种高性能方法对所提出的框架进行了实证评估，实验结果表明，他们的算法在寻找网络中最佳初始扩散器方面优于当时最先进的算法。

随着影响力最大化领域研究的不断深入，时间因素也逐渐引起了研究者们的重视。范等认为在线社交网络已成为全球流行的

① WANG L, ERMON S, HOPCROFT J E. Feature-Enhanced Probabilistic Models for Diffusion Network Inference; proceedings of the European Conference on Machine Learning & Knowledge Discovery in Databases, F, 2012 [C]. 2012.

② GOYAL A, LU W, LAKSHMANAN L V S. CELF++: Optimizing the Greedy Algorithm for Influence Maximization in Social Networks; proceedings of the 20th International Conference on World Wide Web (WWW), F, 2011 [C]. 2011.

③ ALDAWISH R, KURDI H. A Modified Degree Discount Heuristic for Influence Maximization in Social Networks [J]. Procedia Computer Science, 2020, 170: 311 - 316.

④ ZAREIE A, SHEIKHAHMADI A. A Hierarchical Approach for Influential Node Ranking in Complex Social Networks [J]. Expert Syst Appl, 2017, 93 (3): 200 - 211.

媒体。但是，它们也允许快速传播错误信息，从而对用户造成负面影响。错误信息传播的时间越长，受影响的用户数量就越大。因此，有必要防止错误信息在特定时间段内传播。他们提出了最大化错误信息限制问题，目的是找到一组节点，在时间和预算限制下，从社交网络中删除这些节点可以最大限度地减少错误信息源的影响。[①] 阿里（J. Ali）等认为尽管目前的算法技术聚焦于最大化受影响的总人数，但人口中往往会包含一些特殊的社会群体，如基于性别或种族而聚集的群体。所以这些技术在一定程度上会导致不同群体在接收重要信息时出现差异。除此之外，在部分应用中，影响力的传播对时间也有着重要的影响，也就是说，只有在截止日期之前受到影响才是有益的。因此他们提出了一个时间关键影响力最大化中的群体公平概念，引入代理目标函数，在公平性考虑下解决影响力最大化问题。他们通过利用目标的亚模块化结构，提供计算效率高的算法，并保证在传播过程中有效地执行公平性。[②] 童光墨（G. Tong）等认为对社会计算任务来说通常是时间关键的，因此，只有早期产生的影响才是有价值的，于是他们分析了受时间约束的自适应 IM 问题。在理论方面，他们给出了计算最优策略的硬度结果和适应性差距的下限，以衡量适应性策略相对于非适应性策略的优越性。[③]

① PHAM C V T, MY T D, HIEU V B, BAO Q H, HUAN X. Maximizing Misinformation Restriction within Time and Budget Constraints［J］. Journal of Combinatorial Optimization, 2018, 35（4）1202-1240.

② ALI J, BABAEI M, CHAKRABORTY A, et al. On the Fairness of Time-Critical Influence Maximization in Social Networks［J］. IEEE Transactions on Knowledge and Data Engineering, 2019, 35（3）: 2875-2886.

③ TONG G, WANG R, DONG Z, et al. Time-Constrained Adaptive Influence Maximization［J］. IEEE Transactions on Computational Social Systems, 2021, 8（1）: 33-44.

尽管围绕信息的时间属性已经开展了大量研究，但是如何在特定时间约束下使信息得到最大化传播仍是一个开放问题。

三 病毒式营销

病毒式营销的起源可以追溯到 1994 年，媒体批评家道格拉斯·鲁什科夫（Douglas Rushkoff）在《媒介病毒》（*Media Virus*）中有如下描述：假设有一段广告信息成功地与一位"易感"用户发生接触，该用户的状态就会转变为"感染"（比如注册一个账号），之后这个用户会继续去"感染"其他"易感"用户。理论上说，如果每一个"感染"用户平均都会给一个以上的朋友发送一封电子邮件，这个传播机制就会不断持续进行，直到所有"易感"用户都被"感染"。而对于概念的定义，1996 年哈佛商学院教授杰佛里·瑞波特（Jeffrey Rayport）于 1996 年提出了病毒式营销，但对概念的术语解读是由史蒂夫·尤尔韦松（Steve Jurvetson）和蒂姆·德雷珀（Tim Draper）在次年提出的，他们认为这是一种极其强大的营销技术。如图 5-5 所示，病毒式营销通常是在商家发布营销信息后，初始用户接收营销信息并将其借由自己的人际网络进行再次传播，而营销信息的新受众中又会发展产生新用户，这部分新用户则可以借由自己的人际网络对营销信息进行新一轮传播，如此层层迭代，营销信息就会像病毒扩散一样借由每一个用户的人际网络呈指数爆炸的趋势向外传播。

随着互联网技术的快速发展，人们越来越倾向于在社交网络中分享自己的日常生活，因此，在这种社交网络中，具有影响力的人往往可以影响并引领他周围的节点。例如，社交网络中的意见领袖就是具备影响力的节点，他们在社交网络中经常

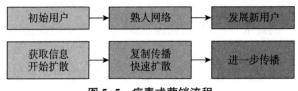

图 5-5　病毒式营销流程

发表对时事、趋势和流行文化的看法，并因此获得一定的影响力。他们的观点往往能影响他们的关注者，进而影响更多的人。

影响力最大化问题起源于市场营销领域，它最初是为了寻找 x 个具有影响力的节点，通过这些节点来尽可能多地影响其他节点，从而扩大营销量。它针对社交网络中的特定用户，挖掘能够对其产生最大影响力的节点集合，具有很重要的现实意义。作为市场营销的重要方法之一，病毒式营销的关键在于选取具有足够影响力的种子用户，通过这些种子用户来达到最佳营销效果。多明戈斯（P. Domingos）等最早将病毒式营销归结为网络中的种子节点选取，旨在通过种子节点的社会联系扩散口碑，以影响网络中尽可能多的节点，实现影响力最大化，即将其定义为影响力最大化问题。[1] 影响力最大化问题提出后，便迅速成为众多领域的热门研究方向，并在不同领域都得到了广泛应用。在信息传播领域，独立级联模型和线性阈值模型是经典的两大主流模型，同时这两大模型以及其改进模型也是研究影响力最大化问题的常用主流传播模型。病毒式营销虽然具有传播速度快、传播简单等多方面优势，但是大面积的无用信息轰炸很可能会引起用户的厌倦甚至是对营销信息所宣传产品的

① DOMINGOS P, RICHARDSON M. Mining the Network Value of Customers; proceedings of the 7th ACM International Conference on Knowledge Discovery and Data mining（SIGKDD），F，2001［C］. 2001.

反感。所以商家考虑的重心应当是"如何让营销信息更精准地击中用户的需求""如何在确保不引起用户反感的前提下尽量扩大营销信息传播面""如何选择更具有影响力的用户去传播营销信息"等问题，由此，应当引入智能传播的技术去帮助解决类似问题。

（1）案例一：亚马逊营销应用

1995年7月16日，亚马逊网上书店刚刚上线。刚开始，网站一天能够接到十来个订单，但要大规模将用户由线下吸引到线上，亚马逊必须讲求策略。亚马逊书店为了与传统的书商进行竞争，扩大其网站的影响力，除了给予用户一定的购买书籍的优惠，还利用读者的好奇心进行了一次成功的病毒式营销。亚马逊邀请了两次获得"普利策奖"的约翰·厄普代克（John Updike）为小说《谋杀造就了杂志》撰写开头，并发布于该网站上，由网友将剩余的部分补充完整。由于小说开头惊心动魄，一下子吊起了所有公众的胃口，人们都急于知道下文，纷纷猜测故事的结局，上网看的人和参加续写的人都十分活跃。为了鼓励UGC和社交氛围，亚马逊采取了奖励措施——连续6周，对当周最佳续篇作者赠送1000美元奖金，再从6个获奖者中选出最佳者，赠予10万美元奖金。由于策划得当、宣传有力，仅44天就有40万人踊跃投稿，活动大获成功。最后全书由厄普代克定稿，在亚马逊网站上正式发行。亚马逊的这次病毒式营销极大地调动了公众参与和创作的热情，同时也获得了极好的营销推广效果，大大提高了平台影响力。

与一般的病毒式营销类似，亚马逊需要选择合适的种子用户以达到最佳营销效果，厄普代克和获奖者都属于种子用户，但不同于以往的影响力最大化研究只关注每个节点的影响力，亚马逊需要考虑支付一定的代价作为对种子节点的激励，并且对于每一个种子节点所需要支付的代价都可能是不同的，为了解决此类关于种子节点选择成本的影响力最大化问题，亚马逊公司可以参考阮（H. Nguyen）等引入预算和成本作为约束条件，基于信息传播扩散模型提出的种子选择算法，迭代缩小候选种子范围，其目标是在固定预算和任意节点成本的情况下，选择影响力最大的种子集。[①]

（2）案例二：彩妆品牌 Glossier 营销应用

看重数字化营销的彩妆品牌 Glossier 非常善于利用拥有超过 10 亿月活用户的 Instagram 作为增长载体。早期，Instagram 被 Glossier 看作一个获得产品反馈的平台。后来，Glossier 发现人们喜欢在这个平台上发布他们拿到 Glossier 产品时的照片，于是 Glossier 希望能够引导更多用户参与进来并借此吸引更多新用户。Glossier 开始在每次投递产品的时候都顺带送一套免费贴纸，以此刺激消费者尝试定制他们的 Glossier 产品包装并在 Instagram 上分享一张图片。这之后几乎每一个 Glossier 的产品或产品包装上都特意留有空白处并送有免费贴纸，用户能轻而易举地用不同的方式定制属于他们的 Glossier 产品。此外为了鼓励 UGC 和形成良好社区氛围，如果用户生产了足够高质量的内容，就会被转发到 Instagram 上的 Glossier 官方账号，向该账号的 170 多万粉丝公开。转发粉丝的图片让 Glossier 官方账号更像一个社区，更多的人会受到鼓励并跟着创作内容。此外，Glossier 官方会在众多 Glossier 内容创作者中邀请一些用户作为 Glossier 的品牌线上传播大使，这些用户往往是 Glossier 内容创作者中活跃值较高者和高质量内容生产者，Glossier 官方会给予这些品牌线上

---

① NGUYEN H, ZHENG R. On Budgeted Influence Maximization in Social Networks [J]. IEEE Journal on Selected Areas in Communications, 2019, 31（6）：1084-1094.

传播大使一些福利优惠，比如给予他们每个人一个优惠券代码，用户能够通过使用该代码而获得购买 Glossier 商品的优惠价格。

为了更好地营造良好社区氛围和鼓励 UGC，并最终达到营销效果最大化的目的，Glossier 需要合理地选择应该转发哪些用户在 Instagram 上发布的内容以及应该挑选哪些用户成为品牌线上大使，同时挖掘这些线上大使的邻居用户来影响目标用户。由于营销预算有限，实际中营销往往无法覆盖特定用户的所有邻居以实现最大的影响力；而从邻居中选择一部分用户可以对目标用户产生一定的影响，但这种方法的精确度无法得到保证。从信息传播的角度来看，社交网络中的特定用户主要受到其邻居的影响。因此，在预算有限的前提下，如果能够选择一个或少数几个关键节点，使其能够尽可能多地影响目标用户的邻居集合，便可以在满足预算要求的情况下达到所需的影响效果。对此 Glossier 可以参考程苏琦（S. Cheng）等提出的 IMRank 启发式算法，IMRank 是一种利用 IC 模型传播特点构建的启发式算法，它利用 IC 模型中传播概率的特点，用 LFA 策略将节点影响力在网络中进行传播，并根据最终的传播结果确定节点的等级。① Glossier 可通过节点等级判断应该选择哪些用户作为品牌线上大使或者转发该用户生产的内容。

（3）案例三：搜索引擎大战营销应用

2005 年百度面对雅虎和谷歌带来的巨大竞争压力，决定通过广告宣传来发起反击，但令人意想不到的是在这次的广告宣传中百度只是投入大约十万元拍摄了三段视频，分别是《孟姜女篇》、《唐伯虎篇》和《刀客篇》，这三部短片都体现了一个

---

① CHENG S, SHEN H W, HUANG J, et al. IMRank：Influence Maximization via Finding Self-Consistent Ranking；proceedings of the 37th International ACM Conference on Research & Development in Information Retrieval（SIGIR），F，2014［C］. 2014.

共同的观点——百度更懂中文，之后其便不花费一分钱的广告费和公关费。三段视频只通过百度员工和在网上挂出下载链接进行网络传播，可正是这三段短视频在当时的点击次数超过两千万，达到了近亿元投入的传播效果。这也帮助了当年的百度公司在中国树立了与竞争对手的品牌差异化定位——"百度更懂中文"，使其品牌更深入人心，增加其在中国搜索引擎市场的份额。

在实际营销场景中往往是几个竞争的产品在某一网络中同时传播且彼此之间相互干扰，百度在这次病毒式营销中不仅需要考虑影响力最大化问题，还需要考虑竞争对手对其传播效果的影响。而在影响力最大化算法中，有针对竞争影响力最大化的最小成本种子选择方法，这种方法构建具有代表性、科学性的竞争型社交网络结构，并在其中以最小的成本选择一组种子集，将其影响力广泛传播到网络中，因而可以较好地适用于互联网行业竞争环境下的影响力最大化计算。

过去大多数病毒式营销模型往往只关注节点影响力的传播范围，而对营销中的商业投入产出效益缺乏考虑。在现实商业营销中，寻找产品目标用户、选取种子节点所需要支付的代价和营销预算才是最受关注的三大问题。基于上述背景，针对不同实际营销场景引入不同约束条件已经是影响力最大化研究领域的一种研究趋势。宋崇刚（C. Song）等研究时间状态约束的目标节点影响力，形式化了社交网络中有针对性的影响力最大化问题，提出一种基于采样的算法，采用登录模型，其中每个用户都与登录概率相关联，并且只有当他在线时，他才能受到邻居的影响。①

---

① SONG C, HSU W, LEE M L. Targeted Influence Maximization in Social Networks; proceedings of the ACM International on Conference on Information & Knowledge Management, F, 2016 [C]. 2016.

在产品营销的实际场景中，同类产品之间通常存在竞争，不同产品针对同一批目标用户进行营销推广，同一目标用户会受不同产品营销传播的影响而产生不同的效果。对此 Liang 等提出了竞争性社交网络中的目标影响力最大化问题（TIMC）。[①] 他们为了模拟影响扩散，将目标节点和竞争关系组合成一个独立的级联模型，提出了一种基于反向可达集的贪心算法来求解 TIMC 问题，并从理论上证明了该算法的近似比。

四　其他领域

除了上述案例外，影响力最大化算法在学术领域的应用也非常广泛。它可以帮助研究人员深入分析论文、学者和学术机构之间的相互影响关系，发现研究趋势和学术动态。通过分析论文之间的引用关系和共同作者关系等，影响力最大化算法可以帮助科研人员快速找到有价值的学术论文，从而更好地了解本领域的研究成果。此外，影响力最大化算法还可以应用于评估学术机构的影响力和地位，预测未来学术趋势和研究方向。通过影响力最大化算法在学术领域的应用，科研人员可以更好地理解目标学术领域的发展现状，为未来的研究提供有价值的参考。

X. Liu 等人对数字图书馆研究社区中的作者合作网络进行研究，并且提出了作者排序算法（Author Rank）[②]。作者合作网络

① LIANG Z, HE Q, DU H, et al. Targeted Influence Maximization in Competitive Social Networks [J]. Information Sciences, 2023, 619: 390-405.
② LIU X, BOLLEN J, NELSON M L, et al. Co-Authorship Networks in the Digital Library Research Community [J]. Information Processing & Management, 2005, 41 (6): 1462-1480.

是基于多个作者之间的合作关系构建而成的关系网络，网络中的每个节点代表一个作者，每条边代表他们之间的合作关系。具体来说，作者合作网络可以定义为：一组作者（节点）和他们之间的合作关系（边）所组成的网络。如果两个作者共同发表了一篇论文，那么他们之间就存在一条边。如果两个作者曾经共同发表过不止一篇论文，那么他们之间的边可以是有向的，表示他们在过去的合作中曾经有多次的交流和合作。由于 Page Rank 算法不适合加权有向图的计算，文献提出了一种名为 Author Rank 的算法，该算法是基于 Page Rank 算法的扩展算法，它考虑了连接权重，用于对作者进行排序。Author Rank 算法考虑了作者之间的合作关系和引用关系，通过迭代计算得到每个作者的排序值，排序值越高表示作者的影响力越大。值得注意的是，Author Rank 算法还考虑了作者的年龄（基于发表论文的时间）和贡献度（基于合作关系和引用关系），以进一步提高排序的准确性。

Y. Wang 等针对引文网络影响力最大化问题，引入了模因来研究知识的传播模式，建立了一个模因级联模型，并在此基础上提出了 LDGIM 算法。文献中首先提出了一个基于模因的信息传递模型，然后结合网络拓扑结构，提出了一种基于 Leader Rank 的折扣算法来获取候选种子节点集。在此基础上，他们引入贪心算法对候选种子节点进行筛选，从而得到最终的种子节点集。实验证明文献提出的模因级联模型符合引文网络中的知识转移，适用于大多数引文网络，并且 LDGIM 算法优于其他启发式算法。①

---

① WANG Y, YAN G, LI Z, et al. Research on Influence Maximization of Citation Network from the Perspective of Meme; proceedings of the 3rd International Academic Exchange Conference on Science and Technology Innovation（IAECST），F，2021［C］. 2021.

在学术交流中，合著网络关键节点作为信息传输媒介发挥了突出的作用，因而对这些关键节点的识别显得至关重要。为了识别合著网络中的关键节点，李文兰等人提出了一种新的方法，该方法综合考虑了多指标因素来识别合著网络中的关键节点。[①] 发文量和被引用次数是合著网络中的两个核心影响因素，该模型也基于这两个指标来识别关键节点。最后，文献中研究者采用了传染病 SIR 模型来模拟关键节点在合著网络中的影响力传播过程，并发现：基于该识别模型识别的关键节点，传播速度更快，影响能力更强。这一结果表明，该模型的识别效果是有效的。

本章小结

本章主要介绍了信息传播过程中针对影响力最大化问题提出的独立级联模型和线性阈值模型及目前学界对它们的改进思路。此外，还介绍了影响力最大化算法中常见的贪心算法、启发式算法、基于渗流方法的算法和 Page Rank 算法及其改进算法。接着聚焦关键用户识别、谣言遏制、市场营销等领域，梳理相关技术在各领域中应用的发展脉络，并结合智能传播背景通过案例讲解的方式将各领域案例与相关模型结合。最后对目前国内外信息传播模型应用文献进行综述。

依托在线社交媒体平台的繁荣发展，在线社交网络的迅猛

---

① 李文兰，王野，李立，等. 基于多属性决策合著网络关键节点识别研究 [J]. 情报理论与实践，2017，40（9）：95-100.

发展为聚焦于网络结构的信息传播模型提供了良好的发展基础，不少研究学者在信息传播机制的探究、信息传播规律的挖掘上都取得了不俗的成就。从实际应用层面出发可以发现，尽管不少文献提到信息传播的相关模型在市场营销、谣言遏制、KOL识别、舆情控制等多个领域中都被广泛运用，但在真实社交网络中针对特定舆情事件使用相关模型的验证性探究相较于传播动力学中使用传染病模型的验证性研究等仍然较少。面对在线社交媒体平台的复杂化，从网络结构视角切入的信息传播模型相比于关注群体状态的传染病模型等，能够更加具象地拆解在线社交网络的节点、连接特性，并将其更新引入模型中。关注个体异质、特定社交媒体平台的用户连接特性、不同领域的用户连接特性、复杂网络结构等，都是后续信息传播模型在模型迭代优化中的可行路径。研究者还尝试在人工网络中完成仿真的同时，能够针对细分领域的特定舆情事件爬取数据集以模拟不同传播模型在应用中的效果，早日实现从理论到实践的跨越，真正实现信息的智能传播。

第六章

人工智能与媒体信息传播

第一节

人工智能概述

一　人工智能定义

联合国教科文组织世界科学知识与技术伦理委员会（COMEST）将人工智能（Artificial Intelligence, AI）定义为"能够模仿人类智能某些功能的机器，具体功能包括感知、学习、推理、解决问题、语言互动甚至创造性工作等"[①]。

此外，2019 年联合国世界知识产权组织（WIPO）发布的《2019 技术趋势：人工智能》报告（以下称《报告》）将人工智能系统阐释为学习系统。这些系统在执行传统上由人类完成的任务方面表现出更强的能力，通常只需极少的人工干预或无须人工干预。《报告》为了进一步划分人工智能的技术与应用，将人工智能分为人工智能技术与人工智能功能性应用两个部分。其中，人工智能技术是指"先进的统计和数学建模形式，如机器学习、模糊逻辑和专家系统，允许计算通常由人类执行的任务；值得注意的是，各种人工智能技术是不同人工智能功能的框架"。

《报告》指出，人工智能功能应用包括语音识别和计算机视

[①] 中国信息通信研究院，京东探索研究院．人工智能生成内容（AIGC）白皮书［R］．2022.

觉等任务，可通过一种或多种人工智能技术实现。人工智能功能性应用可以总结为九大类，分别为：计算机视觉（Computer Vision）、语音处理（Speech Processing）、自然语言处理（Natural Language Processing）、控制方法（Control Methods）、知识表示与推理（Knowledge Representation and Reasoning）、规划调度（Planning and Scheduling）、机器人学（Robotics）、预测分析（Predictive Analytics）、分布式人工智能（Distributed AI）。

如今，神经网络在我们生活的各个领域都发挥着不可或缺的作用。

（1）信息领域：常被应用于推荐系统（包括电影推荐、商品推荐、音乐推荐等）、图像分类（包括目标检测、图像分类、图像分割、人脸识别、超分辨率重建、行人重识别等）、语音识别（包括语音识别、合成与转写等）、自然语言处理（包括文本分类、机器翻译、问答系统、情感分析等）等。

（2）医疗领域：可被应用于医学疾病诊断、基因序列分析、生物信号的检测与分析、医学影像分析、医学专家系统构建等方面。

（3）金融领域：可以用于信用评估、风险控制、欺诈检测、市场价格预测、资产组合管理、风险评估、数据挖掘与拟合、衍生品定价和交易等方面。

（4）娱乐领域：应用于游戏智能体设计、游戏画面生成等。

（5）工程领域：在军事（AI合作）工程、化学工程、水利工程、汽车工程方面也发挥显著的作用。

（6）交通领域：在车道识别、交通标志识别、目标检测、预测交通事故和交通拥堵等现象、优化和管理交通系统方面也发挥显著的作用。

二 人工智能历史脉络

自 1956 年科学界提出了人工智能的概念以来，在 60 多年的发展历史中，其共经历了三个阶段。

第一阶段。1943 年，沃伦·麦卡洛克（Warren McCulloch）教授和皮茨（Walter Pitts）教授提出了 McCulloch-Pitts Neuron 单神经元计算结构。这个计算结构在一定程度上模拟了人类神经元的组成结构，初具现在发展的神经元雏形。该结构需要通过人工在后期进行手动调节来设置权重，不利于计算机的操作与输出。随后人工智能之父艾伦·图灵提出了著名的"图灵测试"，受"图灵测试"的刺激，全球范围内出现了第一波人工智能的发展浪潮。对现今人工智能发展产生巨大影响的是罗森布拉特（Rosenblatt）教授在 1958 年提出的感知器模型，该模型能够根据样本数据库来合理地、自动地调整权重。到了 1969 年，受马文·明斯基（Marvin Minsky）教授"基于感知器的研究注定将失败"的悲观言论影响，关于神经网络的研究遭遇了第一次重大低潮，这也导致深度学习的发展停滞不前。

第二阶段。20 世纪 70 年代，杰弗里·辛顿（Geoffrey Hinton）率先提出了反向传播的概念。1986 年，在丽娜·德克特（Rina Dechter）的助力下，深度学习被引入了机器学习社区。在最初的 20 世纪 80 年代，深度学习领域并未见较大的进展。直到 80 年代末 90 年代初，伊戈尔·艾森伯格（Igor Aizenberg）提出将反向传播应用于神经网络领域。这一倡导促使基于深层神经网络的深度学习得到了更多关注和研究，并且逐渐被应用于实践中。这一阶段卷积神经网络（CNN）、循环神经网络（RNN）、长短期记忆递归神经网络（LSTM）等模型也都得到了很好的发展。

第三阶段。2006 年，机器学习领域泰斗，被称为"神经网络之父"的辛顿及其团队首次正式地提出深度学习概念，同时提供了方法指导，用于解决研究者们在训练深层神经网络模型中遇到的系列难题。这极大地激发了研究者们的热情，掀起了研究深度学习的热潮。之后，深度学习经过一代又一代学者的改进，在各种场景中展现其卓越性。2012 年，亚历克斯 · 克里泽夫斯基（Alex Krizhevsky）和伊尔亚·苏茨克维（Ilya Sutskever）在多伦多大学的实验室里设计出的深层卷积神经网络 AlexNet 获得了 ImageNet LSVRC 的冠军。这极大地引起了学术界的轰动。2013 年，深度学习被 MIT 评为"年度十大科技突破之一"。2017 年，基于强化学习算法的 AlphaGo Zero 在万众瞩目的围棋大赛中，以 100∶0 的比分轻而易举地打败了之前的 AlphaGo。在这一年里，无论是在医疗、金融领域，还是在艺术、无人驾驶等各领域都可见深度学习相关算法的应用。2019 年，深度学习的一种新模型 Transformer 被广泛地应用在自然语言处理领域，并展现了强大的机器语言翻译功能。目前，深度学习技术已取得了卓越的成就和巨大的进展，其中包括智能机器人、物理机器学习、智能学习、扩散模型、新一代知识图谱、多模态 Transformer 等应用成果。

为了实现对人类智能的全面呈现，需要建立鲁棒与可解释的 AI 理论与方法，发展安全、可信、可靠与可扩展的 AI 技术，即第三代 AI。其发展的思路是，把第一代的知识驱动和第二代的数据驱动结合起来，通过同时利用知识、数据、算法和算力等 4 个要素，构造更强大的 AI，AIGC 的出现与应用正依赖于第三代人工智能的技术发展。① 现阶段人工智能在计算机视觉、语

---

① 张钹，朱军，苏航．迈向第三代人工智能 [J]．中国科学：信息科学，2020，50（9）：1281-1302．

音识别、自然语言处理、数据挖掘等领域都取得了突破，也不断地深入新的创新领域，呈现了深度学习、跨界融合、人机协同、群智开放、自主操控等新特征，在新闻内容生产、新闻编辑模式与新闻智能传播等领域都产生了重大的影响。[①]

三 人工智能技术发展

（一）机器学习

机器学习领域有多种比较经典的模型，现有的人工智能各类算法及应用的研究常常就建立在这些经典模型的基础上，研究者利用数据集测试模型的性能，针对各项测试或应用的效果对模型结构做出改进。

1. 卷积神经网络

深度学习使用到的各类模型之中，卷积神经网络（Convolutional Neural Network，CNN）是开发出来后被广泛研究与使用的一种模型，它在常见的诸如自然语言处理、图像分类识别等领域效果显著。各式各样的卷积神经网络常常拥有不同的结构，传统的卷积神经网络里划分出的层结构具体包括输入层、卷积层、池化层（也称下采样层）、全连接层以及输出层。以下是对几个经典的卷积神经网络模型的简要介绍。

（1）AlexNet

该模型在 1998 年开发的 LeNet-5 的基础上有所改动，其中一方面是在其七层网络结构的基础上做进一步加深。该模型

---

① 蔡子凡，蔚海燕. 人工智能生成内容（AIGC）的演进历程及其图书馆智慧服务应用场景 [J]. 图书馆杂志，2023，42（4）：34-43+135-136.

的结构包括五个卷积层和三个全连接层，在用于对图像的识别等操作时拥有更高的识别率，质量也十分可靠。但缺失多样性的卷积核限制了其在提取图像特征上的发挥，使用该模型进行识别等操作往往存在一定的误差，而经过研究者的多次改进后，诸如分类精度、硬件负担等问题都得到了改善。

（2）VGG-16

该模型在结构设计方面用小型卷积滤波器替代大型卷积滤波器，将它们堆叠成块完成卷积操作，池化核也更小，最终实现了良好的效果。该模型被研究者用于诸如蔬菜自动识别与分类、青光眼眼底图像数据识别、无人驾驶汽车交通标志识别等方面。但深层次的网络结构使得该模型在训练时容易过拟合，数据输入量大也会导致模型占用的内存空间多。基于 FPGA 平台的二值 VGG 网络模型的提出有效解决了其资源负担的问题，但识别率仍欠佳。

（3）GoogLeNet

该模型在结构设计方面使用 Inception 单元模块，比起 VGG、AlexNet 等网络模型来说性能相对优越，使用参数更少。GoogLeNet 参加了 2014 年的 ILSVRC，成绩斐然，在与 VGG 的竞争中取得该比赛的第一名。该模型被研究者用于诸如极端天气识别、手写汉字识别、正常状态与病毒性肺炎患者以及 COVID-19 感染者的胸部 X 射线图像的分类、胃癌病例图像特征提取等方面，并得到了针对性优化。

2. 循环神经网络

循环神经网络（Recurrent Neural Network，RNN），也称递归神经网络，是一种能够有针对性地建模序列数据的神经网络模型，层结构一般可划分为输入层、隐藏层、承接层和输出层。

它可以在神经元之间连贯地传递信息，同时部分表达数据之间的依赖性，它的节点均采用链式连接，而且沿着序列的演进方向进行递归。因此，该模型非常适合用于处理序列数据，被研究者用于诸如核动力机械的故障预测、刹车噪声预测、智能图书馆中读者不同阶段的感知需求预测等方面。

此外，研究者将输入门、输出门与遗忘门组成的长短期记忆（Long Short Term Memory，LSTM）单元引入循环神经网络中，形成了一个变种。这样做确实可以改进之前会出现的梯度消失现象，但需要注意将之应用于所跨时间长的数据会产生巨大计算量和冗长计算时间。另一个值得说明的是门控循环单元神经网络模型，即 GRU 模型，它是 LSTM 模型的简化形态，使用参数量更少，训练时间更短，但在实际应用领域仍存在缺陷。[1]

（二）人工神经网络与深度学习

1. 人工神经网络定义

人工神经网络（Artificial Neural Network，ANN），亦称神经网络（Neural Network，NN），是一种由仿真人工神经元组成的进行数据识别、计算、处理和预测的计算模型。

人工神经网络的灵感来自生物神经网络。从结构方面分析，神经网络根据生物大脑中执行智能操作的神经元命名。生物大脑中的神经元数量以百万计。它们通过节点间的不同连接方式构成一个功能强大的系统，来执行复杂操作。每一个神经元都包含被称为胞体的细胞体，细长延伸的、传递神经冲动的轴突和树枝状的、较短的、接受神经冲动的树突。而人工神经网络

---

① 黄立威，江碧涛，吕守业，等. 基于深度学习的推荐系统研究综述［J］. 计算机学报，2018，41（7）：1619–1647.

的基本组成单元也是神经元，这类神经元又被称作人工神经元。它通过类似于生物大脑的神经元连接模式来接收输入的信号，并将信号交由激励函数（人工神经元节点处代表的一种运算形式）处理，产生输出结果。从功能方面分析，生物神经网络的运行和工作机制启发了科学家们对人工神经网络的设计。人工神经元之间的连接可以用来传递信息，每一个连接都被赋予不同的权重，方便对输入信号的调节和对学习的优化。[①] 与生物神经网络一样，人工神经网络的学习是基于大量学习经验的，而不是从编程中学习。通过反复的示例训练学习和自适应解决复杂问题，人工神经网络具有强大的数据计算和预测功能，而且擅长对信息进行检索、加工和处理。

2. 人工神经网络发展进程

自生物学界提出了神经元概念之后，基于神经元的其他领域的研究逐渐展开。1943 年麦卡洛克和皮茨提出了 M-P 模型，该模型中的神经元被当作功能逻辑器件来实现算法。这标志着人工神经网络概念的诞生，开创了人工神经网络的理论研究。1949 年，赫布（Hebb）假设的提出为神经网络的学习和记忆功能奠定了基础。该假设指出神经元之间的突触连接强度随着神经元的活动性改变而改变。1969 年，明斯基和帕尔特指出简单的线性感知器功能有限。由于这一论断的打击，神经网络的研究发展停滞了长达 10 年。1982 年，美国物理学家霍普菲尔德提出了一种离散型神经网络，即霍普菲尔德神经网络。这篇文章的发表为神经网络的构造和学习提供了重要参数和公式，重新打开了人们思考问题的思路，极大地推动了神经网络的发展。

---

① BENITEZ J M, CASTRO J L, REQUENA I. Are Artificial Neural Networks Black Boxes? [J]. IEEE Transactions on Neural Networks, 1997, 8 (5)：1156-1164.

自此之后，各种算法，如 BP 算法、SVM 算法的提出与发展拓宽和扩大了神经网络的发展途径和应用范围。神经网络的研究受到广泛关注，其发展呈现爆发式增长。[①]

3. 深度学习

深度学习（Deep Learning）是一种基于人工神经网络模型的机器学习方法，可以说是人工智能领域的一个分支或者一个新兴的、热门的研究方向。深度学习能够用来学习和提取数据特征，从而使用这些特征进行相关的预测和决策，或者改进其预测和决策。它有两个核心阶段，分别是训练阶段和推理阶段。第一阶段运用梯度下降算法（Gradient Descent），基于最小化损失函数（Loss Function）来调整模型中的权重（Weight）和偏置（Bias）两种参数，以此达到对机器进行训练的目的；第二阶段运用收集的数据和已经构建的数学模型来对事物进行评估预测。

深层神经网络，是深度学习的最主要的特征。目前的深层神经网络模型可以由上百万个人工神经元组成，且可以达到数十层的神经深度。深层神经网络，顾名思义，是一个具有多层网络结构的模型。它包含输入层、输出层和多个隐层。每一层都有许多类似于人类的脑神经网络结构的神经元，并且神经元之间的连接被赋予了不同的权重。通过上述方式，每一层都可以表现出不同的且较为简单的特征。当多个简单层叠加起来的时候，就可以表现出复杂的特征，以便于解决复杂的问题。[②]

① 焦李成，杨淑媛，刘芳，等．神经网络七十年：回顾与展望［J］．计算机学报，2016，39（8）：1697-1716．
② 张政馗，庞为光，谢文静，等．面向实时应用的深度学习研究综述［J］．软件学报，2020，31（9）：2654-2677．

（三）图神经网络

1. 图神经网络定义

图神经网络是一种神经网络模型。它主要基于深度学习来对图数据结构进行分析。通过提取和挖掘图数据结构的特征和模式，图神经网络能够完成各类图学习任务。融合神经网络模型和图计算的优势特点，图神经网络的应用版图逐渐扩展，在自然语言处理、图像处理、交通流量预测、知识图谱、信息检索、网络检测、医保欺诈分析、网络图分析等领域发挥重要的作用。①

2. 图神经网络发展

在最初阶段，斯佩尔杜蒂（A. Sperduti）和斯塔里塔（Starita）首先将神经网络应用于有向图、无环图的大胆创新举动大大推动了研究者对 GNN 展开早期研究的进程。② 但是 GNN 的概念最早是由 Gori 等于 2005 年率先提出的，随后斯卡尔塞利（F. Scarselli）等对该模型进行了更详细的阐述和一定程度的改进。图神经网络的提出的一大推动因素是递归神经网络（RNN）。递归神经网络虽然可以直接处理图，但是只能处理有向图和无环图，具有一定的局限性。③ 而图神经网络则相当于扩展了递归神经网络，丰富了处理图的类型。它还可以应用于解决图形和节点焦点的问题。更进一步说，图神经网络处理非欧

---

① 肖国庆，李雪琪，陈玥丹，等. 大规模图神经网络研究综述［J］. 计算机学报，2023：1-31.

② WU Z, PAN S, CHEN F, et al. A Comprehensive Survey on Graph Neural Networks［J］. IEEE Transactions on Neural Networks and Learning Systems, 2020, 32 (1)：4-24.

③ SCARSELLI F, GORI M, TSOI A C, et al. The Graph Neural Network Model［J］. IEEE Transactions on Neural Networks, 2008, 20 (1)：61-80.

几里得数据的能力非同一般。在深度学习领域中，图神经网络可谓有着举足轻重的地位。2013 年，布鲁纳（J. Bruna）等提出了图卷积网络（Graph Convolution Network，GCN），以更好地应对复杂多变的图数据结构。图卷积网络可以分为基于空间和基于频谱这两个类别。在发展过程中，一代又一代模型的提出解决了图计算中出现的系列精度与拓展问题。图卷积网络、图注意力网络、图自编译器、图生成网络和图时空网络等多个分支领域先后出现，在不同领域内实现差异化发展。目前，图神经网络的研究成为学界热点，并且在应用层面取得了不错的成果，但其发展优化空间依然广阔，等待着学者们的探索。

第二节
人工智能在媒体信息传播领域的应用

一 社区发现

（一）社区结构的概念

社区最早由纽曼（M. E. J. Newman）和格文（M. Girvan）提出，他们探究复杂网络的重要特征，并在该过程中将社区结构与幂律分布、小世界属性以及传递性并举。值得说明的是，社区结构作为包括社交网络或者说社会关系网络在内的复杂网络所具有的共同性质之一，反映了网络的整体结构性质。着眼于日常生活，个体的朋友圈、科研的学术圈、商业中的伙伴关系等都是社区结构的真实体现。尽管学术界对社区结构如何定义这一问题的答案并不是十分明晰，但我们可以把社区结构大致描述为：按照规则进行有意的规划分组之后，网络中出现的内部节点连接相对稠密的组。

（二）人工智能技术的引入

社区发现的提出，则是出于对发现网络中的社区结构的需要。我们通过社区发现来识别社区结构，以期更好地认识复杂网络中的拓扑结构，再进一步，我们还可以分析复杂网络中的节点影响力、查找关键节点。在当今互联网发展迅速、用户规模庞大、内容社交和社区论坛等仍不断增长的背景下，对大规模的社交网络进行社区发现的研究变得更加困难。

现有的社区发现算法并不少，比如说层次聚类方法（Radicchi, GN, Newman, CNM）、图嵌入方法（GraRep, LE, DeepWalk）、骨架图方法、标签传播方法（HANP, SLPA, LPA）等。其中的大多数可以被分为两类：一类是基于模块度最大化的社区发现方法，通过特征值分解网络的映射；二类是基于随机模型的社区发现方法，通过非负矩阵分解网络的映射。传统方法具有一定的局限性，那就是它们通常没办法提取真实网络中包含的那些非线性特征，还往往将网络表示成稀疏的高维向量，这带来了难以忽视的计算代价。改变原有那些机器学习方面的方法，转而尝试使用具备降维特性、能更好地划分网络结构的深度学习相关神经模型是一种处理社区发现问题的新途径，有许多思路可以深挖，比如运用在处理图数据方面有优势的图神经网络模型，以应对社区发现任务中节点包含丰富特征的非欧几里得图数据。

（三）基于图神经网络处理社区发现问题

模型构建、信息传播及节点更新方法确定、提取节点特征进行分类与聚类是基于图神经网络处理社区发现问题的一般步骤。

这并不是一个简单的过程，在传统社区概念基础上进行拓展，相关研究人员意识到从复杂网络中识别出的社区结构还可能发生重叠，即分组后的节点可能不只属于一个社区。对重叠社区的社区发现进行研究，实际上更符合真实世界的组织规律。除了层次结构和重叠现象之外，社区个数未知、大规模网络的出现以及异质网络、动态网络与统计建模结合带来的问题等都是 GNN 社区发现研究的难点。

作为研究热点的卷积神经网络局限在具有"平移不变性"的欧几里得结构数据，如一维的语音和二维的图像，那么对于社交网络这类高维的非欧式距离结构数据，我们需要另寻途径。图神经网络经过改进可以用于多种连通图、不连通图数据集，得到良好的社区划分效果。

使用体现了现实世界人际关系的数据集（比如常被用来做研究的空手道俱乐部数据集）测试图神经网络对社交网络的社区发现是一个已有进展的实验方向，除此之外，在线的社交网络作为人类信息共享、开展活动的延伸空间也值得研究，[①] 图神经网络目前已可以用于精确划分社交媒体平台用户所属的社交区域。一个具体的应用场景是：在互联网越发普及、短视频平台不断崛起的当下，用户大量涌入短视频平台，自发形成了各

---

① 王莉，程学旗. 在线社会网络的动态社区发现及演化 [J]. 计算机学报，2015，38（2）：219-237.

种社交关系与社区，短视频平台用户就具备值得分析的社交属性。我们可以基于短视频平台用户诸如基础信息、关注列表、推荐列表等社交属性，使用图卷积神经网络模型与各类其他算法结合的方式，对其所属的用户社交社区进行划分。这一划分或许能够促进短视频平台构建多种具有不同文化特性的社交圈，并且对于平台内容精准分发、用户活跃度维持、用户行为预测等细分应用领域具有重要意义。

二 关键意见领袖识别

（一）意见领袖的概念

"意见领袖"（Key Opinion Leader，KOL）一词起源于拉扎斯菲尔德的著作《人民的选择》，拉扎斯菲尔德在书中给出了两级传播理论的定义，拉扎斯菲尔德等人认为，意见领袖最先通过大众媒体等途径接触到消息，并根据自身经验、知识对消息进行处理后再将其传播给其他普通个体。社交网络中，存在参与消息传播链的少数个体，这类个体对普通个体的观点形成具有极强的导向作用，影响他们看待事件的态度甚至由此产生的行为趋势，能扩大消息传播的广度和深度。

（二）基于人工智能技术实现关键意见领袖识别

深度学习技术中的部分神经网络模型对关键意见领袖识别过程中的文本情感分析有着良好的效果。一个具体的应用场景是，随着我国文化事业迅速发展，社交媒体上的 KOL 得到社会各界广泛关注。这类人往往在知名平台拥有大量忠实粉丝，具有强大的号召力、影响力和渗透力，尤其是在品牌推广方面，把社交媒体上的 KOL 作为广告主和消费者之间的媒介者，来帮助品牌方与消费者建立联系，是一个可行的且已有很多实践者的途径。但现今社交媒体上的 KOL 数量并不是一个小数字，这给各品牌寻找适合品牌调性的 KOL 带来了麻烦，而且 KOL 营销数据的真实性仍需要评估，通过刷量造假获得粉丝、点赞以及评论的账号显然不能作为可靠的媒介者。对于视频类平台，我们可以通过挖掘社交媒体 KOL 视频弹幕或评论文本，结合使用动态主题模型 DTM（Dynamic Topic Model）和卷积神经网络模型对弹幕或评论包含的语义信息进行主题和情感分析，并完成预测任务，从而帮助希望实现精准营销的广告主筛选出风格合适且具有正面影响力的 KOL，避免粉丝因抵触推广行为而降低对品牌的好感度。

三　网络舆情监控

（一）网络舆情监控的背景

互联网的普及和移动多媒体设备的快速发展改变了人们的生活和交流方式，现如今人们习惯于通过社交媒体和网络平台查找所需要的信息，互联网上海量的信息突破了时空的限制，加剧了舆论的演化，相关的监控措施也需要受到关注。

然而面对如此庞大的数据，如何进行分析并从中提取出有价值的舆情信息显然是一项挑战，我们需要妥善利用相关技术，实现对网络平台信息数据的高效抓取、分类识别以及主题检测，满足网络舆情监测中诸如热点话题追踪、情感倾向识别等需求。

（二）基于人工智能技术实现网络舆情监控

大语言模型可应用于舆情监控系统设计过程中对海量非结构化的文本进行情感分析，比如说我们可以使用文本分类领域的一种 CNN 算法 Text-CNN 和循环神经网络中 LSTM 模型的变种GRU 帮助搭建情感分类混合模型。一个具体的应用场景是：在地震这类突发性灾难事件发生后，我们需要帮助人们在黑箱期内及时获取灾情信息并采取有效的应急策略。同时，重大灾难的发生会给人们带来极大的精神压力和心理伤害，甚至人们有可能产生不同程度的心理应激反应，这时进行一定的心理危机干预是十分有必要的。我们可以通过提取微博等舆情易于发酵的平台上的相关舆情信息，用 CNN 进行细粒度情感分析和主题分类，并将处理后的结果以事件主题时空演变特征可视化，为灾后情况研判、救援工作部署提供重要参考。

四 人工智能生成内容

（一）人工智能生成内容技术原理

人工智能生成内容（Artificial Intelligence Generated Content，AIGC），指的是一种利用生成式对抗网络（Generative Adversarial Networks）和大型预训练模型等人工智能方法的技术，通过吸收和识别现有数据来创建相关内容，从而展现出出色的泛化能力。南京大学数据智能与交叉创新实验室将其定义为：伴随着网络形态演化和人工智能技术变革产生的一种新的生成式网络信息内容。信通院对其的定义则是：AIGC 既是从内容生产者视角进行分类的一类内容，又是一种内容生产方式，还是用于内容自动化生成的一类技术集合。^① 人工智能内容生成的技术原理是基于机器学习、深度学习和生成模型等技术，大量数据集被用于训练，从而实现对基本数据规律和概率分布的抽象，最终通过生成模型促进新数据的生成。

生成模型是一类能够从概率分布中采样出数据的模型，它们可以分为两大类：基于隐变量的生成模型和基于条件的生成模型。基于隐变量的生成模型是指通过引入一些隐含的变量来描述数据的潜在结构和特征，从而能够生成与原始数据相似的新数据。常见的基于隐变量的生成模型有变分自编码器（Variational Autoencoder，VAE）、生成对抗网络（Generative Adversarial Network，GAN）等；基于条件的生成模型是指通过给定一些条件信息来生成与条件相关的新数据。条件信息可以是任何类型的数据，如文本、图像、音频等。常见的基于条件的生成模型有条件变分自编码器（Conditional Variational Autoencoder，CVAE）、条件生成对抗网络（Conditional Generative Adversarial Network，CGAN）、序列到序列模型（Sequence to Sequence Model，Seq2Seq）等。

AIGC 常用的模型和算法也可以分为两大类：基于规则的方法和基于数据的方法。基于规则的方法涉及人工定义的规则和模板，包括基于语法、基于规划和基于本体的方法来生成内容。这种方法在确保逻辑一致性的同时，需要大量人工制定的规则和模板，在适应多样化和复杂的内容生成需求方面带来了挑战；基于数据的方法是指利用机器学习和深度学习等技术，从大量的数据中学习内容生成的模式和规律，并利用生成模型来生成

---

① 中国信息通信研究院，京东探索研究院.人工智能生成内容（AIGC）白皮书［R］.2022.

内容，如基于统计的方法、基于神经网络的方法等。这类方法的优点是可以利用数据的丰富性和多样性，生成更加自然和流畅的内容，但缺点是需要大量的高质量数据，难以保证生成内容的正确性和合理性。①

（二）人工智能生成内容的发展历程

AIGC 的发展历程可以分为以下三个阶段。

早期萌芽阶段（20 世纪 50 年代至 90 年代中期）。这一阶段的 AIGC 主要基于规则或模板，依赖于人工设定的语法、逻辑、风格等约束，生成的内容较为单一、机械、刻板，缺乏真正的创造力和灵感。1952 年，美国数学家诺伯特·维纳和法国作家雷蒙·库诺（Raymond Queneau）分别创作了《随机音乐》（*Random Music*）和《百万首十四行诗》（*Cent mille milliards de poèmes*），这些作品都是通过随机组合有限的元素，生成大量的变化，但没有深刻的意义或美感。此外，还有一些早期的 AIGC 系统，如 1961 年的 ELIZA、1976 年的 Racter、1984 年的 AARON 等，它们分别在聊天、故事、绘画等领域尝试了一些简单的生成，但都受限于当时的技术水平和计算资源，无法达到人类的水准或超越人类的想象。

沉淀积累阶段（20 世纪 90 年代至 21 世纪 10 年代中期）。这一阶段的 AIGC 开始引入机器学习、数据挖掘、自然语言处理、计算机视觉等先进的人工智能技术，利用大量的数据和算法，对人类的创作过程和结果进行建模、分析、模仿、优化，生成的内容更加丰富、多样、自然、逼真，具有一定的创造力

---

① 中国信息通信研究院，京东探索研究院．人工智能生成内容（AIGC）白皮书［R］．2022．

和灵感。1997 年，IBM 的深蓝（Deep Blue）击败了国际象棋世界冠军卡斯帕罗夫（Garry Kasparov），展示了人工智能在复杂的策略游戏中的优势。2006 年，谷歌推出了谷歌翻译（Google Translate），利用统计机器翻译技术，实现了多种语言之间的自动翻译，为跨文化的交流和创作提供了便利。2012 年，微软推出了微软小冰（Microsoft XiaoIce），利用深度学习和情感计算技术，实现了与人类的自然对话和情感互动，成为全球最受欢迎的社交机器人。2016 年，OpenAI 推出了神经画家（Neural Painter），利用生成对抗网络（GAN）技术，实现了从文本到图像的自动转换，为图文生成提供了一种新的可能。

快速发展阶段（21 世纪 10 年代中期至今）。这一阶段的 AIGC 进入了一个全新的高峰，它借助深度学习、强化学习、迁移学习、元学习等前沿的人工智能技术，以及云计算、边缘计算、量子计算等强大的计算平台，实现了从单一领域到跨领域、从单一模态到多模态、从单一任务到多任务、从单一风格到多风格、从单一目标到多目标的创作生成，生成的内容更加精彩、惊艳、独特、有趣，具有超越人类的创造力和灵感。2019 年，OpenAI 推出了 GPT-2 和 GPT-3，利用自注意力机制（Self-Attention）和变压器（Transformer）模型，实现了从文本到文本的多领域、多任务、多风格的生成，如诗歌、故事、代码、歌词、对话等，为自然语言生成提供了一个强大的通用框架。2020 年，OpenAI 推出了 DALL-E，利用变分自编码器（VAE）和变压器模型，实现了从文本到图像的多领域、多模态、多风格的生成，如动物、食物、建筑、服装等，为图文生成提供了一个创新的通用框架。2021 年，OpenAI 推出了 CLIP，利用对比学习（Contrastive Learning）和变压器模型，实现了从图像到文本的多领域、多模态、多任务的识别、分类、检索、描述等，为图文理解提供了一个有效的通用框架。此外，还有一些其他的 AIGC 技术和应用，如 ChatGPT、Stable Diffusion、StyleGAN、Jukebox、ReStyle 等，它们分别在聊天、绘画、图像生成、音乐生成、人脸生成等领域展示了令人惊叹的创新和影响。

AIGC 的发展历程是一个不断探索、创新、突破的过程，也是一个不断积累、优化、提升的过程，它体现了人工智能的技术进步和人类创造力的无限可能。AIGC 不仅为人类提供了更多的创作工具和资源，也为人类提供了更多的创作灵感和启发。①

（三）人工智能生成内容技术发展

AIGC 主要得益于深度学习模型方面的技术创新，使拥有通用性、基础性、多模态、训练数据量大、生成内容高质稳定等特征的 AIGC 模型成为自动化内容生产的"工厂"。这主要体现在三个方面。一是生成算法模型的不断突破创新。2014 年，伊恩·古德费洛（Ian Goodfellow）提出的生成对抗网络（Generative Adversarial Network，GAN）成为早期内容生成模型，被广泛用于生成图像、视频、语音和三维物体模型等。随后，Transformer、扩散模型（Diffusion Model）等深度学习的生成算法相继涌现。其中，Transformer 模型是一种采用自注意力机制的深度学习模型，可用于自然语言处理（NLP）领域，BERT、GPT-3 等预训练模型就是基于 Transformer 模型建立的。而扩散模型（Diffusion Model）最初设计用于去除图像中的噪声，然而从最优化模型性能的角度出发，扩散模型已经取代 GAN 成为最先进的图像生成器。二是预训练模型引发 AIGC 技术能力质变。随着

---

① 中国信息通信研究院，京东探索研究院．人工智能生成内容（AIGC）白皮书 [R]．2022．

2018 年谷歌发布基于 Transformer 的预训练模型 BERT，AI 进入预训练模型时代。AI 预训练模型突破了前期基础模型使用门槛高、训练成本高、内容生成简单等问题，可以实现多任务、多语言、多方式处理。目前，预训练模型包括自然语言处理（NLP）预训练模型、计算机视觉（CV）预训练模型和多模态预训练模型。三是多模态技术促使 AIGC 具有更通用能力。2021年，OpenAI 将跨模态深度学习模型 CLIP（Contrastive Language-Image PreTraining，CLIP）进行开源。CLIP 模型具备两个优势：一是可同时进行自然语言理解和计算机视觉分析，实现图像和文本匹配；二是可广泛利用互联网上的图片，这些图片一般都带有各种文本描述，成为 CLIP 天然的训练样本。因此，在多模态技术的支持下，预训练模型已经从早期单一模型，发展到现在的语言文字、图形图像、音视频等多模态、跨模态模型。①

理解 AIGC 的技术演化，需从人工智能三要素——算据、算法、算力的发展进行探究，其中算据是 AIGC 的基础"燃料"，算法是 AIGC 的核心驱动力，算力是 AIGC 运行的重要保障。

大数据为 AIGC 提供算据支撑。数据是人工智能的"燃料"，近年来人工智能技术的快速发展离不开大数据资源提供的算据支撑。在人工智能典型场景中，面向不同任务的监督学习、半监督学习、自监督学习、无监督学习等主要区别在于是否对数据进行标注和训练，但其共性是需要足够的数据投喂以完成计算任务。通过使用更大规模、更为完备的数据集进行训练是提升人工智能性能的主要路径，如 DeepMind 的 AlphaGo 使用3000 万局比赛数据作为训练集，成为第一个战胜围棋世界冠军

---

① 蔡子凡，蔚海燕．人工智能生成内容（AIGC）的演进历程及其图书馆智慧服务应用场景［J］．图书馆杂志，2023，42（4）：34-43+135-136．

的人工智能机器人；OpenAI 的 DALL-E 模型包含 120 亿个参数；北京智源的"悟道 2.0"模型参数量达到 1.75 万亿个。

算法模型是驱动 AIGC 的关键。首先，人工智能领域算法、模型等核心技术的突破是 AIGC 逐步成熟的关键。AIGC 涉及的技术包括自然语言理解、语音识别、图像识别、多模态融合和人机交互等，其中最具代表性的是 GAN。GAN 提供了利用神经网络算法生成内容的方法，典型应用为颇具争议的深度伪造（Deep Fakes）。此外，更多的学者和开发者将 GAN 用于图像修复、风格迁移等创作中。其次，多模态认知计算使 AIGC 更加具有感知力和交互性。人工智能能否理解文本、图像、语音、视频等多媒体数据和听觉、视觉、嗅觉、触觉、脑电等多模态数据是其与人类交互的关键所在。目前人工智能领域重点聚焦于多模态融合、关联、生成和协同，核心是将多源异构多模态数据在统一的框架下进行语义融合和知识对齐。得益于多模态认知计算的进步，计算机理解和模拟人类的多模态表达成为可能，这赋予 AIGC 更为宽广的应用场景。最后，数字孪生和虚拟现实为 AIGC 提供了全息立体应用场景。随着元宇宙成为研究热点和投资风口，各类数字孪生工具和虚拟现实生产平台竞相亮相，较有代表性的是英伟达于 2021 年发布的 Omniverse Avatar 平台，这是一个用于 3D 工作流程的虚拟现实内容生成平台，融合了自然语言处理、语音识别、计算机视觉、推荐引擎和虚拟现实等一系列技术，用于开发 AI 驱动的交互虚拟形象。

算力是 AIGC 应用的保障。人工智能的数据巨量化、算法复杂化、场景多元化等特征对算力要求较高，AIGC 的模态复杂性、内容丰富性、实时交互性等也离不开算力保障。不同场景下的算力分配，可分为以下类型。第一，本地化 AIGC 比较依赖硬件算力。硬件算力即由 CPU、内存、显卡等计算设备带来的解题能力，芯片制程、设备架构、核心数量、内存容量等都对算力产生影响。第二，云计算为 AIGC 提供实时算力保障。由于人工智能对算力的要求较高，许多个人电脑无法处理计算任务，因此大数据、人工智能与云计算经常一起出现。AIGC 通常使用跨模态、预训练的大模型技术实现创作功能，一般通过云平台进行开源，并通过云端算力进行训练和开展服务。例如谷歌云凭借较强的实时计算能力正在成为许多 AIGC 工具运行的"公共平台"。第三，边缘计算（edge computing）为 AIGC 与人交互提供可能。边缘计算采用分布式运算结构，将数据、程序与服务的运算由网络中心节点迁移到网络边缘节点，以便在靠近用户的数据源头提供智能分析处理。边缘计算主要解决特定场景下的算力智能调配和实时数据处理问题，例如机器人场景、自动驾驶场景、工业互联网场景等。随着人工智能机器人技术日益成熟，AIGC 将作为智能机器人与人类交互的主要模型，边缘计算为人机交互中的多模态信息感知、生成和交流等复杂任务场景提供了算力解决方案。①

（四）人工智能生成内容在智能传播中的应用

关于 AIGC 的实际应用，大致可以分为以下几种。

文本生成：指利用人工智能技术生成符合语法和语义规则的文本内容，如文章、诗歌、对话等。文本生成的常用模型有循环神经网络（Recurrent Neural Network，RNN）、长短期记忆网络（Long Short-Term Memory，LSTM）、门控循环单元（Gated Recurrent Unit，GRU）、Transformer、BERT、GPT 等。

---

① 李白杨，白云，詹希旎，等．人工智能生成内容（AIGC）的技术特征与形态演进［J］．图书情报知识，2023，40（1）：66-74．

音乐生成：指利用人工智能技术生成符合音乐理论和风格的音乐内容，如旋律、和弦、节奏等。音乐生成的常用模型有深度信念网络（Deep Belief Network，DBN）、深度神经网络（Deep Neural Network，DNN）、LSTM、Seq2Seq、WaveNet、Magenta 等。

视频生成：指利用人工智能技术生成符合视觉规律和逻辑的视频内容，如动画、电影、短视频等。视频生成的常用模型有卷积神经网络（Convolutional Neural Network，CNN）、LSTM、GAN、VAE、DVD-GAN、StyleGAN 等。

图像生成：指利用人工智能技术生成符合视觉规律和美感的图像内容，如绘画、照片、漫画等。图像生成的常用模型有 CNN、GAN、VAE、StyleGAN、DALL-E 等。

AIGC 能够对多个行业产生影响，具体机制有所差异，但总体而言 AIGC 的主要作用包括提升效率、降低成本、激发灵感、数据优化以及简化工作。

AIGC 可以提升内容生产效率，让创作者拥有更高效的智能创作工具，优化内容创作，大幅度提升效率，降低成本；同时提升反馈生成的效率，有助于实现内容的实时互动。在降低内容生产成本方面，AIGC 可以代替人工进行声音录制、图像渲染、视频制作等工作，从而降低内容生产的成本和门槛，让更多用户参与到高价值的内容创作过程中。它还可以帮助有经验的创作者捕捉灵感，在设计初期生成大量草图，更好地了解创作需求。在连接实现数据优化的过程中，与其他特定数据库或人工智能系统连接后，AIGC 能够在调整生成内容的基础上，实现更准确的未来预测或更个性化的预测。在简化人们的工作方面，AIGC 在消费端最重要的应用就是可以代替人们完成大量烦琐的文案工作。

到目前为止，AIGC 在处理类似任务方面表现非常出色。例如，像 ChatGPT 这样的生成式人工智能不仅在处理日常文字工作方面非常成功，甚至在执行编程和翻译等相对复杂的任务时也达到了专业水平。因此，如果应用得当，AIGC 将成为"文书工作的计算器"，为人们带来更高的效率，让他们享受更多的休闲时间。①

媒体行业的"智慧媒体"实践始于 2015 年，其核心应用主线之一就是智能化内容生产，从机器自动撰写新闻稿，到智能化视频拍摄、编辑和处理。在创意内容生产领域，机器作诗、作小说、作曲、作画并不鲜见。近年来，推荐算法已经渗透到人们的日常生活中，也使得智能分发技术被人们广泛接受。"Siri""小冰""小度"以及机器客服等语音助手或社交机器人，开启了人与各类机器的对话。虽然人在面对一些机器的答非所问时难免会发出调侃，但人机交流正是在这种结结巴巴的开口中逐渐蔓延到各种生活场景的。②

任何新技术的出现，无论其生命周期的长短，都有着历史的逻辑，反映着技术演变的某些规律。AIGC 的背后，是智能传播这个大背景，它的出现让我们有了一个描画智能传播全面图景、认识智能传播前景的新契机。以下将结合 AIGC 与实际应用中的不同场景，概述其在智能传播领域独特的应用价值。

1. AIGC+新闻传媒

AIGC 对媒体行业的影响包括采编环节和传播环节，其通过语音转写、智能写作、智能编辑等提高采编环节的生产效率，通过人工智能主播的打造实现传播环节的智能高效播出。与此同时，AIGC 也给媒体行业的不同参与主体带来了相应的影响。

---

① 陈永伟. 超越 ChatGPT：生成式 AI 的机遇、风险与挑战［J］. 山东大学学报（哲学社会科学版），2023（3）：127–143.
② 彭兰. 从 ChatGPT 透视智能传播与人机关系的全景及前景［J］. 新闻大学，2023（4）：1–16+119.

对媒体机构而言，它显著提高了生产效率，带来了全新的视觉和交互体验；它丰富了新闻报道的形式，推动了媒体向智慧媒体的转型。对媒体从业者而言，它实现了部分编播工作的自动化，让他们可以更专注于思考和创作，专注于深度报道、专题报道等需要人准确分析事物、恰当处理情绪的领域。对于媒体受众而言，AIGC 可以帮助他们在短时间内获得更多新闻，提高时效性和便捷性；降低媒体门槛，让受众参与内容生产，增强参与感和主体性。近年来，随着全球信息化水平的加速提升，人工智能与传媒产业的融合发展不断升级，AIGC 可以被视为一种全新的内容生产方式，全面赋能媒体的内容生产。

（1）AIGC+新闻文本生成

作为 AIGC 最早发展的技术，文本生成已经在新闻报道领域得到广泛的应用。

早在 2014 年，美国《洛杉矶时报》就首次利用地震新闻自动生成系统播发了一条关于加州地震的新闻报道，给新闻媒体行业带来了革命性的力量。近年来，随着人工智能技术的不断发展和成熟，国内外媒体开始将其应用于新闻生产和传播的产业链中。美联社从 2018 年开始使用生成式人工智能工具 Wordsmith 自动生成体育新闻和财经报道，目前已自动撰写至少 5 万篇稿件。路透社在 2018 年启用了一款名为 Lynx Lnsight Service 的人工智能新闻写作工具，帮助记者分析数据、提出报道创意，并自动生成有关金融市场和企业盈利的报道。新华社于 2015 年推出名为"快笔小新"的新闻机器人，通过数据采集、数据处理、自动写作、编辑和发布，提高新闻生产效率。人工智能专家吴恩达表示："AIGC 可以帮助人类创造更多高质量的内容，并且可以帮助人们更好地理解复杂的数据和信息。"国内外大型媒体机构都开始使用 AIGC 来提高新闻生产制作的速度和效率，

AIGC 参与生产的内容也日益渗透到人们生活的方方面面，为读者提供了更加个性化的新闻体验。①

AIGC 还能够帮助实现采访录音语音转写，借助语音识别技术把录音语音转换为文本内容，有效加快稿件生产过程中录音整理方面的烦琐工作，进一步保障了新闻的时效性，同时也将传媒工作者从机械重复的工作中解放出来，提升其工作体验。2022 年冬奥会期间，科大讯飞的智能录音笔就通过具备跨语种能力的语音转写技术助力记者 2 分钟快速出稿。

（2）AIGC+新闻视频生成

随着 5G 技术的发展和智能终端的普及，受众"碎片化"内容消费习惯的形成，使短视频得以快速发展，成为各内容消费领域的主流。但内容形态的模式化和产品的同质化也使生产者面临着激烈的竞争和挑战。AIGC 技术与短视频内容创作的结合带来了便利和优势，成为解决问题的最佳方案。通过应用 AIGC 技术，可以提高视频质量和创作效率，有效区分目标受众，更高效地推送相关作品。

AIGC 目前在视频领域的应用主要集中在视频内容属性的编辑和内容生产的自动剪辑等功能上。对于视频内容编辑，AIGC 可以实现自动画质修复、敏感人物识别、主题自动跟踪剪辑、画面特效、自动美颜等；对于视频自动剪辑，AIGC 可以基于视频中的画面、声音等多模态信息的特征进行解析，按照相应的语义限定进行检测，对满足条件的片段进行剪辑合成，从而实现智能提取、自动制作、全景直播拆条等功能。

早在 2017 年，新华社就与新华智云基于新闻内容生产自动

---

① 杨孔威. 以 AIGC 为代表的人工智能在传媒领域的发展和应用［J］. 中国传媒科技，2023（5）：76-80.

化场景，联合推出了名为"媒体大脑"的人工智能平台，利用AIGC 技术帮助编辑快速锁定镜头，将精彩片段快速打散成稿，生成内容一键快速发布到各大平台，简化流程，为编辑节省时间，实现"快速传播"功能。2020 年两会期间，《人民日报》利用"智能云剪辑师"快速生成视频，实现字幕自动匹配、人物实时跟踪等适应多平台的技术操作。中央电视台在 2022 年北京冬奥会上采用了 AI 自动化制作剪辑系统，利用海量赛事资源实现了赛事关键时刻的快速自动剪辑，自动生成并大规模发布短视频内容，有效节省了人力成本。AIGC 的剪辑能力让中央电视台在冬奥会视频制作发布方面获得了速度与质量的优势，它在体育媒体视频内容生产领域的广泛应用是大势所趋，将可以在大幅提升内容生产效率的同时，进一步向内容多元化方向延伸，打造系统化、结构化的优质内容，满足受众对内容质量和数量的刚性需求。①

（3）AIGC+新闻音频生成

在新闻媒体的传播过程中，声音以其独特的吸引力成为不可或缺的元素，专业的配音能够传递新闻解说员的情感，增强受众的共鸣和体验。然而，音频制作本身也存在一些难点，比如传统节目创作者制作的音频不仅创作形式单一，而且对配音人员要求高、制作耗时长、配音成本高。

随着人工智能技术的发展，人工智能语音识别、语音合成等技术逐渐应用于新闻媒体领域。早期的语音生成系统由于缺乏表达逻辑推理和因果关系的能力，语音缺乏连续的节奏感，机械厚重感让人感觉单调不真实。随着数字信号处理技术的发

---

① 杨孔威．以 AIGC 为代表的人工智能在传媒领域的发展和应用［J］．中国传媒科技，2023（5）：76-80.

展，语音合成技术也取得了长足的进步，高度拟人化、流畅自然的语音合成服务，语音播报，模拟真人配音等近年来也被广泛应用于新闻媒体，提升了用户对音频内容的体验。AIGC 与智能语音技术的深度结合，以及应用场景在新闻媒体行业中的创新落地，有望进一步推动智能语音产业市场的发展。2022 年 11 月 1 日，新华社利用 AIGC 能力——人工智能演唱及智能视频创作，发布了数字记者、全球首位数字航天员小诤的单曲 MV《升》。此次发布的 AI MV《升》由新华社媒体融合生产技术与系统国家重点实验室联合腾讯音乐娱乐集团出品，歌曲演唱体现了高度拟人化的合成语音技术，生成的语音甜美且深富情感。

AIGC 也开始应用于语音克隆和为虚拟人生成定制语音等领域，交互性和实时性进一步增强。生成的音频内容有情感、有温度，或深沉有力，或俏皮可爱，或铿锵有力，或柔美动人。科大讯飞 2023 年发布了一段关于节气《雨水》的新视频，低沉厚重的男中音自带质感，由科大讯飞的 SMART-TTS 系统合成，其语调的变化、语句的停顿、声音的细腻都与真人无异。喜马拉雅利用 AIGC 了解文本，选择合适的音色，并根据文本的情绪随时转换语音，形成多情绪、多风格的语音模型，用于新闻、小说、财经等不同类型音频内容的制作。[1]

（4）AIGC+虚拟新闻主播

新闻播报过程中，AIGC 的应用主要集中在合成主播上。AI 合成主播开创了新闻领域实时语音和人物动画合成的先河，只需要输入要播报的文字内容，计算机就会生成相应的 AI 合成主播新闻视频，并保证人物在视频中的音频和表情、唇部动作保

---

① 杨孔威. 以 AIGC 为代表的人工智能在传媒领域的发展和应用 [J]. 中国传媒科技，2023（5）：76-80.

持自然一致，表现出与真实主播一样的信息传达效果。这种 AI 合成的新闻主播本质上是一个"数字人"，AI 数字人在建立人与虚拟世界的联系和互动的同时，也能够解放人的劳动力。AI 数字人可以很好地根据真实人的外貌、动作、表情、声音等特点进行模拟以达到惟妙惟肖的程度，并且可以通过自然语言模型来模拟人类思维和行为特征。由于 AI 数字人是通过计算机创建的，它们不会生老病死，也不受时间和环境的影响，能够成为不眠不休的"劳模"。通过自然语言处理、语音合成和语音识别等技术，在播音主持领域，AI 合成主播可以像真人主播一样提供出色的播音主持工作，还可以 24 小时在线，不仅可以根据场景节目打造不同的数字主持人，还可以模仿喜欢的用户打造不同的"分身"主持人，"扮演"不同栏目的主持人、新闻主播等角色，分别讲解科技、文化、历史、地理、美食等不同领域的知识，其风格各异、学识渊博，不仅拥有全面、广博的知识，如果接入 ChatGPT 合成主播还可以实现面对面交流，解答观众提出的各类问题，让人机互动更加真实细腻。

新华智云从 2019 年开始试水数字人，在新闻领域开创了实时音频与 AI 实景图像合成的先河。基于深度学习模型、动作模拟、情感模拟等技术，人工智能通过采集几分钟的真人视频，经过数小时的训练，生成形象逼真、表情到位、口型匹配的数字人。2020 年，有 7 个省份在地方两会报道中使用了新华智云的虚拟主播。同年，新华社联合搜狗推出全球首个 3D AI 合成主播"新小微"，该主播采用了超逼真三维数字人体建模、实时面部动作生成与驱动、多模态识别与生成、迁移学习等多项人工智能前沿技术。根据输入的文字，机器可以自动生成与数字人高度相似的视频内容，同时在播出过程中根据语义生成相应的面部表情和肢体语言。2023 年全国两会期间，百度运用了可交互式超写实数字人与 AIGC 技术，将数字人与人工智能生成内容相结合，以科技感十足的人机交互式对话方式，向公众在线解读最高人民法院工作报告。随着技术的成熟，依托 AI 技术驱动的数字人将成为未来数字人市场的主流。越来越接近真人外形的数字人，将给各行各业特别是新闻传媒行业的受众提供更亲切、自然、高效的服务体验。[①]

2. AIGC+智慧生活

当下，AIGC 正逐步渗透至人们生活场景的各个角落，家居、交通、教育、金融和医疗等越来越多的行业领域可以看见 AIGC 赋能的智能传播场景。

（1）AIGC+家居

AIGC 技术的突破性发展为"万物智能"带来了新的内容生态，更为家居生活提供了无限的"生命力"，为满足用户"所见即所得"和"所用即所需"的场景体验感，AIGC 极大限度地支持了智慧产品的研发与产出。其中发展较为迅速的产品包括用于家庭影院、语音助手、设备控制等场景的智能音箱，具有远程监控、防盗防窥、双向通信等功能的智能监控，提供居家陪伴、安全监护、辅助护理、情感疏导等服务的智能机器人，以及专注于智能运动、作息提醒、舒缓睡眠、科学护眼等家庭健康生活的人工智能产品。例如，三维家（Sunvega）公司针对泛家居行业推出以"AIGC+场景营销+柔性智造"为底层基础的应用平台和"3D 秀"智能导购工具，依托 AIGC 全流程设计、全自动生成、全方位可视等技术实现了前端智能化设计、用户个性化定制、厂端精细化生产的无缝衔接；同时，与阿里、华为

---

① 杨孔威. 以 AIGC 为代表的人工智能在传媒领域的发展和应用 [J]. 中国传媒科技，2023（5）：76-80.

智能家居平台深度连接，打造从单点互联到家居智能，再到全屋智能的家庭空间。

（2）AIGC+交通

智慧交通是 AIGC 落地应用的主要生活场景之一，主要分为车载智能系统、智能决策系统、交通管理系统、交通调度系统 4 个子系统和多个分支系统。例如，AIGC 通过智能传感器实时采集和共享多模态数据，以图像、语音等形式自动生成特定的道路信息、驾驶信息和安全信息、更客观地呈现环境的动态变化，更有针对性地预测潜在的交通风险，并将其及时传递给相关人员，辅助决策和判断；AIGC 可以准确监测运输工具的安全状况，动态识别交通流量，智能监控道路交通，全面感知周围环境的变化，自动生成导航信息，满足最佳出行线路规划；此外，AIGC 还能根据采集到的交通大数据，自动生成满足不同时段交通需求的调度方案，并通过地图导航等提供的用户轨迹数据，生成匹配的出行方案和路线建议。AIGC 的应用不仅激活了交通数据的潜在价值，还优化了道路交通的运行效率，提升了用户的出行体验。①

（3）AIGC+教育

AIGC 赋予教材新的生命力。与传统的阅读、讲授等方式相比，AIGC 为教育者提供了新的工具，将原本抽象、平面的传统纸质教材具体化、立体化，以更生动有趣的方式向学生传授知识。例如，制作历史人物与学生直接对话的视频，为平淡无奇的演讲注入新的活力；合成幽默风趣的虚拟教师，使数字化教学更具互动性和趣味性，等等。AIGC 还可以根据教学目标、课

---

① 詹希旎，李白杨，孙建军．数智融合环境下 AIGC 的场景化应用与发展机遇[J]．图书情报知识，2023，40（1）：75-85+55.

程内容、学习水平等因素生成教材、练习、测评等内容，用于辅助、优化和个性化教学过程。例如，Coursera 利用 AIGC 技术为不同的学习者生成反馈和建议，提高学习者的参与度和满意度。该技术通过分析学习者的学习进度、成绩、错误、反馈等数据，自动为学习者提供合适的学习内容、难度和方法，并根据学习者的表现和需求及时给予鼓励、指导和改进建议，从而帮助学习者提高学习效果和体验。①

（4）AIGC+金融

AIGC 有助于实现降本增效。一方面，金融领域的工作者可以通过 AIGC 实现金融资讯和产品介绍视频内容的自动化制作，提升金融机构内容运营的效率；另一方面，金融机构也可以通过 AIGC 塑造视听双通道的虚拟金融数字人客服，使自身的金融服务和项目更有温度和人情味。例如，TwoSigma 探索利用 Chat-GPT 自动分析财务报表和新闻，发现潜在的投资机会和风险；债券投资研究工具 BondGPT 可以帮助机构获取债券市场信息，提供投资组合建议；FinGPT 预设的应用方向包括智能投资咨询、量化交易、投资组合优化、金融情绪分析、信用评分、ESG 评分、低代码开发等。彭博社基于自主构建的数据集训练金融大模型 BloombergGPT，更适应金融任务的复杂性和特殊性；摩根大通自主研发 IndexGPT，计划应用于投资顾问、证券投资、营销服务、行政任务等领域。②

（5）AIGC+医疗

AIGC 为诊断和治疗领域的全过程赋能。在辅助诊断方面，

① 中国信息通信研究院. AIGC 赋能百业，助力产业升级迭代［J］. 大数据时代，2023（8）：6-29.
② 陶斐斐. 生成式人工智能的金融场景应用与实践展望［J］. 中国金融电脑，2023（10）：27-30.

AIGC 可用于提高医学影像质量、录入电子病历等、完成对医生智力和精力的解放，让医生资源集中在核心业务上，从而实现医生群体业务能力的提升；在康复治疗方面，AIGC 可以为失声人群合成语音音频，为残疾人合成肢体投影，为精神疾病患者合成无攻击性医疗、陪伴等，以人性化的方式抚慰患者，从而舒缓患者情绪，加速患者康复。

在 2023 腾讯全球数字生态大会上，腾讯健康发布了医疗大模型，以及智能问答、家庭医生助手、数字智能医学影像平台等多场景 AI 产品矩阵。医疗大模型的开发基于腾讯全链路自研混合大模型，该基础模型拥有超过 1000 亿个参数量级、超过 2 万亿个 token 的预训练语料，具备强大的中文编写能力、复杂语境下的逻辑推理能力、可靠的任务执行能力。在此基础上，继续加入涵盖 285 万个医学实体、1250 万个医学关系，覆盖 98% 的医学知识、医学知识图谱和医学文献，使大模型进一步掌握专业医学知识。此外，全疾病管理平台微脉发布了国内首个健康管理领域的大语言模型应用——CareGPT。与通用化的大语言模型产品不同，这款基于国内开源大语言模型自主研发的健康管理应用，主要致力于发挥健康管理在真实医疗场景中的价值，实现预防、咨询、预约、康复的全周期智能健康管理。

总体而言，AIGC 正在向与其他各行业深度融合的横向联合方向发展，其众多场景化应用正在加速渗透到人们生活的方方面面。

3. AIGC+服务业

AIGC 可以看作未来服务业的核心发展部分，不仅为政府政务、个性服务、文化创意服务等实际场景提供了丰富且多样的优质内容，还通过"使用者思维"和"在场体验"放大了服务市场的生产潜力。

（1）AIGC+政务服务

数字政务服务的易用性、灵活性和安全性是推进智慧政务建设的重要前提，而面向需求的问题、面向服务的对象和面向复杂场景的政务内容是实现体验到场、服务到位、管理有序的基本保障，AIGC 技术的出现将智慧政务服务质量和数字政务服务中的数字人技术水平提升到了一个新的高度。例如，开普云聚焦数字政务服务、全流程政务管理、柔性新闻播报等应用场景，积极探索人工智能赋能的智慧政务服务新场景和政府治理新模式。面对复杂的服务需求和特定的场景标准，开普云在 AIGC 的基础上，利用细节捕捉、智能驱动、动态 GC 渲染等技术，有针对性地打造集智能感知、图文共识、深度理解等功能于一体的政务型数字人和服务机器人。它们不仅能高效完成智能问答、政策解读、多层次互动，还能提供残障护理、多终端适配、多层次互动等多种服务，以及助残、适老代理、无障碍办理等服务内容，大大提升了泛在无障碍、开放参与、公平普惠的用户体验，实现了政务服务内容模式的多维创新和多场景覆盖。

（2）AIGC+个性服务

在数智融合的大环境下，新工具、新应用、新场景的不断涌现为个性化服务带来了更多的发展机遇，而可操作的服务技术、可理解的服务内容、可接受的服务方式直接关系到用户对"AIGC+个性化服务"的认可度和接受度。具体来说，可以细分为两类个性化服务场景。一类是以 AIGC 服务的 B 端（Business，企业、商家）场景为例：AIGC 根据特定领域的具体内容训练模型，为上游市场设计下游任务，实现商品营销文案的智能生成和自动推送；通过对文字、图片的描述和预设的创意风格进行扩展，生成初级视频脚本或电影剧本；利用强化学习、扩散学习等技术生成视频配音、自动解说和语音克隆，服务于有声读物、影视作品、动漫制作等应用场景的前期开发、中期运营和后期改进。另一类是服务于 C 端（Consumer，消费者）场景的 AIGC，例如，为用户提供高质量的搜索、聊天等交互服务；通过语音识别、手语辅助、视听合成等帮助听障、视障、聋哑人解决交流问题；为精神障碍患者提供陪护、减压等服务。①

（3）AIGC+文化创意服务

以人工智能绘画为典型案例的生成式人工智能，对处于整个文化产业链前端的"创意端"产生了直接而强大的影响，创意端处于整个产业链的源头，负责为后续消费环节提供内容，从本质上影响产品的优劣和产业的兴衰。而 AIGC 的出现，使得创意端内容创意生产工作者可利用的工具更加多样化和丰富化，将单一的人脑灵感转化为智能高效的输出，这些（进步）间接体现在中端产品的保障和终端商业端的价值反馈上。同样，在具有图像生成功能的 AI 绘画领域，这种生成式人工智能的出现，将原本绘画领域的创作工作者带入了一个全新的世界，影响着创作端的生产逻辑和工作内容。首先，AI 绘画使创作端的群体规模扩大，各平台如雨后春笋争相破土而出。随着 AI 绘画技术的突飞猛进，国外的 Disco Diffusion、DALL-E2、Stable Diffusion、Midjourney、Make-A-Scene、NUWA 等平台不断涌现并快速迭代。比如，Midjourney 模型仅用一个月的时间就进行了一次版本大迭代，能力和效果提升明显；而 Stable Diffusion 开源后，借助它作为基地进行再培训的各类模型越来越多，促进了该领域生态的繁荣。聚焦国内，文心一格、盗梦师、Tiamat、意间等

---

① 詹希旎，李白杨，孙建军. 数智融合环境下 AIGC 的场景化应用与发展机遇[J]. 图书情报知识，2023，40（1）：75-85+55.

人工智能绘画平台的崛起也引起了大众的热切关注。目前小红书软件中与 AI 绘画话题相关的帖子已达数万条，在新浪微博平台上，有关 AI 绘画的字眼也多次登上热搜榜，哔哩哔哩上的艺术 UP 主们也创作了众多 AI 绘画作品，并为受众提供了经验丰富的 AI 绘画教程和创作服务。其次，AI 绘画有效提高了用户在创作端的创作效率。AI 绘画出现后，从事绘画艺术和设计图片相关工作的专业用户能够更快速、高效地进行内容创作，例如，商业委托的插画师可以在确定画面风格和元素的基础上，利用 AI 绘画系统生成插画草稿，让委托方有能力进行取舍和判断，并更高效地进行后续的编辑和完善，为了将更多的时间分配在创意激发等重要环节，相应地较为机械冗长的部分就被 AIGC 所取代。最后，人工智能绘画颠覆了创作端的内容生产方式，降低了生产工具的使用门槛，形成了新的工具使用逻辑。生产者能够轻松实现人物生成图甚至文字生成图，辅助 UGC 和 PGC 进行生产创作，这种极致的易用性形成了间接但高效的使用逻辑，大大降低了生产工具的使用门槛，辅助文创服务向更大规模的市场深度发展。[①]

4. AIGC+电子商务

随着数字技术的发展和应用、消费的升级和加快，购物体验沉浸化成为电商领域发展的方向。AIGC 正加速商品 3D 模型、虚拟带货主播以及虚拟货场的构建，通过和 AR、VR 等新技术的结合，实现视听等多感官交互的沉浸式购物体验。

（1）AIGC+商品 3D 模型

AIGC 用于商品展示和虚拟试用，提升网购体验基于不同视

---

① 赵睿智，李辉. AIGC 背景下 AI 绘画对创意端的价值、困境及对策研究［J］. 北京文化创意，2023（5）：42-47.

角的商品图像，借助视觉生成算法，自动生成商品的三维几何模型和纹理，辅以在线虚拟"看、试、穿、戴"，提供接近实物的差异化网购体验，帮助有效提升用户转化效率。百度、华为等企业相继推出商品自动化三维建模服务，支持在分钟级的时间内完成商品的三维拍摄和生成，精度可达毫米级。与传统的二维展示相比，3D 建模可以大幅减少用户选择和沟通的时间，720°全方位展示商品的主要外观，提升用户体验，快速促成商品交易。同时生成的 3D 商品模型还可用于在线试用，高度还原商品或服务的试用体验感，让消费者有更多机会接触到商品或服务的绝对价值。

如阿里在 2021 年 4 月上线 3D 版天猫家居城，通过为商家提供 3D 设计工具和商品 3D 模型 AI 生成服务，帮助商家快速搭建 3D 购物空间，支持消费者自己动手搭配家居，为消费者提供沉浸式"云购物"体验。数据显示，3D 购物的平均转化率为70%，比行业平均水平高出 9 倍，相比正常导购成交量增幅超过200%，同时商品退换货率明显降低。此外，不少品牌企业也开始在虚拟试衣方向进行探索和尝试，如优衣库虚拟试衣、阿迪达斯虚拟试鞋、周大福虚拟试戴珠宝、古驰虚拟试戴手表眼镜、宜家虚拟家具搭配、保时捷虚拟试驾等。

（2）AIGC+电商直播

随着消费市场丰富内容的出现，用户不再局限于简单的感官刺激和消费快感，而是转向附加元素更多，情感价值更高和互动体验更强的内容市场。在上游产品服务、中游数字智能供应链、下游用户群体三维共振的新格局下，AIGC 技术已被用于实现电商直播等新商业模式的转型。

京东云致力于推动数字智能供应链的产业场景落地，其语音犀牛团队针对复杂的电商销售和直播服务场景，利用基于领域的大模型 K-PLUG，强化 AIGC 技术的自动生成和智能创造，基于语音语义、听觉视觉、对话交互等多模态内容，融合语音合成、情感判断、智能停顿、方言解析等智能技术，开发虚拟人主播——"灵小播"。它不仅具有丰富的电商销售经验，还能快速进入带货直播状态，实现 7×24 小时不间断直播、多场景无缝连接、自主创作营销活动、智能直播实时互动等效果。"一站式"的技术配置大大提高了无人直播间的 GMV（Gross Merchandise Volume，商品交易总额）转化率，丰富的问答和互动增加了用户黏性和体验。

（3）AIGC+购物场景

AIGC 赋能线上购物中心和线下展厅加速进化，为消费者提供全新的购物场景。AIGC 通过从二维图像中重构场景的三维几何结构，实现虚拟庭院的低成本、大批量快速构建，将有效降低商家构建三维购物空间的门槛和成本，为一些原本严重依赖线下门店的行业打开线上线下融合的想象空间，也为消费者提供线上线下融合的全新消费体验。一些品牌已经开始尝试打造虚拟空间。例如，奢侈品牌古驰在其 100 周年品牌庆典上，将线下的 Gucci Garden Archetypes 搬到了游戏 Roblox 中，推出了为期两周的虚拟展览，五个主题展厅的内容与线下真实展览一一对应；2021 年 7 月，阿里巴巴首次展示了其虚拟现实项目"Buy+"，并提供 360°虚拟购物网站开放购物体验；2021 年 11 月，耐克同样选择与 Roblox 合作，推出虚拟世界 Nikeland，向所有 Roblox 用户开放。随着基于图像的三维重建技术在谷歌地图沉浸式视图功能中的成功应用，虚拟货场的自动构建将在未来得到更好的利用和发展。

5. AIGC+影视行业

在影视行业，AIGC 以其优秀的学习与内容生成能力快速融入剧本、角色、场景的融合生成以及影视作品的后期制作当中。

（1）AIGC+剧本

AIGC通过对海量剧本数据进行分析汇总，按照预设风格快速制作剧本，创作者再进行筛选和二次加工，从而拓宽创作思路，缩短创作周期。2016年6月，纽约大学就利用AI编写电影剧本 *Sunspring*，入围Sci-Fi London（伦敦科幻电影节）48小时挑战赛前十名。2020年，美国查普曼大学的学生利用OpenAI的大型模型GPT-3创作剧本，拍摄了短片《律师》。放眼国内，一些垂直领域的科技公司也开始提供智能剧本生产的相关服务，如海马轻帆的"小说转剧本"智能写作功能，当前已经为3万多集电视剧剧本、8000多部电影/网络电影剧本、500多万部网络小说提供服务，其中包括《你好，李焕英》《流浪地球》等知名作品。

（2）AIGC+角色

通过人工智能合成人脸、声音等相关内容，可以实现已故演员的"数字复活"、"劣质艺人"的替代、多语言翻译的声画同步、演员角色的年龄跨度、高难度动作的合成等。它可以减少由于演员自身的局限性而对影视作品造成的影响。

例如，在央视纪录片《创新中国》中，央视与科大讯飞利用人工智能算法学习已故配音演员李易以往纪录片的配音数据，根据纪录片的剧本进行合成配音，再加上后期的剪辑和优化，最终让李易的声音得以再现。2021年，英国公司Flawless针对多语种译制片中人物口型不同步的问题，推出了可视化工具TrueSync，通过AI深度视频合成技术，精准调整演员面部特征，使演员的唇部同步与不同语言的画外音或字幕相匹配。

（3）AIGC+场景

AIGC合成虚拟物理场景，生成现实中难以拍摄或成本过高的场景，大大拓宽了影视作品的想象边界，给观众带来了更好的视觉效果和听觉体验。在 2017 年热播的《热血长安》中，剧中大量场景都是通过人工智能技术虚拟生成的。工作人员在前期对大量场景数据进行采集，通过特效人员进行数字建模，制作出模拟拍摄场景。而演员本人在绿幕演播室进行表演，结合实时抠像技术，将演员的动作与虚拟场景融合，最终生成视频。

（4）AIGC+后期编辑

AIGC 还可以增强影视编辑能力，提升影视行业的后期制作水平。一方面，AIGC 可以对影视图像进行修复和还原，提高图像数据的清晰度，保证影视作品的画质。例如，爱奇艺、优酷、西瓜视频等流媒体平台开始探索将经典影视作品的人工智能修复作为新的增长点。另一方面，AIGC 可实现影视预告片生成，IBM 旗下的 AI 系统沃森在学习了数百部惊悚片预告片的视听技巧后，从一部 90 分钟的电影中挑选出符合惊悚片预告片特征的电影片段，制作出 6 分钟的预告片，将预告片的制作周期从一个月左右缩短到了 24 小时以内。最后，AIGC 还能实现影视内容从 2D 到 3D 的自动转换。人工智能 3D 内容自动生产平台"峥嵘"，支持影视作品的维度转换，将影院级 3D 转换效率提高 1000 倍以上。[①]

6. AIGC+电子娱乐

借助 AIGC 技术，通过趣味内容生成、打造虚拟偶像、开发支持用户端的数字化身以及开发游戏等方式，娱乐产业可以迅速拓展自身的辐射边界，以更容易被消费者接受的方式获得新的发展动力。

---

① 中国信息通信研究院 . AIGC 赋能百业，助力产业升级迭代［J］. 大数据时代，2023（8）：6-29.

（1）AIGC+内容生成

在图像视频生成方面，以 AI 换脸为代表的 AIGC 应用极大地满足了用户的好奇需求，成为"破圈"利器。例如，Face-App、ZAO、Avatarify 等图像视频合成应用一经推出，立即在网络上引发热潮，登上 App Store 免费下载榜榜首；人民日报新媒体中心在国庆 70 周年推出的互动生成 56 个民族照片人像的应用刷屏朋友圈，合成照片总数超过 7.38 亿张，2020 年 3 月，腾讯推出的化身"和平精英"的游戏与"火箭少女 101"活动同框，这些互动内容极大地激发了用户的情感，带来了社交传播的快速突破。在语音合成方面，语音变化增加了互动娱乐性。例如，QQ 等社交软件、和平精英等游戏都集成了变声功能，支持用户体验大叔、"萝莉"等各种不同的声音，让与人交流成为一种愉快的游戏过程。

（2）AIGC+虚拟偶像

虚拟偶像可以看作在 AIGC 和 IP 价值的支持下独立开展偶像活动的虚拟人，具有独特的风格设定和内容输出。一方面，AIGC 可以实现与用户共同创作合成歌曲，不断加强粉丝黏性。以初音未来和洛天依为代表的"虚拟歌手"，都是在 VOCALOID 语音合成引擎软件基础上，由真人创作的虚拟人物提供音源，再由软件合成，能够让粉丝深度参与共创的。另一方面，音视频动画也可以通过人工智能合成，支持虚拟偶像在更多样化的场景中进行内容变现。此外，与现实偶像的走红模式不同，虚拟偶像具有更强的塑造性和发展性，粉丝群体可以直接参与虚拟偶像"出生—宣传—产出"的培育全过程，虚拟偶像在现实世界中的虚拟元素与受众的情感认知相关，受众群体在肯定自我价值的过程中会产生巨大的粉丝经济。

例如，阿里妈妈推出"数字偶像共创计划"，通过 AIGC 技术赋能，打造了首个用户自选自育的数字偶像锘亚 Noah，粉丝群体在塑造虚拟偶像的过程中实现了"选择即存在"的强关联。同样，华纳旗下具有国潮、嘻哈人设的超写实虚拟音乐艺人"哈酱"，以及创易科技团队打造的集科技、古风、魔幻创意为一体的现象级人工智能博主"柳夜熙"也都已经面世。他们不仅以全民偶像的身份给粉丝群体带来了全新的体验，以 AI 数字人的角色传达了 Web3.0 时代数字智能的特征，更以其生动的虚拟形象展现了科技与文化深度融合的强大生产力。

（3）AIGC+娱乐会展

传统娱乐场景注重"人—物—场"的真实连接与互动，内容创作往往受制于外部因素和技术水平，存在前期制作成本高、互动形式单一、创作者瓶颈等问题。然而，AIGC 所支持的娱乐场景打破了时空距离，将虚拟场景与现实环境相结合，带来了更优越的用户体验。例如，2022 年 9 月 26 日，由百度虚拟数字人"度晓晓"制作的百度首个 Web3.0 全链路场景"百度元宇宙歌友会"完美落幕，节目通过"AI+XR"全场景技术、"真人+虚拟数字人"全身份组合、"临场感+空间感"数字体验，呈现了一场集自动化内容生成、科技化艺术形式、现代化空间场景、真实数字化于一体的沉浸式晚会，为用户带来了极具特色的感官体验。与受时空距离和互动模式限制的传统演唱会形式相比，本届元宇宙歌会最大的创新之处在于 AIGC、虚拟数字人、数字藏品等多元跨界内容的参与，为硬核科技实力与强大生成能力之间的互动创新创造了新的可能。

（4）AIGC+数字化身

自 2017 年苹果手机发布 Animoji 以来，"数字体"技术的迭代经历了从单一卡通动物头像到 AI 自动生成真人卡通形象的发展，用户拥有了更多的自主创作权和更生动的形象库。各大科技巨头都在积极探索"数字化身"的相关应用，加速布局"虚拟数字世界"与现实世界融合的"未来"。

例如，百度在"2020世界互联网大会"上展示了基于三维虚拟形象生成、虚拟形象驱动等人工智能技术的动态虚拟人物设计能力。在现场，你只需要拍一张照片，就能在几秒钟内快速生成一个能模仿自己的表情和动作的虚拟形象。在2021云栖大会的开发者展区，阿里云展示了最新的卡通智绘项目，吸引了近2000人体验，成为大会上的爆款。该技术采用隐藏式变量映射技术方案，通过发现输入人脸图像的显著特征，如眼睛大小、鼻子形状等，自动生成具有个人特征的虚拟图像。它还可以跟踪用户的面部表情，生成实时动画，让普通人也有机会创造自己的卡通形象。在可以预见的未来，作为用户在虚拟世界中个人身份和交互载体的"数字生命体"，将进一步与人们的生产生活相结合，并带动虚拟商品经济的发展。

（5）AIGC+游戏开发

作为科技含量最高的娱乐创作领域，游戏产业自然是AIGC的绝佳应用领域，AIGC可以在文学影视作品改编、游戏研发、游戏运营、广告运营等方面提供帮助，尤其是在游戏研发方面。在游戏研发方面，AIGC可以在游戏策略生成、剧情生成、角色生成、游戏性能测试、游戏体验优化等方面提供相应的支持。在游戏体验提升方面，AIGC通过模仿职业玩家模拟特定的风格，让玩家有与真实职业玩家对战的感觉，帮助玩家快速熟悉操作和完成玩法教学，提高游戏的可玩性。在游戏性能测试方面，在前期平衡测试中，AIGC帮助开发者充分模拟玩家在一定数值体系下的游戏体验，并提出优化策略；在游戏功能测试中，AIGC可以有针对性地找出游戏交互的可能性和潜在漏洞，辅助游戏策划。在NPC（Hon-Player Character，非玩家角色）生成方面，AIGC 可以创建和生成不同的面孔、服饰、声音等人物特征，甚至同步驱动嘴型、表情等面部变化，实现高度逼真，并通过大量数据模拟人的动作，完成行走、奔跑等一系列动作反应。在剧情生成方面，AI 智能 NPC 可以分析玩家的实时输入，与玩家进行动态互动，构建几乎不受限制、不可重复的剧情；还可以制作相关的画面、音乐等，创建游戏素材，辅以剧情布局，增强剧情的饱满度。在游戏策略生成方面，它可以让人工智能感知环境、自身状态，并根据具体目标决定当下需要执行的行动，根据具体问题和场景自主提出解决方案。到了运营环节，AIGC 可用于细分玩家提升游戏体验、广告运营等。人工智能实现了自动化广告投放，目前抖音等平台的广告分发和内容推荐已经通过算法实现，效果较好；自动生成更高效、更优质的广告素材；通过不同玩家的数据，将用户细分为不同的子类型，为不同类型的玩家提供独特的玩法，提升用户体验。

较为成熟的互联网游戏和大量真人在线互动场景的开发，为 AIGC 持续创作提供了极具潜力的研发平台，其依托现有热门游戏平台和原创游戏 IP，实现更具沉浸感和互动性的泛娱乐开发，包括对抗类游戏的策略生成、养成类游戏的脚本推进、角色扮演类游戏的剧情设计等。例如，2022 年，歌手特拉维斯·斯科特（Travis Scott）在网络射击游戏《堡垒之夜》中举办了一场"虚拟演唱会"；网易游戏《逆水寒》尝试在游戏中举办国际人工智能学术会议 DAI（Distributed AI）；日本某公司在任天堂现象级游戏《集合啦！动物森友会》中利用游戏道具搭建了"招聘会现场"，成功举办了一场招聘说明会；国内外高校在沙盒游戏《我的世界》中还原了像素风格的虚拟校园，举办了别开生面的云毕业典礼和毕业派对等。开放、融合的游戏环境引发了观众的关注和强烈共鸣，创意的观看模式为用户带来了独特的"记忆点"。① 同样，游戏产业也可以利用 NFT（非同质化代币）建立数字所有权，利用 AIGC 技术产生更多体验性内容，共同催生游戏领域的创客经济。② 例如，Cryptovoxels 平台基于像素式界面销售虚拟土地等 NFT 资源的数字资产，个人用户可以同步展示和销售自己拥有的数字藏品或虚拟物品，③ 社区用户可以利用群体的智能创造力构建与现实世界平行、独立存在的社交场景和社交场所，设计个性化的"游戏生活"。

（五）大语言模型

1. 大语言模型的前世今生

大语言模型（Large Language Model，LLM）是基于海量文本数据训练的深度学习模型。它不仅能够生成自然语言文本，还能够深入理解文本含义，处理各种自然语言任务，如文本摘要、问答、翻译等。

2022 年 11 月，美国 OpenAI 实验室发布了一款名为 ChatGPT 的聊天机器人，其全称是 Chat Generative Pre-Trained Transformer，中文名为生成式预训练变换模型。与传统人工智能相比，ChatGPT 代表了未来生成式人工智能发展的新趋势。它基于用于自然语言处理的 Transformer 神经网络架构，由 96 层 Transformer 解码器组成，并扩展了单词嵌入长度和窗口长度，可以对不同的语言文本进行预训练，从而更好地理解用户的问题，带给用户真实对话的体验，输出的文本更加自然流畅。Transformer

① HUOTARI K，HAMARI J. A Definition for Gamification：Anchoring Gamification in the Service Marketing Literature ［J］. Electronic Markets，2017，27（1）：21-31.
② VIDAL-TOMAS. The New Crypto Niche：NFTs，Play-to-earn，and Metaverse Tokens ［J］. Finance Research Letters，2022，47.
③ 陈苗. 元宇宙时代图书馆、档案馆与博物馆（LAM）的技术采纳及其负责任创新：以 NFT 为中心的思考 ［J］. 图书馆建设，2022（1）.

是语言建模的强大基础，GPT 正是通过 Transformer 将预训练和微调系统引入自然语言处理过程中，开启了泛化语言建模的新时代。①

所谓 GPT，是生成式预训练（Generative Pre-Training）模型的缩写。2018 年，OpenAI 基于 Transformer 架构训练出了 GPT-1。在训练方法上，GPT-1 主要采用自回归算法。通过这种方式，GPT 就可以根据输入文本更好地执行相关任务（如进行对话、生成图形、执行翻译等）。2019 年，OpenAI 发布了 GPT-2。从原理上看，GPT-2 与 GPT-1 没有太大区别，但由于其参数和训练样本量都比 GPT-1 大，因此其性能比 GPT-1 有了更好的提升。值得注意的是，OpenAI 在 GPT-2 中增加了"零样本设置"（zero-shot setting），使 GPT-2 可以直接处理训练集之外的数据，2020 年，OpenAI 又进一步推出了 GPT-3。因为它比前两代 GPT 包含了更多的参数和更多的训练数据，其性能有了质的飞跃。它不仅已经可以独立流畅地与人交流，而且已经可以在此基础上训练其他人工智能产品。其中就包括自动编程应用 CodeX，以及后来的 ChatGPT。不过，作为一款完全以无监督方式训练的人工智能产品，GPT-3 仍有许多不足之处。一方面，由于在训练过程中不受限制，其生成的内容往往过于分散，因而无法满足用户的需求。另一方面，在与用户互动的过程中，GPT-3 也经常会发表一些不恰当的言论。以上种种这些问题都使其难以直接投入市场应用。②

为了克服 GPT-3 的不足，OpenAI 进一步对 ChatGPT 进行了

① 刘泽玉. 智能传播时代：新闻生产流程面临的风险与挑战——基于 ChatGPT 浪潮的分析 [J]. 视听，2023 (11)：10-13.

② FLORIDI L，CHIRIATTI M. GPT-3：Its Nature，Scope，Limits，and Conse-quences [J]. Minds and Machines，2020，30 (4)：681-694.

训练，同时为了保证 ChatGPT 输出信息的正确性，OpenAI 在训练过程中采用了"人类反馈强化学习"（Reinforcement Learning from Human Feedback，RLHF）的思路。具体来说，研究人员从 GPT-3.5（GPT-3 的升级版本）中提取了一部分，并使用人类标签对其进行训练，人工对模型生成的各种结果进行评分。这样，就能训练出一个能识别人类偏好的反馈模型（Reward Model）。接下来，反馈模型与原始模型进行对比训练，不断修正原始模型的不恰当输出，从而得到一个不仅符合人类语言习惯，而且符合人类偏好和价值观的语言生成模型，ChatGPT 就这样诞生了。①

2023 年，大语言模型及其在人工智能领域的应用已成为全球科技研究的热点，其在规模上的增长尤为引人注目，参数量已从最初的十几亿跃升到如今的一万亿。参数量的提升使得模型能够更加精准地捕捉人类语言的微妙之处，更加深入地理解人类语言的复杂性。在过去的一年里，大语言模型在吸纳新知识、分解复杂任务以及图文对齐等多方面都有显著提升。随着技术的不断成熟，它将不断拓展应用范围，为人类提供更加智能化和个性化的服务，进一步改善人们的生活和生产方式。

2023 年 12 月 26 日，大语言模型入选"2023 年度十大科技名词"。

2. ChatGPT 的技术特性

ChatGPT 之所以"火出圈"，是因为它能让人直观地感受到人工智能、自然语言处理等技术的进步，它以对话的方式进行

---

① OUYANG L, WU J, JIANG X, et al. Training Language Models to Follow Instructions with Human Feedback；proceedings of the NIPS '22：Proceedings of the 36th International Conference on Neural Information Processing Systems，F，2022 ［C］. 2022.

交互，在文本和逻辑理解方面的表现明显提升，对问题的理解和给出的答案是目前机型中表现最好的。ChatGPT 在技术特点上与以往的对话式人工智能机器人有很大不同，因此在用户体验上有很大提升，得到了业界、学术界和大众的诸多好评。

第一，ChatGPT 更完整的对话内容和模式依赖于大型语言模型。大型语言模型可以让软件在海量数据中进行广泛的学习和知识存储，此外还有数以万计的人工标注数据为大型语言模型提供帮助。基于这一技术思想，ChatGPT 拥有多达 1750 亿个模型参数，这是一个可以容纳大量人类文明知识的海量模型参数。该模型能让 ChatGPT 创造性地改进内容回答，提升其语言理解、语言生成和语境学习能力，并能使其根据特定的话语输入提示，输出符合要求的高质量内容结果。ChatGPT 与其他人工智能聊天机器人最大的区别在于其回答的长度以及在此基础上的细节，OpenAI 开发的 GPT-3 语言模型已经能够学习理解数百万个单词之间的关系，而 ChatGPT 使用的 GPT-3.5 是一个更复杂、更先进的模型。

第二，ChatGPT 具有深度学习能力。假设人类获得了世界上所有不同类型的数据，如文本或图像，那么大语言模型就应该自动学习其中蕴含的知识点，并在学习过程中可以灵活运用学到的知识解决实际问题，而无须人工干预。这项技术特别训练了 ChatGPT，让它专注于学习人类的语言偏好，更好地理解用户意图与文本之间的关系，并建立人类偏好数据，从而给出让人感觉更合适的答案。此外，ChatGPT 还使用基于人类反馈的强化学习技术，使其答案尽可能符合人类的认知、价值需求、常识和基本文化背景。这些深度学习技术赋予了 ChatGPT 更高的拟人化程度，使其逐渐接近人类的日常思维方式，有助于其提供更加人性化的内容和服务。

第三，ChatGPT 可以利用嵌入技术强化使用效果。嵌入技术在当前的新媒体环境中应用广泛，如在智能手机中嵌入各种 App 和数字工具，在互联网页面中嵌入各种功能和服务等。ChatGPT 作为一种对话和内容生成的人工智能技术，具有嵌入其他媒体形态和软件的潜力，例如，它可以嵌入互联网搜索引擎和应用中，以更方便快捷的方式完成复杂信息搜索指令的功能补充和扩展。这种嵌入能更大程度地发挥原有人工智能的优势，优化原有智能功能，达到提升效果的目的。①

理解 ChatGPT 核心技术的三个关键词：预训练、大模型、生成性。ChatGPT 以人类偏好数据与强化学习技术实现对人类认知机制的深度模拟。ChatGPT 能够为用户带来媲美真人对话体验的关键在于，ChatGPT 基于预训练使用的偏好数据与强化学习技术实现了对人类认知机制的深度模拟；ChatGPT 拥有超越绝大部分人工智能的巨大训练模型，极大的模型参数量能够对人的认知惯习、微妙情趣、价值追求进行匹配和表达，以实现粒度更细的连接和更高水平的价值实现；生成性是将要素结构化的能力特征，ChatGPT 通过持续与用户对话，不断对用户的个性化要素进行识别、学习和整合，并将输出要素进行结构化处理，以贴近用户的方式进行有机呈现，实质上完成了 ChatGPT 与用户之间关系的建立，是对人类交往方式的深度模拟。②

简而言之，以 Transformer 架构和自然语言处理（NLP）为核心技术的 ChatGPT，凭借其出色的上下文记忆、推理和深度学习

① 匡文波、王天娇. 新一代人工智能 ChatGPT 传播特点研究［J］. 重庆理工大学学报（社会科学），2023，37（6）：8-16.
② 喻国明，苏健威. 生成式人工智能浪潮下的传播革命与媒介生态——从 Chat-GPT 到全面智能化时代的未来［J］. 新疆师范大学学报（哲学社会科学版），2023，44（5）：81-90.

能力，能够实现信息检索、内容生产甚至情感陪伴等多种复杂情境下的人机交互和对话。同时，通过人类反馈强化学习（RLHF）和模型微调，ChatGPT 可以广泛应用于文案写作、多语种翻译、知识传播、脚本编写、人机对话、文本生成、图像绘制甚至代码编程等智能交流领域，显示出强大的内容生产力，这是当前 AIGC 发展的典型成果。

3. 大语言模型与新闻传媒行业

大语言模型给新闻传播行业带来的机遇，首先体现在新闻生产全流程的升级再造上。海量训练参数、自然语言处理、人工反馈强化训练等技术的应用，使大语言模型能够深度嵌入新闻采、写、编、发全链条，实现新闻产品的智能化生产。在新闻信息的采集和检索方面，大语言模型能以极低的成本为记者提供调查性新闻、解释性报道、建设性新闻等深度报道中丰富全面的背景信息和经典案例，在节约成本的同时，有效提升信息采集的速度、深度和广度。在新闻写作方面，大语言模型不仅大大提高了数据新闻、体育新闻、财经新闻等结构化文本的信息生产效率，在文本形式层面进一步简化了数据图表、互动节目等的生产要素；而且，基于预先训练的大语言模型和 Transformer 算法，大语言模型可以完成上下文理解、追问、反问等任务。与用户持续对话，进行人性化互动，这有助于媒体创新"聊天新闻""问答新闻""新闻游戏"等新闻报道方式，丰富产品样式，增强新闻的可读性和新颖性。同时，集内容生产与发布于一体的问答系统，能够更加精准地向用户传递个性化信息，有效提高信息到达率和用户黏性，为深化媒体融合提供选择，提升媒体传播力、引导力、影响力和公信力。在新闻编辑实践中，大语言模型的应用使得新闻生产以编辑部为中心的趋势越发明显。一方面，大语言模型可以根据编辑的指令要求，快速完成字误校对、术语规范化校对、智能排版、格式优化等机械重复性内容；另一方面，通过海量的内容反哺，大语言模型可以生成不同风格、不同类型的产品内容，为编辑的新闻策划提供思路和灵感。

如今，媒体融合、全媒体逐渐成为媒体的主流形态，大语言模型则能够顺应大势，使新闻生产和新闻传播更加多元化，并可以作为辅助工具参与新闻生产过程。特别是在财经、体育等领域的程序化报道中，它可以为记者提供线索、搜集素材，从而提高新闻生产效率。它还可以根据操作人员的指引和限制，自动给出相关文字内容，快速撰写稿件。仅此一项，就大大提高了媒体人在信息采集、信息梳理、排版等方面的效率。大语言模型写作可以提升内容的丰富性和叙事的逻辑性，也可以提高写作的速度。四川青城山发生 5.4 级地震时，封面传媒的"小封"机器人仅用 8.09 秒就完成了 1300 字的地震速报。中国日报利用大数据采集、分析和融合技术，采集全球 5000 多家主流媒体网站、2000 多个主流社交媒体账号的数据，日采集数据约 200 万条；深入研究全网和客户端内用户行为，建立个人和群体用户画像，根据用户的阅读习惯、地域、标签等信息，提供精准内容推荐；同时利用文本语义分析技术自动分析相关文章，实现网站和客户端内容的多元化传播。人工智能不仅可以作为新闻生产的辅助工具，还可以重构内容生产流程，基于大数据的传播效果分析实现绩效考核，探索更多高价值的业务场景，落地更多智能产品，拓展输出版图，为更广泛的领域提供服务。①

---

① 马晓荔.ChatGPT 将如何重塑新闻业［J］.中国广播电视学刊，2023（10）：9-12.

大语言模型将给媒体行业带来的影响体现在两个方面。一方面，大语言模型正在改变人机交互和获取信息的方式。如今，人们对触摸屏、语音、体感交互等人机交互方式已经非常熟悉，而大语言模型具有先进的人机交互方式与更强的自学习能力，可以基于大数据自行生成内容，其给出的答案不再是缺乏信息的机械稿件，逻辑性和完整性大大提高，更加富有人情味，其在新闻背景挖掘、文献综述分析等方面的表现值得期待。另一方面，大语言模型还能打造语言模型驱动的聊天机器人，改变传统的媒体商业模式，创造新的内容产品和互动体验。新华社客户端试用了新闻智能语音机器人"小新"，它能回答"两会有什么重大新闻""明天天气怎么样""我要订一张机票"等问题。央广"中国之声"与央广传媒也曾联合推出"下文"App，希望打造"聊天新闻"给用户以优质的即时新闻互动体验。随着智能聊天程序的成熟，基于聊天的新闻产品发展潜力巨大。①

4. 大语言模型在智能传播中的功能多样性

当前，我国媒体对大语言模型的应用在政务服务、生活服务、商务服务领域的成就主要集中于政务新媒体、本地生活服务以及智慧城市大脑建设等方面。基于通用型、生成式、人类反馈强化学习等技术的预训练大语言模型在智能传播领域的应用，有望助力"ChatGPT+"运营模式实现质的突破，驱动媒体智能化转型。

在政务服务方面，媒体可以利用大语言模型的人机交互生成方式，使其成为集政务问答、公文整理、政务管理、政务运行等功能于一体的"掌上政务助手"。一方面，"政务助手"可

---

① 何慧媛. ChatGPT 如何影响传媒业［J］. 青年记者，2023（4）：1.

以 24 小时提供政务服务；另一方面，依托海量文本数据和自然语言处理技术，大语言模型能够在虚拟空间中与用户形成理性、连续的问答对话，即时、准确、高效地处理公民的政务诉求，同时促进哈贝马斯（Jürgen Habermas）所说的"公共领域"中主体间性的出现，从而提高公民参与公共事务的积极性。

在生活服务方面，大语言模型能够广泛应用于"新闻+天气""新闻+交通""新闻+文旅""新闻+餐饮""新闻+电商"等各个方面。根据用户问答的语境，大语言模型能自动化生成个性化的信息服务，真正实现"千人千面"的信息定制，全面提升媒体综合服务能力和水平。

在商务服务方面，大语言模型的发展促进了媒体与科技企业的跨界合作。一方面，媒体主动打破自身边界，促使技术、渠道、全能人才、资金等生产要素流向专业媒体，提升自我"造血"能力；另一方面，科技公司需要掌握大量的文本资源，为媒体提供训练 AI 模型的海量反哺参数。国内对标 ChatGPT 的"文心一言"开发公司百度宣布与澎湃新闻、南方都市报、上海日报等多家机构媒体对接合作，共同打造"文心一言"专属数据库，为训练大语言模型提供丰富的资源。①

在教育领域，大语言模型可用作创建教育内容和辅助语言学习的强大工具。它可以生成论文、摘要，甚至整本教科书，几乎不需要人工输入，这使它迅速成为教育工作者和学生的宝贵财富。教育工作者可以利用大语言模型实现教学手段的多样化，而学生则可以通过自主提问查漏补缺，从而建立起真正的智能教育系统。比如，《科学公共图书馆·数字健康》杂志最近

① 黄楚新，张迪 . ChatGPT 对新闻传播的机遇变革与风险隐忧［J］. 视听界，2023（4）：30-35.

发表了一项研究，没有接受过任何医学培训的 ChatGPT "裸考"
了美国医学执照考试（USMLE），接近60%的通过率要求；再比
如，ChatGPT 可以被科学家用来检验实验数据，也可以被研究人
员用来撰写学术论文。此外，ChatGPT 还有多种语言版本，包括
英语、西班牙语、法语和德语，以方便不同国家地区的研究者
使用。[①]

　　大语言模型还可以作为智能导师，为学生提供个性化的学
习帮助。通过与大语言模型的对话，学生可以随时获得关于课
程内容、学习方法和解题技巧等方面的建议。大语言模型能够
根据学生的问题和答案提供定制化的学习计划，帮助学生更好
地理解和掌握专业知识。各学科、各领域的专业知识涉及面广，
有些知识由于时效性和复杂性，在课堂上很难详细讲解。大语
言模型可以作为即时问答系统，回答学生的问题，补充课堂内
容，拓展专业知识，学生可以获得有关各领域术语、专有名词
和相关概念的深入解释和讨论。同时，研究论文和学术报告是
大学教育不可或缺的重要组成部分，但学生可能会在学术写作
和表达方面遇到困难，大语言模型可以作为学术写作助手，为
学生提供论文结构、文章逻辑和选词方面的建议。通过与大语
言模型的交互，学生可以提高写作能力，培养良好的学术交流
技巧，提升科研成果的质量和影响力。[②]

　　在经济领域，大语言模型通过大数据整合、信息整合，借
助合理的计算，在自学习后能够给出合理的商业计划、营销计
划、生产计划、采购计划、供应链计划等。在此基础上，大语
言模型可以轻松实现财务信息和产品介绍视频内容的自动化生

①　BAI Y. Constitutional AI: Harmlessness from AI Feedback [J].arXiv, 2022.
②　陈飞，董界，曾文彬. ChatGPT 在世界一流大学药学专业研究生教育教学改革
　　中的应用探索研究 [J]. 科教文汇，2023（20）：111–115.

产，快速提升组织运营效率。目前，我国电子商务交易额已跃居世界第一，但虚拟客服较为机械，问题设置选项较少，难以满足客户的需求。相比之下，由大语言模型生成的虚拟客服可以为客户提供 24 小时不间断的产品推荐和售后服务，比传统的虚拟客服更加全面，同时也大大降低了运营成本。

在医疗领域，大语言模型可以帮助普通患者快速理解医疗文件，提高医院的工作效率。以放射影像文件为例，对于没有医学背景的患者来说，这些化验报告往往难以理解。理想情况下，医生和患者可以通过及时、个性化的对话交流放射报告，但在资源有限的医疗系统中，这种对话通常会被延迟。一些患者选择使用互联网来了解检查报告的含义，但由于无法将图像内容翻译成医学术语，可能会导致结果出现偏差和错误。未来，用户可以使用大语言模型识别和简化医疗报告，从而对病情做出正确预测。此外，大语言模型还可以提高医学影像的质量，记录电子病历以减轻医生的工作压力，协助病人进行康复治疗，如利用语音合成技术为失语症患者合成语言音频。①

特别是在健康传播领域，大语言模型拥有巨大的优势和潜力。通过学习人类的语言习惯，大语言模型可以模拟人类生成高质量的文本内容。在信息生产时间方面，大语言模型可以缩短健康信息生产时间，提高生产速度，大语言模型具有强大的信息检索和内容生成能力，它可以在几毫秒内完成响应过程，根据指令生成人类需要的内容。目前，大语言模型能够根据人类的指令生成文案、视频脚本、代码、图片等多种形式的内容，基本满足了人类在新媒体时代的信息生产需求。而且，人类提

---

① 蔡士林，杨磊 . ChatGPT 智能机器人应用的风险与协同治理研究 ［J］. 情报理论与实践，2023，46（5）：14-22.

出的问题越详细，其生成的内容就越具体、越精准。健康信息关系到国民健康素养的提升，健康信息的生成对生产者的专业素养要求较高，错误的健康信息会引发恐慌，甚至影响人们的生命安全。例如，在新冠病毒流行期间，人们急需防治新冠病毒的信息，"双黄连口服液能抑制新冠病毒"的错误消息引发了抢购热潮。基于海量数据生成内容，在保证数据库信息真实性的前提下，大语言模型可以快速提供相对准确的健康信息，避免人为疏忽造成的事实错误。

与此同时，互联网技术催生了"互联网医疗"，互联网医疗平台为医患沟通提供了便捷渠道，健康信息传播的主阵地正在经历从线下到线上的转变。受时间、经济、隐私等因素的影响，在线问诊逐渐成为人们获取医疗信息的首选。大语言模型通过模仿和学习人类的语言习惯和情感态度，能够生成具有人类情感的语言文本，其话语结构和词语特征与真人高度相似。此外，像 ChatGPT 这样的生成式人工智能是基于丰富的数据库和语料库，通过吸收大量数据信息进行机器学习的。如果我们将大量的健康、医疗、医学数据信息与大语言模型联系起来，提高其对健康信息的敏感度，那么大语言模型也许可以逐步取代人类医生与用户进行在线互动。根据用户提供的信息，大语言模型可以分析用户的身体健康状况，并根据用户的身体特征和健康需求，为用户制订精准的健康计划，帮助用户了解更多的健康信息。通过应用大语言模型，现实中的医生可以将更多的时间和精力投入医学研究、线下出诊和临床手术中，从而节约医疗资源，更科学有效地保障人民群众的安全和健康。[1]

---

① 刘聪聪. 变革与应对：生成式人工智能在健康传播领域的应用前景探析［J］. 传播与版权，2023（20）：60-62.

（六）人工智能生成内容面临的问题和对策

AIGC 在传媒、电商、影视、教育、医疗、金融等领域有着广泛的应用和价值，可以提高内容生产的效率、质量和创新性，满足用户的多样化和个性化需求，推动社会的信息化和智能化发展。

然而，AIGC 也面临着一些挑战和风险，如数据安全、算法偏见、知识产权、虚假信息等，这些问题不仅影响 AIGC 的健康发展和规范应用，也威胁到社会的公共利益和秩序，引发了争议和社会关注。因此，有必要对 AIGC 的问题和对策进行分析和探讨，以期为相关的政策制定和实践提供参考和借鉴。

1. AIGC 面临的主要问题

（1）数据安全问题

数据是 AIGC 的基础和驱动力，数据的质量、完整性和合法性直接决定了 AIGC 的效果和价值。然而，数据安全问题是 AIGC 的一大难题，主要表现在以下几个方面。

数据来源的合法性。AIGC 需要大量的数据作为输入或训练素材，这些数据可能来自公开的数据集、网络爬虫、用户提供的数据等。然而，这些数据的来源是否合法，是否经过了数据所有者或相关方的授权，是否侵犯了他人的隐私权、肖像权、名誉权等合法权益，是需要慎重考虑的问题。

数据处理的安全性。AIGC 在处理数据的过程中，可能存在数据的泄露、篡改、损毁等风险，这些风险可能来自外部的黑客攻击、内部的人为失误、系统的故障等。数据的安全问题不仅威胁到数据所有者或相关方的权益，也可能影响 AIGC 的效果和质量，甚至造成更大的社会危害。

数据输出的可控性。AIGC 的输出结果，即生成的内容，也是一种数据，这种数据的可控性也是一个重要的问题。刘艳红在《生成式人工智能的三大安全风险及法律规制——以 ChatG-PT 为例》一文中是这样表述的："ChatGPT 对国家安全构成潜在安全风险是由于自身的技术框架源于域外，主要是基于西方价值观和思想导向建立，其中的回答也通常迎合西方立场和喜好，可能导致意识形态渗透。"①

（2）算法偏见问题

算法偏见是指人工智能算法在处理数据或生成内容的过程中，由于数据的不完整、不平衡、不代表性，或者算法的设计、训练、优化等环节的缺陷，生成的内容出现对某些群体或个体的歧视、偏见、误判等现象。算法偏见问题是 AIGC 的一大隐患。

算法偏见主要源自两个层面的问题。

数据层面的问题。如果数据的质量不高，存在错误、噪声、失真等情况，或是数据的数量不足，不能覆盖所有的情况和场景，那么就可能导致算法的训练和优化不充分，生成的内容不准确或不完善。

算法层面的问题。如果算法的设计不合理，没有考虑到数据的多样性和复杂性，或者算法的实现不规范，没有遵循相关的标准和规范，那么就可能导致算法的运行和输出不稳定或不可靠，生成的内容不符合预期或不满足需求。

算法偏见可能侵犯个人或群体的合法权益，如隐私权、名誉权、平等权等，或者影响他们的生活、工作、学习等，造成不公平或不正义的结果。算法偏见还可能破坏社会的和谐、稳定、进步，引发社会的不满、不信任、不理解，或者加剧社会

---

① 刘艳红. 生成式人工智能的三大安全风险及法律规制——以 ChatGPT 为例［J］. 东方法学，2023（4）：29-43.

的分化、对立、冲突，造成不良的社会影响。

（3）知识产权问题

知识产权是指人类智力劳动创造的成果所享有的专有的权利，主要包括著作权、专利权、商标权等。知识产权问题是AIGC面临的一大问题，主要表现在以下几个方面。

AIGC的知识产权归属。这里主要是指人工智能生成物所享有的知识产权的归属问题。目前，AIGC的知识产权归属问题还没有统一的法律规定和标准，在我国，人工智能生成内容是否属于《著作权法》意义上的作品需要进行法律要件构成分析，①因此人工智能生成内容"难以享有著作权"。

AIGC的知识产权保护。目前，关于AIGC的知识产权保护问题还没有完善的法律制度和技术手段，非人生产的智能化内容难以通过"作品—创作—作者"的逻辑获得著作权的保护，AIGC的知识产权可能面临着侵权、盗用、泄露等风险，这给AIGC的创新和发展带来了障碍和威胁。

AIGC的知识产权责任。这里主要指人工智能内容生成技术所生成的内容，即文本、图像、音频、视频、代码等，所涉及的知识产权的责任归属问题。目前，AIGC的知识产权责任问题还没有明确的法律规则和判例，《生成式人工智能服务管理办法（征求意见稿）》中尝试对责任归属做了划分，但仍只是开始，AIGC的使用和提供仍存在不确定性和风险。

（4）虚假信息问题

虚假信息是指不真实、不准确或误导性的信息。它可能包括错误的事实、无根据的声明、故意误导的内容或者无法证实

---

① 于雯雯. 再论人工智能生成内容在著作权法上的权益归属 [J]. 中国社会科学院大学学报，2022，42（2）：89-100+46-47.

的主张。虚假信息被有意或无意地通过各种渠道传播，可能被用于误导、欺骗或操纵观点、意见或行为，对人们的思想、决策或行为产生负面影响。虚假信息问题是目前 AIGC 面临的又一大挑战。

目前 AIGC 所生成的内容，即文本、图像、音频、视频、代码等，可能存在不真实、不准确、不完整的情况，导致虚假信息的产生和被传播。人工智能生成虚假信息的主要原因有以下几点。

海量的预训练数据质量不可控，导致人工智能学习了错误或有害的信息。

基于人类反馈的强化学习模式易被有意制造谣言的人操纵，导致人工智能输出符合其目的的信息。

运行目的的不可知化使人工智能缺乏内容审查机制，导致人工智能随机生成新的内容，包含虚假或有害的信息。

追求生成内容准确可靠的设计要求使人工智能误解了真实性的含义，导致人工智能用虚构的信息来弥补自己的不足。

下游任务的多样性与兼容性使人工智能的应用范围和传播渠道增加，导致人工智能生成的虚假或有害信息更难被侦测和追溯。[1]

目前，AIGC 的虚假信息传播问题还没有得到有效的监管和制约，AIGC 所生成的内容可能被滥用，这给社会的公共利益和秩序带来了威胁和破坏。[2]

2. 对策和建议

针对 AIGC 所面临的问题，本书提出以下几点对策和建议。

---

[1] 朱嘉珺. 生成式人工智能虚假有害信息规制的挑战与应对——以 ChatGPT 的应用为引 [J]. 比较法研究，2023（5）：34-54.

[2] 刘艳红. 生成式人工智能的三大安全风险及法律规制——以 ChatGPT 为例 [J]. 东方法学，2023（4）：29-43.

（1）加强法律规制

加强法律规制是指通过制定和实施相关的法律法规，对 AIGC 的开发、使用、提供、传播等活动进行规范和约束，以保护各方的合法权益，维护社会的公共利益和秩序。其目的是"构建系统性的人工智能法律规范，形成通用人工智能立法为基础，生成式人工智能的专门性管理办法为补充，现有算法、数据、知识产权、不正当竞争等领域的法律为根本的系统性规范体系"①。加强法律规制的主要内容包括以下方面。

明确 AIGC 的定义和分类。AIGC 是一个涵盖了多种技术和应用的广泛的概念，需要对其进行科学的定义和分类。

确立 AIGC 的责任主体和责任形式。AIGC 涉及多方的利益和责任，需要明确各方的身份和角色，如 AIGC 的开发者、使用者、提供者、传播者等，以及各方的责任形式，如民事责任、行政责任、刑事责任等。

制定 AIGC 的行业标准和规范。行业标准和规范是指根据 AIGC 的特点和需求，制定和实施相关的技术、质量、安全、伦理等方面的标准和规范，以指导和约束 AIGC 的开发、使用、提供、传播等活动，提高 AIGC 的水平和质量，保障 AIGC 的安全和可信，促进 AIGC 的创新和发展。

（2）完善技术研发

完善技术研发是指通过科学的方法和手段，对 AIGC 的原理、方法、模型、系统等进行探索和改进，以解决 AIGC 的问题和挑战，提升 AIGC 的效果和价值。完善技术研发的主要内容包括以下方面。

---

① 程乐. 生成式人工智能的法律规制——以 ChatGPT 为视角 [J]. 政法论丛，2023（4）：69-80.

提高数据的质量和数量。数据是 AIGC 的基础和驱动力，数据的质量和数量直接决定了 AIGC 的效果和价值。因此，需要通过各种途径和方式，收集和整理更多的高质量的数据，为 AIGC 的训练和优化提供充分的数据支持。

优化算法的设计和实现。算法是 AIGC 的核心和灵魂，算法的设计和实现直接影响了 AIGC 的效果和价值。因此，需要通过各种方法和技术，优化和改进 AIGC 的算法，为 AIGC 的生成和输出提供有效的算法保障。

增强内容的质量和多样性。内容是 AIGC 的结果和展示，内容的质量和多样性直接反映了 AIGC 的效果和价值。因此，需要通过各种手段和措施，增强 AIGC 所生成的内容的质量和多样性，为用户提供更优质、更丰富的内容服务。

（3）提高内容质量

提高内容质量是指提高 AIGC 所生成的内容，即文本、图像、音频、视频、代码等的质量，使其符合用户的需求和期望，满足相关的标准和规范，并且具有一定的价值和意义。提高内容质量的基本要求包括以下方面。

增加用户的参与和反馈。这是指让用户提供数据、指令、评价、建议等形式的反馈，或者让用户通过选择、修改、分享、收藏等形式参与 AIGC 的过程，以了解用户的需求和期望，收集用户的意见和评价，不断优化和改进 AIGC 的内容服务。

建立内容的质量评估和监督机制。这是指通过设立相关的标准和指标，对 AIGC 所生成的内容进行定期或不定期的评估和监督，以检测和发现内容的问题和缺陷，或者对内容进行必要的修改和完善，以提高内容的真实性、合法性、合理性等，或者对内容进行必要的标识和提示，以免误导或欺骗用户。

增强内容的质量和多样性。这是指通过各种手段和措施，对内容进行变换、拓展、融合，并且增强内容的真实性、合法性、合理性，最终达到提升人工智能内容生成技术所生成的内容的质量和多样性的效果，为用户提供更优质、更丰富的内容服务。

（4）加强社会监督

加强社会监督是指通过社会的各种主体和力量，对 AIGC 的开发、使用、提供、传播等活动进行关注和约束，以揭示和防范 AIGC 的问题和风险，促进 AIGC 的规范化和健康化，维护社会的价值和伦理。社会监督的主要内容包括以下方面。

增强社会的意识和教育体系。是指通过各种方式和渠道，提高社会对 AIGC 的认识和理解，以增强社会对 AIGC 的信任和支持，提高社会对 AIGC 的警惕和防范，避免社会被 AIGC 所误导或欺骗。

建立社会的参与和协作体系。是指通过各种形式和机制，让社会的各种主体和力量参与到 AIGC 的开发、使用、提供、传播等活动中，或者与 AIGC 的使用者或提供者进行沟通和协作，以共同推动 AIGC 的进步和发展，共同防范和化解 AIGC 的问题和风险，实现 AIGC 的多元和协调发展。

完善社会的评价和奖惩体系。是指通过各种标准和方法，对 AIGC 的开发、使用、提供、传播等活动进行评价和奖惩，以激励对 AIGC 的优化和改进，并对人工智能内容生成技术的误用和滥用现象起到警示和遏制的作用，实现 AIGC 的正向发展。

五 个性化推荐

（一）现实背景与发展脉络

随着互联网的迅速普及发展与硬件软件的多次迭代更新，当下大众网民的信息需求得到了极大限度的满足。而这也同时滋生了信息超载（Information Overload）① 的问题，即如何从庞大繁杂的互联网数据中快速精准地找到有用的信息，提高对信息的使用效率。解决这一问题不仅是互联网用户的普遍需求，更是互联网技术研究要关注的重点之一。基于此，"个性化推荐"应运而生。

目前，用以应对信息超载这一问题最典型的两种技术为搜索引擎和信息过滤。其中诸如国内国外的百度、谷歌等搜索引擎主要是向互联网用户提供信息检索服务，这种信息检索往往是较为单一同质化的。当用户使用同一关键词检索信息时，得到的结果也相同，这就无法满足用户信息需求的多元化，也不能与互联网信息传播方式和渠道的多样化相契合，因此并不能特别好地解决信息超载的问题。②

而本书中主要想讨论的"个性化推荐"，究其本质是一种信息过滤技术。③ 它是通过发掘用户的互联网行为，分析推演用户的历史行为数据来发现用户的兴趣偏好，进而因人而异地向用户提供差异化的"推送"服务以满足个性化需求。在个性化推荐过程中，相关算法会将用户感兴趣的信息从大量的互联网数据中过滤筛选出来，并基于用户对某信息的感兴趣程度按照一定规则将相关信息合理高效地呈现在用户面前。④

① XIANG L, YUAN Q, ZHAO S, et al. Temporal Recommendation on Graphs via Long-and Short-term Preference Fusion；proceedings of the KDD '10：Proceedings of the 16th ACM SIGKDD International Conference on Knowledge Discovery and Data Mining, F, 2010［C］.2010.

② 王国霞，刘贺平 . 个性化推荐系统综述［J］. 计算机工程与应用，2012，48（7）：66-76.

③ 曾春邢，周立柱 . 个性化服务技术综述［J］. 软件学报，2002（10）：1952-1961.

④ 于戈，王大玲，鲍玉斌，等 . Internet 上支持高质量 E-Services 的个性化技术的研究［J］. 计算机科学，2001（12）：63-67.

与搜索引擎相比，个性化推荐的特点是一定要建立互联网用户与信息产品之间的二元关系。[①] 大抵上，搜索引擎的使用是由用户自主进行的，需要用户主动输入关键词，自行选择判断搜索结果是否符合需求。而个性化推荐在最终呈现形式上则由对应信息产品的系统主导，结合用户浏览顺序引导用户发现自己感兴趣的信息。这从侧面印证了为什么高质量的推荐系统会使用户对系统产生依赖。

个性化推荐系统的发展和应用，主要受到消费需求和技术进步的双重驱动。在当今信息过载的环境下，用户很难找到完全符合自己需求的商品。然而，随着算法能力的持续提升，个性化推荐系统得以实现更精细化的运作。从用户的角度看，使用个性化推荐系统可以显著提高消费效率。从产品的角度看，通过满足用户的个性化需求，可以提高用户的留存率、转化率以及复购的可能性。这不仅有助于解决信息过载的问题，还有助于发掘长尾产品，带动相关产品的曝光和流量。从企业的角度看，个性化推荐系统可以提升用户的活跃度，吸引更多的生产端参与，从而带来更多的经济效益。[②] 以上都是"个性化推荐"这一信息过滤方法一直受学界、业界广泛关注的原因所在。

在国外网站的设计和发展中，互联网的个性化服务理念早已流行。推荐系统的研究则与许多早期的研究领域有关，例如认知科学、信息检索、预测理论和管理科学等。从 20 世纪 90 年代中期开始，随着电子商务网站的逐渐崛起和用户信息收集技

---

① 王国霞，刘贺平. 个性化推荐系统综述 [J]. 计算机工程与应用，2012，48 (7)：66-76.
　张秀伟，何克清，王健，等. Web 服务个性化推荐研究综述 [J]. 计算机工程与科学，2013，35 (9)：132-140.
② 林霜梅，汪更生，陈奕秋. 个性化推荐系统中的用户建模及特征选择 [J]. 计算机工程，2007 (17)：196-198+230.

术的不断成熟，相关研究人员开始关注如何利用收集的用户对项目的评分数据来预测用户的兴趣，并建立相应的系统以提供适当的推荐。这使得个性化服务和推荐系统的研究结合在一起，逐渐形成了个性化推荐这一相对独立的领域。

不同领域的专家学者对于个性化的定义不尽相同。在 IT 行业的视角下，个性化被视为一种能力，即根据每个用户的爱好和行为知识，为其提供简洁且有针对性的内容和服务。① 在经济学的视角下，个性化被视为一种服务，即通过深入洞察每个用户的特殊需求来提供高效且有价值的服务。② 而专注于个性化技术的专家则认为，个性化是基于用户的基本信息和交互信息来实现双赢商业模式的一种高效技术。③

可以说，目前大部分"个性化推荐"的研究与应用过程基本分为三步④：理解用户—提供个性化推荐—评估个性化推荐的效果。

而基于上面的理解，也逐渐形成了多种个性化推荐技术，其中包括：基于内容的推荐（Content-based Recommendation）、基于协同过滤的推荐（Collaborative Filtering based Recommendation）、混合型推荐（Hybrid Recommendation）等。⑤ 这三种基础算法将会在第二部分作详细阐述。

---

① CHELLAPPA R K, SIN R G. Personalization versus Privacy：An Empirical Examination of the Online Consumer's Dilemma［J］．Information Technology & Management, 2005, 6（2-3）：181-202.

② MONTGOMERY A L, SMITH M D. Prospects for Personalization on the Internet［J］. Journal of Interactive Marketing, 2009, 23（2）：130-137.

③ RIECKEN D. Personalized Views of Personalization［J］. Communications of the ACM, 2000, 43（8）：26-28.

④ ADOMAVICIUS D, TUZHILIN A. Personalization Technologies：A Process-Oriented Perspective［J］. Communications of the ACM, 2006, 48（10）：83-90.

⑤ 孙光浩，刘丹青，李梦云．个性化推荐算法综述［J］. 软件, 2017, 38（7）：70-78.

相对国外而言，我国关于个性化推荐方面的研究起步较晚，但发展迅速，尤其是在将中文分析相关技术与个性化推荐相结合的领域中成绩突出。结合中国知网 CNKI 上以"个性化推荐"为关键词的检索结果，我国关于个性化服务的系统研究，大致开始于 2000 年，目前已发表了 4321 篇相关期刊文章，5859 篇学位论文，多数研究主题集中在个性化推荐的系统构建与算法论证层面，近年也出现了许多探讨个性化推荐利弊及对互联网生态与社会造成影响的文章。

随着进入 Web2.0 时代，我国的研究人员在个性化推荐领域取得了一些成果。其中，中国科学院计算技术研究所的杜静等人提出了一种基于贝叶斯网络的多 Agent 服务推荐机制。他们通过分析用户兴趣和偏好，利用贝叶斯网络来预测用户的潜在需求，从而提供更加精准的推荐服务。[①] 清华大学的李鹏等人提出了一种基于 VSM 的个性化信息推荐系统，该系统采用可视化的方式展示用户兴趣爱好，并根据用户的行为数据进行分析和处理，为用户提供个性化的信息服务。这些研究为个性化推荐技术的发展和应用提供了重要的支持。[②] 清华大学的曾春等人也提出了基于内容过滤的个性化搜索算法等。[③]

图 6-1 展示了 CNKI 收录的 2000 年 1 月至 2024 年 6 月搜索主题包含"个性化推荐"论文的数量变化情况。它表明，我国学术界关于个性化推荐的研究热度基本呈逐年递增态势，并于 2018 年到达峰值。而结合相关论文的学科分布情况，我们可以

① 杜静，叶剑，史红周，等．基于贝叶斯网络的多 Agent 服务推荐机制研究［J］．计算机科学，2010，37（4）：208-211+40.
② 李鹏，汪东升，陈康．一个基于 VSM 的个性化信息推荐系统［J］．计算机工程与设计，2003（10）：19-22.
③ 曾春，邢春晓，周立柱．基于内容过滤的个性化搜索算法［J］．软件学报，2003（5）：999-1004.

分析出由于社会网络环境变化与相关学科新兴研究热点频出，"个性化推荐"的研究热度逐年下降，研究重点亦从技术创新与实现转为具体案例剖析或普遍问题反思。

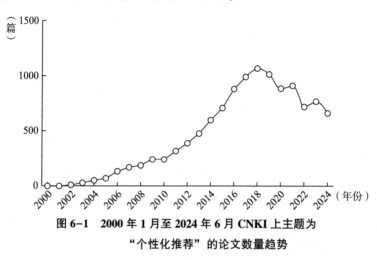

图6-1　2000年1月至2024年6月CNKI上主题为
"个性化推荐"的论文数量趋势

一直以来，个性化推荐技术在商业应用中具有极大价值，因此它一直收获包括许多著名 IT 企业在内的各界的广泛关注和投入。为了推动推荐系统的发展，尤其是评分预测问题的研究，美国著名的 DVD 租赁网站 Netflix 在 2006 年就发起了 Netflix Prize 大赛。而今，Google、微软、Facebook、IBM 这样的大型 IT 企业以及 Carnegie Mellon University、Stanford University 这样的顶尖学府都在个性化推荐领域投入了大量的资源。

Google、微软、IBM 等企业甚至为推荐技术成立了专门的研究部门，这些研究部门与高校研究人员密切合作，极大地推动了个性推荐技术发展和应用。而在国内，腾讯、阿里、抖音等企业也同样投入大量资金研发适用于自己产品的个性化推荐系统，相关学术研究也在协同进行中。

（二）实际应用初探

伴随着互联网的蓬勃发展，个性化推荐已经渗透到网络生活的方方面面，成为各大网络应用中不可或缺的功能之一，为用户提供了更加便捷、高效、贴心的服务体验。例如，在电子商务网站中，购物推荐引擎为用户提供了可能感兴趣的商品推荐；在社交网络中，好友推荐功能帮助用户找到了潜在的、值得关注的好友；在视频网站中，视频推荐为用户提供了最有可能点击或总是关注的内容；在新闻门户网站中，内容推荐为读者提供更具丰富信息量的新闻。

大量的科学实验和商业实践证明，基于邻域协同的过滤算法在实际应用中表现出色。迄今为止，绝大多数的个性化推荐技术研究成果和商业推荐系统都以协同过滤的设计思想为基础。此外，美国明尼苏达大学 GroupLens 研究组在 1994 年提出了基于用户的协同过滤算法，它是首个得到实际应用的协同过滤算法。[①] Amazon 在 2003 年提出了基于项目协同过滤的算法（Item-CF），[②] 该算法至今仍为业界广泛应用。

同时，个性化推荐技术既能帮助商家缓解网站中商品的"马太效应"，即热门商品变得越来越受欢迎，冷门商品变得越来越被忽视。又能一并发挥"长尾"优势，即大量冷门商品的总销售量通常大于最热门商品的销售量，[③] 从而增加向用户销售

① RESNICK P. GroupLens：An Open Architecture for Collaborative Filtering of Net-news；proceedings of the CSCW '94：Proceedings of the ACM Conference on Computer Supported Cooperative Work，F，1994［C］. 1994.

② LINDEN G SMITH, et al. Amazon. com Recommendations：Item-to-item Collaborative Filtering［J］. IEEE Internet Computing, 2003, 7（1）：76-80.

③ 霍兵，张延良. 互联网金融发展的驱动因素和策略——基于长尾理论视角［J］. 宏观经济研究, 2015（2）：86-93+108.

商品的机会。因此，Amazon、当当、淘宝这类电子商务网站往往对个性化推荐系统的研发投入良多，以求向更多用户推荐他们潜在需要的商品，提升平台的销售业绩。

而近年来，随着社交网络和移动互联网的迅速崛起，个性化推荐的应用领域也逐步扩大。2006 年以来，Facebook、Dicious、Flickr、Youtube 等具有社会化特征的网站的兴起，互联网迅速呈现社区化的趋势。这些网站实际上都运行和维护着一个自己的社会化标签系统（Social Tagging System）①。用户可以在这些系统中使用任何标签对网络中的资源给出自己的标注，而这些标签不仅能够反映用户对某一资源的喜好程度，而且还能解释其喜好原因，因此结合网络的社区化特征，用机器学习等方法分析和解释这些标签，将大大提升推荐系统的"智能"。

"个性化推荐"在社交类网络产品上的应用逐步更新迭代，如今在文字、音频、图片、视频等诸多领域都能广泛适配。下文中我们将介绍其在新闻、音乐、广告三方面的具体应用。

当然，个性化推荐的实际应用目前也产生了一些问题，在此主要总结出以下三点：①隐私保护；②信息茧房；③对内容生产的反向驯化。我们将在下文中具体阐述并反思脱困策略。

（三）常见的个性化推荐算法

结合学界与业界的相关实践，在此主要简单介绍基于内容的推荐（Content-based Recommendation）、基于协同过滤的推荐

---

① 江周峰，杨俊，鄂海红. 结合社会化标签的基于内容的推荐算法［J］. 软件，2015，36（1）：1-5. 田莹颖. 基于社会化标签系统的个性化信息推荐探讨［J］. 图书情报工作，2010，54（1）：50-53+120.

（Collaborative Filtering based Recommendation）、混合型推荐（Hybrid Recommendation）三大类常见的个性化推荐算法。[①]

1. 基于内容的个性化推荐算法

基于内容的个性化推荐算法是推荐算法中历史最悠久的一种，是基于推荐内容的相关信息、用户相关信息及用户对推荐内容的操作行为来构建推荐算法模型，为用户提供推荐服务。[②]

这里的推荐内容相关信息可以是对推荐内容描述的标签、用户评论、人工标注的信息等。用户相关信息是指人口统计学信息（如年龄、性别、偏好、地域、收入等）。用户对推荐内容的操作行为可以是评论、收藏、点赞、观看、浏览、点击、加购物车、购买等。基于内容的推荐算法一般只依赖于用户自身的行为为用户提供推荐，不涉及其他用户的行为。因此基于内容的个性化推荐算法的关键就在于对推荐内容的相似性的度量，这才是算法运用过程中的核心。

（1）算法步骤

基于内容的个性化推荐算法过程分为以下三步：

①内容表述（Item Representation）：为每条推荐内容（item）的信息（对推荐内容描述的 metadata 信息、标签、用户评论、人工标注的信息等）进行特征抽取来表示此内容 item；

②特征学习（Profile Learning）：基于用户相关历史信息（用户对推荐内容的操作行为等），来定位用户的喜好特征

---

① ADOMAVICIUS G, TUZHILIN A. Towards the Next Generation of Recommender Systems: A Survey of the State-of-the-art and Possible Extensions [J]. IEEE Transactions on Knowledge and Data Engineering, 2005, 17 (6): 734-749.

② LOPS P, GEMMIS M D, SEMERARO G. Content-based Recommender Systems: State of the Art and Trends [J]. Recommender Systems Handbook, 2011.

（profile）；

③生成推荐列表（Recommendation Generation）：通过比较上一步得到的用户喜好特征（profile）与候选推荐内容（item）的特征，为此用户推荐一组相关性最大的内容（item）。

（2）公式原理

测量内容属性相关性最基本的方法是向量空间模型（Vector Space Model，VSM）法。而将推荐内容用向量的形式表示出来后，有两种方式对内容相似性进行判断。

第一种是欧几里得度量（Euclidean Metric，又称欧氏距离），是在维空间内各个点的绝对距离。假设 x 和 y 是维空间内两个点，则二者之间的距离为：

$$d(x,y) = \sqrt{\sum (x_i - y_i)^2} \tag{6-1}$$

当用欧几里得度量计算相似度时，一般用以下公式进行转换：

$$sim(x,y) = \frac{1}{1+d(x,y)} \tag{6-2}$$

范围在 [0，1] 之间，值越大，相似度越大。

第二种是余弦相似度，是通过一个向量空间中两个向量夹角的余弦值来衡量两个对象之间相似度的。

$$sim(x,y) = \cos(i,j) = \frac{i \times j}{||i|| \times ||j||} \tag{6-3}$$

范围在 [-1，1] 之间，值越大，相似度越大。

（3）优缺点分析

基于内容的个性化推荐算法优点如下。

①用户之间的独立性（User Independence）：该方法对用户特征的提取是基于用户本身对推荐内容的行为，与协同过滤的

算法相比较，该算法很好地规避了个别用户故意刷数据的行为对推荐内容的定位的影响。

②避免冷启动（New Item Problem）：当新内容（Item）加入内容库时，协同过滤的算法会因为缺少相应的数据而导致新内容得不到推荐，而基于内容的个性化推荐算法可以与其他内容一样得到相应推荐，避免了冷启动的问题。

基于内容的个性化推荐算法缺点如下。

①难以抽取内容特征（Limited Item Analysis）：该方法对内容特征提取的方式能很好地适用于文本类内容，但是很难运用于其他领域。对文本的推荐中，词频是衡量标准，但对其他类内容推荐，例如电影推荐、社交网络推荐等，很难找到准确的量化标准进行相似度分析。

②无法挖掘用户潜在兴趣（Over-specialization）：该方法对用户的分析是基于用户的历史信息提取出的用户特征，对用户未表明的、可能存在的兴趣特征无法做出预测，极易导致信息茧房。

③无法向新用户进行内容推荐（New User Problem）：对于没有历史信息的新用户，该算法无法做出相应的个性化推荐。

2. 基于协同过滤的个性化推荐算法

基于协同过滤的个性化推荐算法是一种经典且常见的推荐算法，其原理是根据用户的历史行为数据对用户特征以及商品特征进行划分，再进一步进行个性化推荐。该方法主要运用于大型数据挖掘、电子商务等领域。基于协同过滤的个性化推荐算法分为基于用户的协同过滤、基于物品的协同过滤以及基于模型的协同过滤三种。无论是哪一种基于协同过滤的个性化推荐算法，都需要量化用户对推荐内容的评价，进行相似度比较。①

（1）基于用户的协同过滤算法

①算法步骤。基于用户的协同过滤算法（User-based Collaborative Filtering）的主要逻辑是对用户 A 进行推荐时，根据用户对推荐内容的评分，先找到与 A 兴趣相似度高的用户 B、C 等，根据用户 B、C 的历史评分推测 A 可能感兴趣的内容。该算法主要有两个步骤：

第一步，找到与目标用户相似度高的群体；

第二步，根据群体对推荐内容的评分估计目标用户对推荐内容的评分。

②公式原理。首先根据用户对推荐内容的反馈行为（点赞、转发、评论、收藏等）构建用户行为矩阵，行向量为某个用户对所有推荐内容的评分向量，列向量为某个推荐内容收到的所有用户的评分向量。

构建矩阵后，则有皮尔逊相关系数（Pearson Correlation Coefficient）、欧几里得距离（Euclidean Distance）、余弦相似度（Cosine Similarity）、Tanimot 系数（Tanimoto Coefficient）等多种方法可以对用户之间的相似度进行计算。

基于上述方法，通过用户对推荐内容的评分量化用户间的相似度，为目标用户找到相应的高相似度的用户群体，再使用平均值法或相似权重法进行第二步，即对目标用户关于推荐内容的评分的预测。

---

① HERLOCKER J L, KONSTAN J A, TERVEEN L G, et al. Evaluating Collaborative Filtering Recommender Systems ［J］. ACM Transactions on Information Systems, 2004, 22（1）：5-53. SU X, KHOSHGOFTAAR T M. A Survey of Collaborative Filtering Techniques ［J］. Advances in Artificial Intelligence, 2009：2009. YANG Z, XU L, CAI Z. Collaborative Filtering Recommender Systems ［J］. Foundations and Trends in Human-Computer Interaction, 2011, 4（2）：81-173.

（2）基于物品的协同过滤算法

基于物品的协同过滤算法（Item-based Collaborative Filtering）的基本思想是预先根据所有用户的历史偏好数据计算推荐内容之间的相似性，然后把与目标用户喜欢的物品相类似的物品推荐给目标用户。相较于基于用户的协同过滤算法而言，基于物品的协同过滤算法稳定性更强，可以预先离线完成大工作量的相似度计算，避免了在线进行的大规模计算。另外，这种算法与基于内容的个性化推荐算法不同的是，后者对推荐内容的相似度的判断是基于内容的属性，而前者是基于用户对推荐内容的历史行为与评价。

①算法步骤。该算法主要分为两步：

第一步，通过用户的历史数据计算推荐内容之间的相似度；

第二步，根据推荐内容的相似度和用户的历史数据为目标用户生成推荐列表。

②公式原理。与基于用户的协同过滤算法一样，首先要根据用户的历史数据构建用户行为矩阵，基于用户对推荐内容的评分向量化推荐内容。此后，算法原理和基于用户的协同过滤算法原理基本相同，根据皮尔逊相关系数、欧几里得距离、余弦相似度、Taminoto系数等方式量化推荐内容之间的相似度。再用相似权重法估计目标用户对推荐内容的评分，最后生成推荐列表。

（3）基于用户的协同过滤算法以及基于物品的协同过滤算法优缺点总结

根据这两种协同过滤算法原理可知，基于用户的协同过滤算法推荐的内容是与目标用户有着相同兴趣爱好的相似用户群体，着重反映了群体的兴趣热点；而基于物品的协同过滤算法则是推荐目标用户历史喜欢的内容的相似物，更偏向于维系用户的历史兴趣与兴趣传承。表 6-1 从不同角度比较了这两种算法各方面的性能。

表 6-1　基于用户与基于物品的协同过滤算法优缺点对比

	基于用户的协同过滤算法	基于物品的协同过滤算法
总性能	用户基数较小时更加适用，否则计算用户相似度矩阵代价太大	推荐内容数明显小于用户数量的场合更加适用，否则计算物品相似度矩阵代价太大
实时性	用户的相似度是每隔一段时间离线计算，因此用户的新行为不一定会导致推荐结果实时变化	用户的新行为一定会立即在物品的相似度上反映出来，推荐的结果会随着用户的新行为实时变化
冷启动问题	新用户只对极少量推荐内容产生行为，难以生成用户画像找到相似用户群体，因此难以进行个性化推荐，导致冷启动；新加入数据库的推荐内容，只要有一个用户对此产生了行为，就可以推荐给相应的类似用户群体	新用户只要对一个物品产生行为，就能根据该物品推荐一系列的相似物品；但对于新加入数据库的物品，没有相应的用户评分数据库，难以推荐给用户，导致冷启动
可解释性	难以提供令用户信服的推荐理由	利用用户的历史行为数据为推荐结果做解释，令人信服

（4）基于模型的协同过滤算法

基于用户的协同过滤算法和基于物品的协同过滤算法统称为基于邻域的协同过滤算法，都是基于实例，需要将所有的用户数据进行运算来实现个性化推荐。而基于模型的协同过滤算法与基于邻域的协同过滤算法相对，它基于用户数据，依托机器学习的模型，定义参数模型来描述用户与物品的关系、用户与用户的关系，再通过离线进行训练，得到最终的推荐模型，基于用户实时的数据信息进行在线预测，实现个性化推荐。该算法的相关算法众多，包括关联算法、聚类算法、分类算法、矩阵分解等。

①关联算法。关联算法的原理是，从用户历史数据中找出频繁项集或序列，通过频繁集挖掘找到满足一定支持度的关联推荐内容的频繁 n 项集或者序列。如果用户对频繁 n 项集或者序列中的部分推荐内容评分较高，那么可以根据相应的评分准则将频繁项集或者序列中的其他推荐内容推荐给用户，而这里提到的评分准则可以是支持度、置信度、提升度等。常见的关联推荐算法有 Apriori、FP Tree 和 PrefixSpan。

②聚类算法。聚类算法与基于用户的协同过滤算法以及基于物品的协同过滤算法相似，是基于用户或者基于物品按照一定的距离标准进行聚类。如果基于用户聚类，则可以将用户按照一定距离标准分成不同的目标人群，将同一目标人群中历史评分高的物品推荐给目标用户。基于物品聚类的话，则是将具有高用户评分的物品的相似同类物品推荐给用户。常用的聚类推荐算法有 K-Means、BIRCH、DBSCAN 和谱聚类。

③分类算法。分类算法的原理是根据用户评分的高低，将评分分成几个分数段，依据分数段对推荐内容进行推荐。比如，设置一个评分阈值，评分高于阈值的就进行推荐，反之则不推荐。常见的分类推荐算法有逻辑回归法和朴素贝叶斯法。

3. 矩阵分解法

直观来讲，矩阵分解就是把原来的大矩阵近似分解为两个小矩阵的乘积，在实际推荐计算中不再使用大矩阵而是分解得到的两个小矩阵。原来 $m \times n$ 的大矩阵会被分解为 $m \times k$ 和 $n \times k$ 的两个小矩阵，而这里的 k 维向量就是隐因子向量（Latent Factor Vector）。

矩阵分解的模型算法的假设核心就是用隐变量来表达用户

和物品。他们的乘积关系就成为原始的元素。这些隐变量代表了用户和物品一部分共有的特征，在物品身上表现为属性特征，在用户身上表现为偏好特征，只不过这些因子并不具有实际意义，也不一定具有非常好的可解释性，每一个维度也没有确定的标签名字，所以才会叫作"隐变量"。

而矩阵分解后得到的两个包含隐变量的小矩阵，一个代表用户的隐含特征，另一个代表物品的隐含特征，矩阵的元素值代表着相应用户或物品对各项隐因子的符合程度，有正面的也有负面的。公式为：

$$A_{m \times n} \approx U_{m \times k} \times V_{n \times k}^T \qquad (6\text{-}4)$$

大矩阵是稀疏的，总有一部分推荐内容是没有评分的，而该模型得到两个小矩阵，通过两个小矩阵的乘积来补全大矩阵中没有评分的部分，实现对目标用户关于推荐内容评分的预测。

4. 混合型推荐

上述介绍的各种个性化推荐算法都各有利弊，混合型推荐（Hybrid Recommendation）就是在实际应用中将两种或两种以上的算法有机组合，扬长避短，达到最好的效果。各种算法的组合方式主要分为加权式、切换式、混杂式、特征组合式、层叠式以及极联式。下面是详细介绍。①

---

① BURKE R. Hybrid Recommender Systems: Survey and Experiments [J]. User Modeling and User-Adapted Interaction, 2002 (4).

AL-SHAMRI M Y H, BHARADWAJ K K. Fuzzy-genetic Approach to Recommender Systems based on a Novel Hybrid User Model [J]. Expert Syst Appl, 2008, 35 (3): 1386–1399.

WANKE C, KOTLER D. Collaborative Recommendations [J]. JAIDS Journal of Acquired Immune Deficiency Syndromes, 2004, 37 (1): S284–S288.

（1）加权式

加权式是通过加权多种推荐方法得到更加精准的个性化推荐效果（见图6-2）。

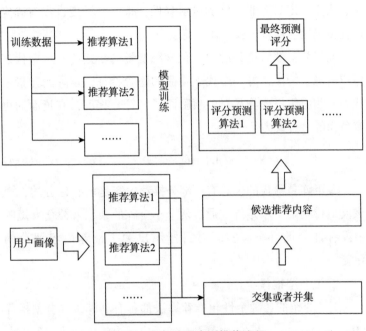

图6-2 加权式混合型推荐流程

（2）切换式

切换式的原理是根据问题背景和实际具体情况来变换算法并采取不同的推荐方式（见图6-3）。

（3）混杂式

混杂式同时采用了多种推荐方法，将多种推荐结果提供给用户（见图6-4）。

（4）特征组合式

特征组合式将来自不同算法的推荐数据源特征赋予主推荐

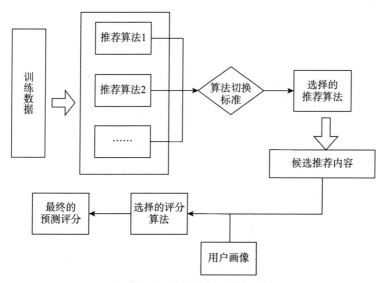

图 6-3　切换式混合型推荐流程

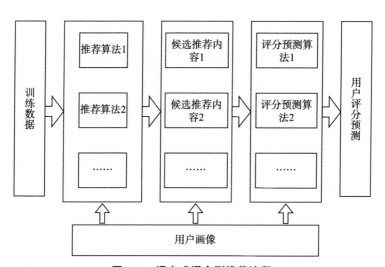

图 6-4　混杂式混合型推荐流程

算法（见图6-5）。

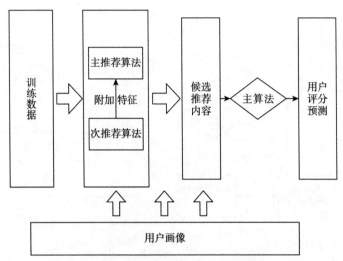

图6-5　特征组合式混合型推荐流程

（5）层叠式

层叠式先使用一种推荐算法产生粗略的结果，再叠加其他算法，在此基础上进行更加精准的推荐（见图6-6）。

（6）级联式

级联式用一种推荐方法产生的模型作为另一种推荐算法的输入（见图6-7）。

（四）个性化推荐在智能传播中的应用

1. 个性化新闻推荐

推荐算法使人们能够从海量信息中脱身，降低了在繁杂信息中挑选和寻找的不安和焦虑。"今日头条"，一款在2012年创建的移动新闻应用，首次采纳了算法推荐的方式，从而实现了

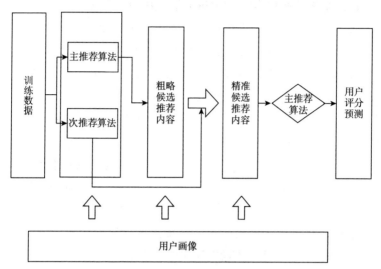

图 6-6 层叠式混合型推荐流程

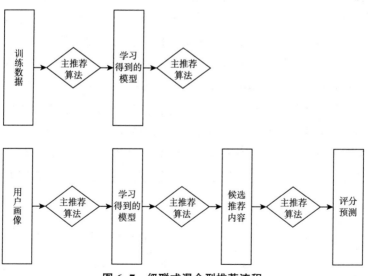

图 6-7 级联式混合型推荐流程

快速的增长。2014 年，它的每天活跃用户已经突破千万大关。当时，"今日头条"的对外推广主张是其产品"没有编辑团队，没有内容生成，没有立场和价值观，运作的关键在于一套由代码构建的算法"。2018 年 1 月 11 日，"今日头条"首次打开了算法的"黑箱"，将自己的推荐系统的算法原理公之于众。①

推荐系统其实就是一个拟合函数，用来计算用户对内容的满意度，主要从以下三个维度进行考量。②

第一个维度是内容。"今日头条"是一个综合内容平台，平台上的内容表现形式丰富多彩，有传统的图文，也有更有意思的视频，更有互动性强的问答等。"今日头条"上的每种内容表现形式都有自己独特的特点，要想做好内容的分析，就需要"今日头条"精准提取不同内容类型的特征。

第二个维度是用户特征。用户特征大致分为用户的基本信息和行为信息。基本信息方面，主要包括用户的性别、年龄、所在地、身份，这些信息主要用于"今日头条"对用户进行基本的划分。行为信息方面，主要包括用户的历史足迹、停留时间、点赞、评论的内容等，这些信息有助于"今日头条"更准确地掌握用户的兴趣和偏好。

第三个维度是环境特征。环境特征是移动互联网时代的特色，随着手机、智能手表等移动终端的发展，用户上网的地点在随时随地变化，用户上网的场景也更加多样，在上学、通勤、工作、宅家、外出旅游等不同的场景下，用户的信息获取偏好

① 孟祥武，陈诚，张玉洁. 移动新闻推荐技术及其应用研究综述 [J]. 计算机学报，2016，39（4）：685-703. 王茜. 打开算法分发的"黑箱"——基于今日头条新闻推送的量化研究 [J]. 新闻记者，2017，(9)：7-14.

② 喻国明，杜楠楠. 智能型算法分发的价值迭代："边界调适"与合法性的提升——以"今日头条"的四次升级迭代为例 [J]. 新闻记者，2019（11）：15-20.

也会不断变化。

通过对以上三个维度的计算和分析，推荐模型会给出一个结果，即推测用户在某一场景下对特定内容的满意度如何。下面将从以上三个维度分析"今日头条"的个性化推荐系统。

（1）内容分析

"今日头条"对平台上的文本分析主要包括以下几个方面。

①关键词提取。这是内容分析的基础步骤，通过对文章的标题、正文、标签等进行分词和词性标注，提取关键词。

②主题分类。在提取关键词的基础上，进一步通过文本分类技术，将内容归入不同的主题类别。

例如，如果一篇新闻的标题是"特朗普访问中国"，那么系统会自动提取关键词"特朗普"、"访问"和"中国"。然后，系统会在已经存在的标签库中查找与这些关键词对应的标签。假设"特朗普"、"访问"和"中国"这三个词分别对应着"政治"、"国际"和"中美关系"这三个标签，那么这篇新闻就会被打上这三个标签。

③热度评估。这是衡量内容受欢迎程度的重要指标。"今日头条"会根据用户的浏览、点赞、评论和分享等行为数据，计算出每篇内容的热度。

（2）用户画像

构建用户画像的过程需要分析和收集大量的用户数据，然后将这些数据转化为有用的信息。以下是详细的步骤。

①收集用户数据。这是构建用户画像的第一步，"今日头条"会收集用户的基本信息，如性别、年龄、地域等。此外，"今日头条"还会收集用户的行为数据，如浏览历史、点赞、评论和分享的内容等。

例如，据统计，"今日头条"的男性用户占比为 77.6%，年龄在 36 岁以上的用户占比超过 40%，而年龄在 30 岁以下的用户占比仅有 30%。在城市分布中，一线城市占比为 13%，新一线城市占比为 22.9%，二线城市占比为 19.6%，三线城市占比为 20.4%，呈正态分布。

②处理和分析数据。"今日头条"主要通过对用户行为数据的分析，发现用户的兴趣和偏好。

③给用户贴标签。处理和分析后的数据可以用于给用户贴上各种标签，每个标签都代表了一种用户特征或用户行为。比如，"今日头条"根据用户浏览历史中的关键词，给该用户贴上"喜欢科技新闻"的标签。

④构建用户画像。得到用户的标签后，"今日头条"就可以把它们组合起来，构建代表特定用户的画像。这个画像就像是用户的数字化副本，它可以帮助"今日头条"更好地理解用户的需求和兴趣。

⑤更新和维护用户画像。用户的兴趣和需求可能会随着时间的推移而变化，因此"今日头条"需要定期更新和维护用户画像，以确保它们始终能够准确反映用户的最新情况。

（3）相似度计算

有了内容分析和用户画像的结果，系统就可以计算出用户对某一内容的感兴趣程度。这通常是通过计算用户画像和内容特征向量之间的相似度来实现的，相似度越高，则说明用户对该内容越感兴趣。

计算相似度的方法主要有基于用户的协同过滤算法和基于物品的协同过滤算法两种。"今日头条"新闻资讯的推荐，首先聚焦到新闻上，对于关注新闻的用户而言，最关注的是新闻的时效性，即推荐给他的新闻是不是最新发生的，他们对新闻所涉及的领域反而没有过多要求。这些用户的个人兴趣一般相对宽泛，涉猎的领域众多，看到一些自己关注领域外的新闻，也会欣然接受，甚至喜闻乐见。所以，在新闻资讯的推荐上，信息时效性比个人兴趣更重要。再者，在个性化新闻资讯应用中的消息传递过程是一种即时的动态流程，任何时间都可以有新信息内容产生，但是在这些问题中，如果仅把信息的相似性当作数据传递的依据，建设和维持所需的计算时间将远大于基于用户的协同过滤算法，并且这些传递方法也可能导致同类信息的过度传播。这时，就需要基于目标用户的协同过滤算法的支持了，其主要思路是根据目标用户对物品或信息的评价偏好，找到兴趣类似的用户，进而向目标用户推荐与其兴趣偏好类似的其他用户感兴趣的内容。比如，假定有两位用户——张三和王五，他们都对物品 C 和 D 表达了兴趣，所以在用户张三喜爱物品 Z 后，我们就可推测用户王五很可能也喜爱物品 Z，而这时我们也可能把物品 Z 介绍给王五。

将基于物品的协同过滤算法和基于用户的协同过滤算法相互结合，既可以解决前者的功能过于专门化的问题，也可以解决后者可扩展性太差的问题。在混合推荐算法的使用下，"今日头条"的个性化推送平台可以更有效地管理海量信息，并将其分发给有着不同需要的使用者。

2. 个性化音乐推荐

音乐推荐系统采用"人—歌—场"的数据建模思维，这意味着它考虑了用户、歌曲和场景三个主要因素来生成推荐。[①]

人：这部分主要关注用户的个人喜好和行为。通过分析用户的历史听歌记录、搜索记录、喜欢的歌曲和歌手等信息，系

---

① 李瑞敏，闫俊，林鸿飞. 基于音乐基因组的个性化移动音乐推荐系统 [J]. 计算机应用与软件，2012，29（9）：27-30+56.

统可以更好地了解用户的音乐品位。此外，还可以结合用户的社交关系，如与哪些用户有共同的喜好或听过相似的歌曲，来进一步优化推荐结果。

歌：这部分主要集中在歌曲的属性和内容上。通过分析歌曲的流派、节奏、风格等特征，系统可以为每首歌曲打上标签。这些标签可以帮助系统更好地分类歌曲，并为用户提供与其历史喜好相符的推荐。

场：这部分考虑的是用户听歌的场景和情境。例如，用户在什么时间、什么地点、与谁一起听歌，这些信息都可能影响到他们的音乐选择。通过分析这些场景信息，系统可以为用户提供更加贴合其当前所处情境的音乐推荐。

推荐算法方面，由于音乐 App 的用户数目多于歌曲数，它主要使用基于用户的协同过滤算法。① 这种方法首先对每首歌的喜欢程度进行量化，例如：单曲循环 = 5；分享 = 4；收藏 = 3；主动播放 = 2；听完 = 1；跳过 = -1；不感兴趣 = -5。然后，根据这些操作，可以得出每个用户对每首歌的打分，进而找到用户的兴趣爱好点。在为用户 A 进行个性化歌曲推广时，系统首先发现了和用户 A 有相同兴趣爱好的用户群集合 M，进而确定了这个用户群最喜爱的歌曲集合 N。系统还会预测目标用户 A 对歌曲组合 N 的打分结果，按照打分结果对歌曲组合 N 做出由高分至低分的排列，并以此推送信息给目标用户 A。而除了上述这些核心推荐功能，音乐 App 还有其他推荐功能。比如主要采用 itemCF 方法的 "每日推荐"，即根据每日获取的用户的听歌列表，优先推荐与该列表歌曲风格相似的歌曲，以及根据音乐类

---

① 李瑞敏，林鸿飞，闫俊. 基于用户—标签—项目语义挖掘的个性化音乐推荐[J]. 计算机研究与发展，2014，51（10）：2270-2276.

型下的浏览数量降序推荐的排行榜等。

3. 个性化广告推荐

随着移动设备的普及，人们可以随时随地上网，这为广告商提供了更多的投放机会；新媒体技术的广泛应用使得传统广告形式难以在新的传播环境下达到原有效果；社交媒体成为公众开展各类社会生活的重要平台，其开放、互动、及时的传播优势，为品牌营销提供了新思路；通过大数据技术，社交媒体可以为品牌主描绘出消费者画像和行为地图，帮助其实现广告的精准投放，并及时获取效果反馈；随着互联网技术的进步，广告商可以轻松地收集和分析用户的数据，从而更好地了解用户的兴趣和需求，为用户提供更加相关和有针对性的广告内容；在信息爆炸的时代，用户更加注重自己真正感兴趣的内容，他们希望能够看到与自己兴趣和需求相匹配的广告。因此，个性化广告推荐应运而生。[①]

个性化广告推荐系统的运作过程如图 6-8 所示。

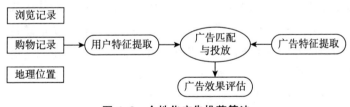

图 6-8　个性化广告推荐算法

数据收集：广告商通过各种渠道收集尽可能多的关于用户的数据。这些数据可能包括用户的浏览历史、购买记录、地理位置等信息。

---

① 张玉洁，董政，孟祥武. 个性化广告推荐系统及其应用研究 [J]. 计算机学报，2021，44（3）：531-563.

数据处理和分析：广告商将这些数据进行处理和分析，以了解用户的兴趣、需求以及购买行为等信息。这一步是整个个性化广告系统运作的核心，它能帮助广告商为用户绘制出精准的用户画像。

广告匹配和投放：广告商会根据用户的特征和需求，从预先准备好的广告库中选择最合适的广告内容，并通过程序化广告等方式进行自动化的展示类广告的采买和投放。实时竞价（RTB）技术在这个过程中发挥了重要作用，它能在短短的几百毫秒内决定是否对某个用户展示某条广告以及出价多少。

效果评估与优化：广告商还会对广告的效果进行评估和反馈，以便根据实际效果对广告策略进行优化。比如 CTR（点击率）和 CVR（转化率）。

4. 个性化视频推荐

当今时代，互联网技术快速发展，随着网络和智能手机的普及，短视频已经成为人们日常娱乐活动的重要一环。短视频的流行几乎不受年龄限制，各个年龄层次的人群都能从中找到自己感兴趣的领域，并通过此种视听结合的方式享受信息带给人们的快感。在如今快节奏发展的社会，这种碎片化浏览的方式似乎更受人们欢迎。然而，在短视频如此受欢迎的背后，实际上是一种算法机制在后台默默操控。

2012 年新浪推出的"秒拍"视频开启了短视频的热潮，随后，诸如"小咖秀""美拍"等一系列短视频平台如雨后春笋般推出。2018 年短视频市场更加热闹，"抖音""快手"等短视频平台成为人们日常生活的重要娱乐方式。为何短视频如此受欢迎？除了它的娱乐性强等特点，平台是运用怎样的运营机制抓住大众的心理和兴趣从而赢得用户的喜爱呢？下面以"抖音"为例，介绍推荐算法在短视频中的运用机理，探究平台的运营机制（见图6-9）。

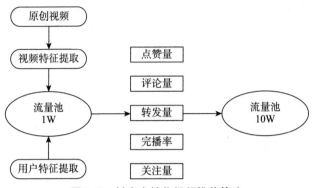

图6-9　抖音个性化视频推荐算法

（1）算法的审核机制

"抖音"平台每天都产生无数的视频，这些视频如果靠人工进行审核，将是一个十分耗时和烦琐的工作。算法的出现很轻松地解决了这个问题，它的审核效率远远高于人工。用户每发出一条视频，都会接受平台的审核。而这些初步的审核工作就是由算法完成的。后台算法根据提前设置好的人工智能模型来识别视频画面和关键词，判断作品是否有违规行为。如果疑似存在违规行为，算法就会在后台对视频进行拦截，并给人工传达出信号，提示人工注意，然后人工进行二次审核，这种依托算法的人机协同的审核机制为"抖音"平台节省了大量人工力量。

（2）智能分发

每一条视频在新上线时，后台算法都会给出一部分的推荐流量，也就是流量池。最新视频流量分配方式以附近和关注为主，再结合用户标签和内容标签智能分配。接着，后台算法通过对该视频的评价数、点赞数、转载量、完播率、关注量、过往权重等来确定该视频是不是受到了用户的喜爱，并以此来确定能否进行再次推广。而一旦该视频较为火爆，甚至达到了更高点赞数、评价数，后台算法就会给该视频分配更多的流量，从而进入最高流量池。以此类推，对视频进行叠加推荐。另外，"抖音"里还有一种"挖坟"现象，它是指后台算法系统会定期重新挖掘数据库里的"优质老内容"，并给予它更多的曝光。因此，很多用户会发现自己之前发布的内容忽然有一天重新火了，这正是其中的原因。平台根据算法对用户所发布内容进行智能分发，体现了"抖音"平台的去中心化特点，它使每一个人都可能成为被关注的焦点。

（3）精准推荐

算法的另一重要功能，即个性化推荐。一旦视频被审核成功分发出去，就会出现在某些用户的推荐首页。这些用户并不是随机选取的，而是算法通过精准计算得出来的。算法通过用户的点赞记录、浏览时长等因素来判断每个用户的喜好，把挖掘出来的数据整理分类，将用户分类成不同的标签，实现精准用户画像，从而对用户进行个性化推荐。每个用户的推荐首页都是不尽相同的，甚至可以说算法为每个用户量身定做了一套推荐体系。这种个性化推荐在海量的信息资源中，准确地给予用户感兴趣的内容，满足了用户的个人喜好，给用户带来沉浸式的阅读体验。

（五）问题剖析与反思

1. 隐私保护

个性化推荐服务在提高推荐准确度和精细度时，需要充分掌握、精准利用并随其变化即时更新用户的个性化信息。这些信息不仅仅是姓名、年龄、职业、收入、学历等基本属性信息，用户的搜索、浏览、点赞、关注、收藏、反馈等种种互联网行为也被涵盖在内。

个性化服务的过程中会导致用户隐私担心的主要有三个阶段：（a）用户的建模；（b）计算；（c）产生推荐结果。在讨论个性化推荐可能引发的隐私问题前，我们需要明确什么是"隐私"。隐私即隐蔽不愿公开的私事，隐私定义的核心在于信息所有者对于其信息的控制权，而不是信息的完全保密。显然，隐私是与个人相关的信息资料集合，这些信息具有不被他人搜集、保留和处分的权利，并且能够按照所有者的意愿在特定时间、以特定方式、在特定程度上被公开。

《中华人民共和国民法典》中则指出隐私包含自然人的私人生活安宁和不愿为他人知晓的私密空间、私密活动和私密信息。①

综上所述，个人隐私信息包括个人的电话、邮箱、住址等通信保密信息，也包括年龄、收入、社交关系、兴趣爱好等生活情报信息。因此，为满足个性化推荐系统推荐精准程度的需要，其在运行的三个阶段中所攫取与使用的个人信息，绝大部分属于个人隐私信息的范畴。

而近年来，随着互联网与大数据环境对人们日常生活的全方位覆盖，数据信息的价值并不局限于数据的基本用途，深入发掘与分析后的"二次使用"②"三次使用"③已属常态。这也使得数据中包含的海量用户隐私信息泄露问题越发严重，引起

① LIANG H, LI C C, DONG Y, et al. Linguistic Opinions Dynamics based on Personalized Individual Semantics ［J］. IEEE Transactions on Fuzzy Systems, 2021, 29（9）：2453-2466.

② 顾理平，杨苗. 个人隐私数据"二次使用"中的边界 ［J］. 新闻与传播研究, 2016, 23（9）：75-86+128.

③ 郭楚怡. 个性化推荐系统对个人信息的"三次使用"：大数据时代的隐私保护难题 ［J］. 科技传播, 2021, 13（18）：159-161.

学界业界广泛关注。

学术研究上，不同的隐私保护技术不断被提出，主要包含以下6种：①从系统的体系结构方面考虑；②采用伪装的方法保护隐私；[①] ③采用聚合的方法保护隐私；[②] ④匿名技术保护隐私；[③] ⑤加密技术保护个人隐私；[④] ⑥采用社会网络分析方法保护隐私。

随着技术发展，许多学者结合新的实际情况提出了更加具体、更加偏方法层面的建议。例如周俊等曾在综合分析当前个性化推荐现状后，总结出下面4种解决方案：[⑤] ①研究标准模型或通用组合模型下轻量级、可验证且适用于推荐系统隐私保护的新型加密方案或协议的安全模型；②探索不得不使用公钥加密实现用户数据隐私保护时，通过减少公钥加密、解密次数实

① BURKE R. Hybrid Recommender Systems：Survey and Experiments［J］. User Modeling and User-Adapted Interaction，2002（4）. AL-SHAMRI M Y H，BHARADWAJ K K. Fuzzy-genetic Approach to Recommender Systems based on a Novel Hybrid User Model［J］. Expert Syst Appl，2008，35（3）：1386-1399.

② POLAT H. Privacy-preserving Collaborative Filtering；proceedings of the European Conference on Principles of Data Mining and Knowledge Discovery，F，2005［C］. 2005. POLAT H，DU W. SVD-based Collaborative Filtering with Privacy proceedings of the ACM Symposium on Applied Computing，F，2005［C］. 2005.

③ CANNY J. Collaborative Filtering with Privacy via Factor Analysis；proceedings of the 25th Annual International ACM SIGIR Conference on Research and Development in Information Retrieval，F，2002［C］. 2002.

④ CHEN X，ZHENG Z，YU Q，et al. Web Service Recommendation via Exploiting Location and QoS Information［J］. IEEE Transactions on Parallel and Distributed Systems，2014，25（7）：1913-1924. MILLER B，N，KONSTAN J，A，RIEDL J. PocketLens：Toward a Personal Recommender System［J］. ACM Transactions on Information Systems，2004，22（3）：437-476. VIEJO A，CASTELLA-ROCA J. Using Social Networks to Distort Users' Profiles Generated by Web Search Engines ［J］. Computer Networks，2010，54（9）：1343-1357.

⑤ 周俊，董晓蕾，曹珍富. 推荐系统的隐私保护研究进展［J］. 计算机研究与发展，2019，56（10）：2033-2048.

现轻量级的基于单用户、多数据推荐系统隐私保护的一般性构造方法；③探索不得不使用公钥加密实现用户数据隐私保护时，通过减少公钥加密、解密次数实现轻量级的基于多用户、多数据推荐系统隐私保护的一般性构造方法；④通过批量验证技术提出轻量级推荐结果防欺诈与抗抵赖的一般性理论。

整体而言，尽管有较多针对个性化推荐服务的隐私保护方法出现，但仍需进一步研究关注的方面还有很多。王国霞等在其综述类文章末尾总结出透明性、实时性、针对性、敏感性、充分性五大要点，以供学界、业界后续在优化算法时参考。①

2. 信息茧房

信息茧房这个概念是由美国学者凯斯·桑斯坦（Cass R. Sunstein）在其著作《信息乌托邦——众人如何生产知识》中提出的。他指出，信息茧房现象意味着我们只接收我们选择和让我们感到愉悦的信息。② 而数字时代个性化信息服务逐渐普及正是他提出这一概念的主要诱因。

早在 2017 年 9 月，人民网就关注了"信息茧房"相关问题，相继发布了《不能让算法决定内容》《别被算法困在"信息茧房"》《警惕算法走向创新的反面》三篇评论性质的文章。"今日头条"CEO 张一鸣也曾说过，"机器会越来越懂你，甚至比你更懂你"，这也就意味着用户在"今日头条"上看到的信息，都是他想看到的，而不是他应该看到的，而这恰恰是"信息茧房"的写照。③

---

① 王国霞，王丽君，刘贺平．个性化推荐系统隐私保护策略研究进展［J］．计算机应用研究，2012，29（6）：2001-2008．
② 凯斯·桑斯坦．信息乌托邦——众人如何生产知识［M］．毕竞悦，译．北京：法律出版社，2008：8．
③ 李武，艾鹏亚，杨韫卿．智媒时代"信息茧房"再论：概念界定和效应探讨［J］．未来传播，2019，26（6）：7-13+110．

随着网络技术的飞速进步，利用个性化推荐技术来快速、主动地为用户提供服务并满足他们的个性化需求，已成为各类网络平台的首选策略。然而个性化推荐技术在为用户提供便捷的同时，也催生了新的问题，引发了一系列讨论。从为用户提供个性化"信息套餐"的初衷到将用户送入"信息茧房"，算法推荐技术如何保证用户的信息选择权和知情权？算法对个人行为轨迹、用户画像的数据收集，是否将用户置于时时被监控的"圆形监狱"中？① 个性化推荐机制又该如何改进？这都是目前需要探索的问题。

大抵上，网络技术的赋权使得人们作为信息消费者的角色被无限地放大，用户往往只关注自己所喜爱的信息。换言之，在对媒介和信息的自我选择中，每个人都在阅读"我的日报"（The Daily Me）②，而不太接触自己不喜欢或与自己观点不同的信息内容。长期如此，可能会导致人们的态度不断强化，陷入一种自我加强的循环中，使得社会共同经验的重要性逐渐减弱。换句话说，传统大众传媒的社会整合功能日益消散——"在很多方面，它会降低而非增加个人的自由，它也会造成高度的社会分裂，让个人和团体更难相互了解"③。詹姆斯·韦伯斯特也表达了类似观点：数字时代提供了海量的信息和渠道，但人们往往会根据自己的心理预期和喜好来选择获取信息的范围。这种

---

① 周建明，马璇. 个性化服务与圆形监狱：算法推荐的价值理念及伦理抗争[J]. 社会科学战线，2018（10）：168-173.
② 尼葛洛庞帝. 数字化生存[M]. 胡泳，范海燕，译. 海口：海南出版社，1997：192.
③ 凯斯·桑斯坦. 网络共和国：网络社会中的民主问题[M]. 黄维明，译. 上海：上海人民出版社，2003：39.

模式简化了用户的决策过程，但也排除了许多其他内容和观点。①

　　事实上，欧盟委员会相关专家小组就曾在 2012 年提出了一份"警告"，提醒人们应该警惕搜索引擎的发展所带来的对信息获取多样性的"破坏"。随着"今日头条"这样的个性化推荐新闻平台在国内的盛行，上面提到的人民网发表的评论文章中亦指出，智能化的信息传播机制可以快速地完成用户与信息的精确匹配，大大降低获取信息成本，为生活带来便利。但换个角度来看，算法主导下的内容分发模式，也会带来"自我封闭"的危险。比尔·盖茨（Bill Gates）在 2017 年初接受采访时也同样表示，"不管人们在观看自己喜欢的电视频道、新闻网站和 Facebook 时状态如何，都很容易陷入媒体带来的'过滤气泡'中，从而强化原先的观点并排除其他的看法……诸如社交媒体这样的科技使你和观点相似的人聚在一起，进而不能共享和理解不一样的观点，这个问题要比我们想象得更为严重"。

　　既然饱受"信息茧房"的种种困扰，那么无论专家学者还是感受到消极影响的广大用户都逐渐开始探索"破茧"路径。彭兰在《导致信息茧房的多重因素及"破茧"路径》② 一文中提出虽然信息茧房的现象根源在于个体的选择性心理，但现代技术、平台和传播模式等因素也可能对个体的信息选择和过滤过程产生影响。因此，信息茧房的形成是多重因素共同作用的结果。要打破信息茧房，需要采取多方面的措施，包括：①优化算法，提高信息推荐的准确性和多样性；②优化平台，提供良好的

---

① 刘燕南.数字时代的受众分析——《注意力市场》的解读与思考 ［J］.国际新闻界，2017，39（3）：167-176.

② 彭兰.导致信息茧房的多重因素及"破茧"路径 ［J］.新闻界，2020（1）：30-38+73.

用户体验和多样化的信息来源；③改进信息供给侧，增加高质量和多元化的信息供给；④提升个体媒介素质，提高信息识别和批判性思维的能力。

总之，尽管许多平台为了解决海量信息的精准适配，都加入了算法推荐来为用户进行个性化定制，但是算法在不断升级，掌握主动权的受众始终暴露于多元信息环境中感受着"润物无声"的影响，算法与用户在未来的交互中良性、健康地发展才是后续研究的关注重点。

3. 算法与用户的双向驯化

驯化（Domestication），又称家居化，最早源自对电视媒介的讨论，用来分析电视作为商品，被购买、占有、安置、使用，在家居空间中发挥文化功能的过程。随着媒介形态变迁，该概念不再只被用于观照"电视媒介"和狭隘的"家居"情境，而且被用于研究当新媒介技术成为日常生活的有机组成部分时，其如何在被使用的过程中发挥媒体功能、形塑人们日常生活。相应地，人们在使用过程中对算法进行有意识的使用与改造，使算法留下人类烙印的能动性过程也可被称为"驯化"。

由于人工智能技术在各大传播领域的广泛应用，算法已经进入人们的日常生活，成为处理个人生活、社交、职场信息不可避免的中介，若干研究呼应驯化视角，在研究日常实践中内容生产者、平台和算法实践之间的复杂关系。[1]

国外学者戈特弗里特（Angela Glotfelter）认为，此前关于推荐算法的研究大多只关注平台算法对于内容流行度的支配，但鉴于算法已经对人们的日常生活形成了持续且密切的影响，

---

① 师文，陈昌凤. 驯化、人机传播与算法善用：2019年智能媒体研究［J］. 新闻界，2020（1）：19-24+45.

算法还可以被看作一种文化，关注内容生产者对算法含义与价值的理解至关重要。① 其通过对 Youtube 上内容生产者的研究发现，视频播主往往事后根据视频的流行程度推断算法的运作逻辑，进而形成对算法的三重拟人化认知——决定播主能否得到青睐的"经纪人"、影响信息流通的"把关人"和使消费者欲罢不能的"毒贩"，借此实现对算法文化意义的构建。②

在国内，对于算法双向驯化的研究同样多为实证分析，主要聚焦于自媒体创作者。黄淼等观察了今日头条、凤凰新闻、快手、抖音 4 家在推荐算法应用上有所差异的互联网平台，通过对自媒体创作者、平台管理人员的深度访谈探求个性化推荐平台的自媒体内容生产网络及其运作模式。③ 李锦辉等结合当下短视频泛社交平台"抖音"，对年轻群体在其算法实践中的人机关系做了新的阐释，提出了短视频用户"驯化算法"的五大过程阶段。④ 顾楚丹、杨发祥则以牛天在《中国青年研究》中提出的"数字灵工"⑤ 群体为锚点，对比分析其在不同社交平台上的算法实践，探索用户与算法之间的双向驯化和互构逻辑⑥。

实际上，这种算法与用户之间的双向驯化早已不局限在学

---

① GLOTFELTER A. Algorithmic Circulation：How Content Creators Navigate the Effects of Algorithms on Their Work ［J］. Computers and Composition, 2019, 54：102521.

② BISHOP S. Managing Visibility on YouTube through Algorithmic Gossip ［J］. New Media & Society, 2019, 21 (11-12)：2589-606.

③ 黄淼，黄佩. 算法驯化：个性化推荐平台的自媒体内容生产网络及其运作 ［J］. 新闻大学，2020 (1)：15-28+125.

④ 李锦辉，颜晓鹏. "双向驯化"：年轻群体在算法实践中的人机关系探究 ［J］. 新闻大学，2022 (12)：15-31+121-2.

⑤ 牛天. 赋值的工作：数字灵工平台化工作实践研究 ［J］. 中国青年研究，2021 (4)：5-13.

⑥ 顾楚丹，杨发祥. 驯化抑或互构——社交平台"数字灵工"的算法实践 ［J］. 探索与争鸣，2023 (5)：87-99+179.

术研究的范畴，而是侵入了日常互联网生活的方方面面。例如此前在小红书上爆火出圈的"宝宝辅食"标签 tag。最初，很多女性用户通过给自己的内容打上"宝宝辅食"标签来极大降低笔记被推送给男性用户的概率，以这一简单的行为实现了对推荐算法的反驯化，建立起一层网络"护盾"。但后来随着众多用户的跟风使用，这一标签下的笔记内容出现异化，也侧面印证了推荐算法、内容生产者以及平台之间的关系是极为复杂的，

于是，随着大众媒介化生存程度的日渐加深，互联网用户需要自发去思考自己作为推荐算法实践主体在媒介演进中的自我变革，去探寻自身与用户之间人机双向驯化的动态平衡所在。

本章小结

本章主要介绍了人工智能与信息传播的相关议题。首先对人工智能（AI）进行概述，分别从其技术原理与演进两方面做简要梳理；随后介绍了人工智能在信息传播领域的应用，主要包括社区发现、关键意见领袖识别、网络舆情监控、人工智能生成内容、个性化推荐等方面，总结了当下人工智能在信息传播实际应用中所面临的主要问题，并尝试针对上述问题提出相应的解决对策。

任何新技术的应用都存在社会与技术双向适应的过程。未来，在压实法律红线的基础上，学界、业界应给予人工智能最大限度的成长空间，通过不断干预和修正，确保其始终沿着可知、可控、可信、可靠的状态发展，使之在信息传播领域发挥出自身最大的价值，并不断以技术驱动传播与社会的进步。

图书在版编目（CIP）数据

智能媒体与智能传播：技术驱动下的革新／徐涵著．
北京：社会科学文献出版社，2024.10．--ISBN 978-7
-5228-3899-1

Ⅰ.TP18

中国国家版本馆 CIP 数据核字第 202471SB39 号

智能媒体与智能传播：技术驱动下的革新

著　　者／徐　涵

出 版 人／冀祥德
责任编辑／周　琼
文稿编辑／张静阳
责任印制／王京美

出　　版／社会科学文献出版社（010）59367126
　　　　　　地址：北京市北三环中路甲 29 号院华龙大厦　邮编：100029
　　　　　　网址：www.ssap.com.cn
发　　行／社会科学文献出版社（010）59367028
印　　装／三河市东方印刷有限公司

规　　格／开本：889mm×1194mm　1/32
　　　　　　印张：11.25　字数：261 千字
版　　次／2024 年 10 月第 1 版　2024 年 10 月第 1 次印刷
书　　号／ISBN 978-7-5228-3899-1
定　　价／98.00 元

读者服务电话：4008918866